一流本科专业一流本科课程建设系列教材

电力电子技术基础

周永勤 李 然 于 乐 赵鹏舒 编

机 械 工 业 出 版 社

本书介绍了电力半导体器件的原理和特性，以及由这些器件组成的各种电力电子变流电路。绪论部分介绍了电力电子技术的定义及开关变流的基本原理；器件部分简单介绍了电力二极管和普通晶闸管，着重介绍了全控型器件和新型材料器件，以及器件的驱动、散热和保护电路；变流电路介绍了 DC-DC、DC-AC、AC-DC 和 AC-AC 四种基本变换，同时介绍了全控型器件变流电路的典型应用，包括 PWM 整流、SVPWM 逆变、斩控式交流调压和软开关等；仿真与实训部分介绍了 MATLAB/Simulink 和 Proteus 的使用方法及硬件焊接技术，将单片机控制技术与电力电子变流电路相结合，实现完整的系统设计方案。

本书可供高等院校电气工程及其自动化、电子信息工程、自动化、机械设计制造及自动化等专业教学使用，也可供相近专业选用或供工程技术人员参考。

图书在版编目（CIP）数据

电力电子技术基础/周永勤等编. —北京：机械工业出版社，2023.8

一流本科专业一流本科课程建设系列教材

ISBN 978-7-111-73477-2

Ⅰ.①电…　Ⅱ.①周…　Ⅲ.①电力电子技术-高等学校-教材

Ⅳ.①TM1

中国国家版本馆 CIP 数据核字（2023）第 125884 号

机械工业出版社（北京市百万庄大街 22 号　邮政编码 100037）
策划编辑：王雅新　　　　　　　　　　责任编辑：王雅新　杨晓花
责任校对：郑　婕　刘雅娜　陈立辉　封面设计：张　静
责任印制：邹　敏
中煤（北京）印务有限公司印刷
2023 年 11 月第 1 版第 1 次印刷
184mm×260mm · 17 印张 · 399 千字
标准书号：ISBN 978-7-111-73477-2
定价：49.80 元

电话服务　　　　　　　　　　　网络服务
客服电话：010-88361066　　　　机　工　官　网：www.cmpbook.com
　　　　　010-88379833　　　　机　工　官　博：weibo.com/cmp1952
　　　　　010-68326294　　　　金　书　网：www.golden-book.com
封底无防伪标均为盗版　　　　机工教育服务网：www.cmpedu.com

前　言

　　电是当今社会不可缺少的能源，无论生产、生活、交通运输、通信和军事都离不开电。现代科学技术对电能的要求越来越高，各种不同装置和设备要求有不同的电源，需要对电能进行变换和控制。采用半导体电力开关器件构成各种开关电路，按一定规律周期性、实时控制开关器件的通、断状态，可以实现电能的高效变换与控制。这种利用半导体电力开关器件对电能进行处理、控制和变换的技术，称为电力电子技术。

　　晶闸管的问世，标志着电力电子技术的诞生。电力电子技术建立在电力电子器件的基础上，伴随着电力电子器件的发展而不断进步，各种全控型器件的出现大大提高了变流装置的性能。因此，本书在章节安排上突出了全控型器件及其变流电路的应用，并依据电力电子技术近年来的发展情况进行内容编排。第 1 章绪论，概括性地介绍电力电子技术的定义、发展史、开关变流的基本原理及应用领域；第 2 章电力电子器件，介绍电力电子器件的基本原理、主要参数、开关特性，以及散热、驱动条件和保护措施；第 3 章 DC-DC 变换——直流斩波器，介绍基本斩波电路、复合斩波电路、多相多重斩波电路、直流斩波电路的 PWM 控制方法及应用；第 4 章 DC-AC 变换——逆变器，介绍逆变电路的概念、单相/三相逆变电路的工作原理、PWM 控制技术及该技术在逆变电路中的应用；第 5 章 AC-DC 变换——整流器，介绍单相/三相整流电路的工作原理、谐波与功率因数、有源逆变工作状态、相位控制、PWM 整流，以及整流器的典型应用；第 6 章 AC-AC 变换——交流调压和交-交变频器，简述了交-交变换电路的分类及应用，介绍了单相/三相交流调压电路、交流调功电路、交流电力电子开关、交-交变频电路的工作原理和控制方式及相关应用；第 7 章软开关技术，介绍软开关的基本概念、分类及其典型应用；第 8 章电力电子技术仿真及实训，介绍 MATLAB/Simulink 和 Proteus 的使用方法及硬件焊接技术，将单片机控制技术与电力电子变流电路相结合，设计了六种简单实用的电力电子技术实训项目。

　　本书编写时关注近年来电力电子技术的最新研究进展，内容侧重电力电子技术的应用性和实用性，内容充实、语言简练、概念清晰、案例简单实用。每章后面均配有小结，大部分章配有习题和思考题或实践题，方便学生学习和思考。

　　"电力电子技术"对自动化、电气工程及其自动化、电子信息工程、机械设计制造及自动化等专业而言，既是一门必修的技术基础课，又是一门专业性课程，它不仅分析了各种变换电路的基本原理，而且结合实际介绍了其在各方面的应用。考虑到各专业的侧重点有所不同，本书内容较全面，以满足不同专业教学要求和培养对象的需求。对于自动化专业，负载多为电动机，需与"运动控制系统（电气传动）"课程相衔接。对于电气工程及其自动化专业，需关注电力补偿与调节、电能质量改善、DC-DC 变换和软开关技术等。本书适合 32~64 学时的教学使用。

本书在编写过程中，参考了许多专家学者的论文和著作，也参考了许多网上的资料，在此一并表示感谢。书后仅列出了一些主要的参考文献，如有不妥之处首先表示歉意，并恳请与本书编者或出版社联系，以便及时更正。

本书由周永勤、李然、于乐和赵鹏舒编写。李然编写了第 3、6 章，于乐编写了第 4、7、8 章，赵鹏舒编写了第 5 章和附录，周永勤编写了第 1、2 章并完成了全书的规划统稿。哈尔滨理工大学李文娟教授对本书的编写给予了大力支持和帮助，并作为本书主审，对全书进行了认真审阅，提出了许多宝贵意见；周凯、金宁治、杨光仪、耿新、郭庆波为本书的编写提供了许多资料及指导，在此表示衷心感谢。

特别感谢哈尔滨理工大学电气与电子工程学院为本书的编写提供了政策和资金的支持，特别感谢教学主管院长高俊国教授和电力电子系主任于德亮博士给予的持续、大力帮助。

由于编者学识水平有限，书中难免会有错误和疏漏之处，恳请广大读者批评指正。

编　者

目　录

第1章

绪　论

　　电是当今社会不可缺少的能源，无论是生产、生活、交通运输、通信或军事，各行各业都离不开电。越来越多用电设备的发明与应用给人们带来了生活便利，也极大地提高了生产效率，与此同时，人们对电能的使用要求也越来越高。电力电子技术就是研究电能变换和电能精细化管理与使用的技术。对电力电子技术尚不了解的人一开始会有这样一些疑问：什么是电力电子技术？如何实现电能的变换与管理？它的发展经历了哪些阶段？目前的主要应用领域有哪些？本章内容将围绕这些疑问展开，力求使读者对电力电子技术有一个初步的了解。

1.1　电力电子技术的定义

　　在 21 世纪的今天，电能充当着极其重要的角色，其作为基础能源带动了世界的发展。自从 1831 年英国物理学家法拉第发现了电磁感应现象，电能的开发和应用就与人类的活动息息相关。现代社会已经不仅仅满足于有电，现代科学技术对电能的要求越来越高，各种不同装置和设备要求有不同的电源，需要对电能进行变换和控制，如交流电和直流电的互相变换，对电压、电流和交流电频率进行控制等，以提高电能的品质和用电的效率，同时对这些电能的变换和控制也提出了很高的节能和环保要求。

　　电力电子技术是研究电能形式变换的技术，是一门将电子技术和控制技术引入传统的电力领域，利用功率半导体器件实现电能的高效率应用的技术。因此，电力电子技术的基础是功率半导体器件，或称为电力电子器件。利用电力电子器件组成的各种电力变换电路对电能进行变换和控制的技术，通常称为电力电子变流技术，也称为电力电子器件的应用技术。"变流"是电力电子变换的核心，不仅包含交流—直流间的变换，也包含直流—直流和交流—交流间的变换，是对电能进行变换与控制的一门学科。20 世纪 60 年代，该学科被国际电工委员会命名为电力电子学或功率电子学，又称电力电子技术。电力电子技术和电力电子学是分别从工程技术和学术两个不同角度来命名的，其实际内容并没有太大的差异。1974 年，美国学者 W. E. Newell 认为电力电子技术是一门交叉于电气工程三大学科领域——电力学、电子学和控制理论之间的边缘学科，自此，国际上开始普遍接受这一观点。图 1-1 中的三角形较为形象地描述了电力电子技术这一学科的构成以及它与其他学科的交叉关系。

　　电力学、电子学和控制理论是电力电子技术的三根支柱，但这三根支柱的"粗细"并不一样。其中，电子学最"粗"，这说明电力电子技术和电子学具有密切关系。电力电子电路与电子电路的许多分析方法是一致的，它们的共同基础是电路理论，只是应用有所不同，电力电子用于功率转换，如电源、功率放大，电路由电力半导体器件构成，所以也可以把电力电子技术看成是电子技术的一个分支，这样，电子技术就可以划分为信息电子技术和电力电子技术两大分支，信息电子技术带来智力的变革，电力电子技术则带来动力的变革，就像人的大脑与肌肉对人体的作用一样，它们共同构成了现代人类社会发展的两大技术支柱。其次是电力学，即应用于电力领域的电子技术，以实现电能形式的变换为目的。电力电子技术所变换的"电力"功率可大到数百兆瓦甚至吉瓦，也可以小到数瓦甚至 1W 以下，电力电子技术中所说的"电力"区别于电力系统所指的"电力"，后者特指电力网的"电力"。控制理论最"细"，但控制理论在电力电子变流装置和系统中得到了广泛的应用，它可以使电力电子变流装置的性能不断满足人们日益增长的各种需求，这与控制理论在其他工程中的应用并无本质差别。

图 1-1　电力电子技术的构成及其与其他学科的交叉关系

具体地说，电力电子技术是一门研究各种电力半导体器件，以及如何利用由这些器件构成的各种电路或装置、电路理论和控制技术，高效地完成对电能进行处理、控制和变换的技术，其功能如图 1-2 所示。它既是现代电子技术在强电（高电压、大电流）或电工领域的一个重要分支，也是电工技术在弱电（低电压、小电流）或电子领域的一个重要部分。可

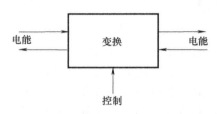

图 1-2　电力电子技术的功能

以说电力电子技术所涉及的是一个强弱电相结合、弱电控制强电的新领域。

众所周知，电有直流（DC）和交流（AC）两大类。前者有电压幅值和极性的不同，后者除电压幅值外，还有频率和相位两个要素。而用电设备和负载是各式各样的，实际应用中，常常需要在两类电能之间或对同类电能的一个或多个参数（如电压、电流、频率和相位等）进行变换。不难看出，这些变换共有四种基本类型，它们各自可通过相应的变流器或变换器（Converter）来实现，如图 1-3 所示。

1）AC-DC，即交流电转换为直流电。这种变换称为整流，实现的装置称为整流器（Rectifier），用于如充电、电镀、电解和直流电动机的速度调节等。

2）DC-AC，即直流电转换为交流电。这是与整流相反的变换，称为逆变。逆变器（Inverter）的输出可以是恒频，用于如恒压恒频（CVCF）电源或不间断电源（UPS）；也可以变频（这时变流器称为变频器），如用于各种变频电源、中频感应加热和交流电动机的变频调速等。

3）AC-AC，即将交流电能的参数（幅值或频率）加以转换。其中，交流电压有效值的调节称为交流电压控制或简称交流调压，用于如调温、调光、交流电动机的调压、调速等；而将 50Hz 工频交流电直接转换成其他频率的交流电，称为交-交变频，其装置称为周波变换器（Cycloconverter），主要用于交流电动机的变频调速。

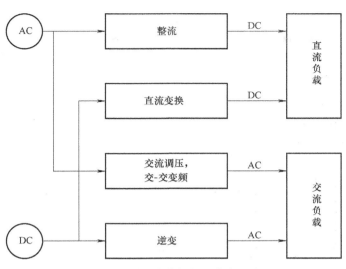

图 1-3 电力变换的基本类型

4）DC-DC，即将直流电的参数（幅值或极性）加以转换。这是将恒定直流变成断续脉冲形状，以改变其平均值。这种变流器称为斩波器（Chopper）或直流变换器，主要用于直流电压变换、开关电源和矿车电瓶运输车等直流电动机的牵引传动。

以上这四类变换器将在后继章节中详细论述，下面仅简单介绍电力变换的基本原理。

1.2 电力变换的基本原理

上述电力变换中使用的电力电子器件都是工作在开关状态，也称为开关器件。之所以工作在开关状态，主要是因为在电能变换过程中，功率损耗 $p = ui$ 是需要特别关心的问题。电力电子器件只有工作在开关状态，器件本身的损耗才最小。器件开通时，通过的电流 i 很大，但器件上的电压 $u \approx 0$；器件断开时，承受的电压 u 很高，但流过的电流 $i \approx 0$。这样才可以提高电能变换的效率。

那么如何由开关器件来实现电力变换呢？下面用一个或两个开关组成的简单变流电路来说明交流与直流之间的四种基本变换。

1. AC-DC 变换

图 1-4a 是由一个开关组成的最简单的变流电路，输入端接交流电 U_S。在开关 S 闭合时，负载电阻 R 上就有电流通过。

如果是在交流电的正半周闭合开关，则电路中就有正向电流 i 通过；在交流电的负半周断开开关，则电路中就没有电流通过。如此重复，在电源是交流电的情况下，在负载 R 上可以得到单一方向的电流，输出波形如图 1-4b 所示，从而实现从交流电到直流电的变换，即 AC-DC 变换。这种变换过程称为整流，因为在交流电的一个周期中只有半个周期有电流输出，因此称为单相半波整流。如果在交流电的负半周开关 S 闭合、在交流电的正半周开关 S 断开，则可以在负载 R 上得到反方向的直流电。

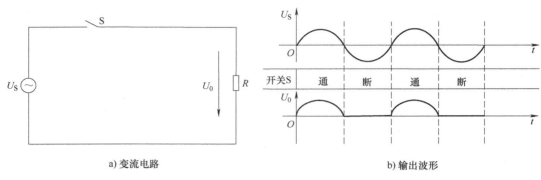

a) 变流电路   b) 输出波形

图 1-4　单相半波整流电路

2. DC-DC 变换

图 1-5a 也是由一个开关组成的最简单的变流电路，输入端接直流电 U_d。如果开关 S 的导通和关断交替进行，则在负载 R 上的输出电压和电流的波形就是不连续的矩形波，如图 1-5b 所示，称为斩波。如果在一个周期 T 中，改变开关 S 的通断时间比，则矩形波的宽度 t_{on} 将改变，在负载 R 上的电压和电流平均值就得到了调节，从而实现了对直流电的调控，即 DC-DC 变换。这种以通断方式调节直流电能的过程称为直流斩波或直流脉宽调制（PWM）。

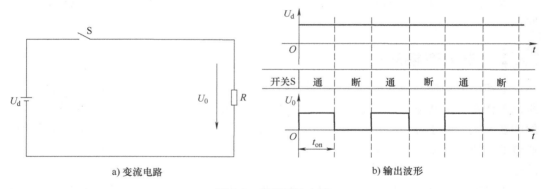

a) 变流电路   b) 输出波形

图 1-5　直流斩波电路

3. DC-AC 变换

图 1-6a 是由两个开关组成的简单变流电路，输入端接两个电压相同的直流电 U_d。如果开关 S_1 和 S_2 都采取通断控制，则可以将直流电变为交流电。当 S_1 导通（S_2 关断）时，电阻 R 上得到正电压；当 S_2 导通（S_1 关断）时，电阻 R 上得到负电压。如此循环，在负载电阻 R 上便可以得到正、负交替变化的交流电，如图 1-6b 所示。将直流变换为交流的过程称为逆变，即 DC-AC 变换，逆变是相对于整流而言的逆过程。改变开关 S_1 和 S_2 的通断周期 T，可以调节输出交流电的频率，进行频率控制，简称为变频。

4. AC-AC 变换

图 1-7a 也是由两个开关组成的简单变流电路，输入端接交流电 U_s。每个开关与一

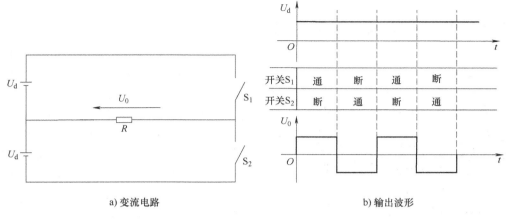

a) 变流电路　　　　　　　　　　　b) 输出波形

图 1-6　基本逆变电路

个二极管串联表示流过开关的电流是单方向的，这是因为在实际电路中这两个开关采用的是晶闸管，而晶闸管是单向导电的。如果开关 S_1 和 S_2 都采取通断控制，则可以将交流电变为另一种形式的交流电，即 AC-AC 变换。当 U_S 正半波时，S_1 不断地进行通断控制（S_2 关断）；当 U_S 负半波时，S_2 不断地进行通断控制（S_1 关断），则负载电阻 R 上就可以得到不连续的正弦波，如图 1-7b 所示。改变开关 S_1 和 S_2 通断的时间比，可以调节输出交流电的电压和电流，这种变换过程称为交流调压。

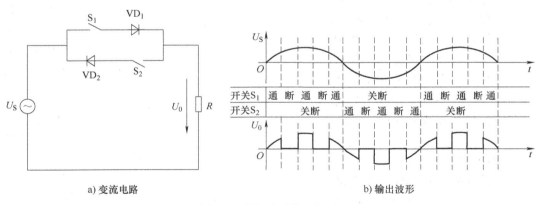

a) 变流电路　　　　　　　　　　　b) 输出波形

图 1-7　单相交流调压电路

由以上简单变流电路可以看出，开关变流就是通过开关选择，截取输入直流电或交流电的片段，重新组合为新的直流电或交流电输出。在变流过程中，开关性能和开关时间的选择（即控制模式）尤为重要。上述研究中的开关是理想化的，即开关的电阻为 0，没有开关的电压降，并且开关的动作是无条件限制的，开关的通断也是瞬时完成的，没有考虑导通和关断时间。实际的开关不是理想开关，因此实际应用的变流电路较理想电路要复杂，开关的控制模式也直接影响着电路和变流装置的性能。

在基本变流电路的研究中，交流或直流输入可以是电压源或电流源，因此变流电路又分电压源型和电流源型，电压源型和电流源型变流电路有各自不同的特点和控制要求。

1.3 电力电子技术的发展史

电力电子技术是建立在电力电子器件基础上的。电力电子器件对电力电子技术起着决定性的作用，电力电子技术是伴随着电力电子器件的出现和发展而发展的。伴随硅技术的进步，电力电子器件取得了显著的进展，它的发展过程可以划分成三个时期。第一个时期为摇篮期，在这一时期中，半导体器件包括电力电子器件的关键技术几乎全部得以完善；第二个时期可以称之为成长期，主要的电力电子器件如 MOSFET、IGBT、GTO 和光触发晶闸管等迅速发展，功率变换对电力电子器件的主要要求随着上述器件的问世都基本上得以满足；第三个时期为充分成长成熟期，基于硅材料的电压全控型电力电子器件和智能型集成功率模块技术得到了进一步的完善和发展，同时新型材料半导体器件也得到了迅速发展。图 1-8 描绘了电力电子技术的发展史。

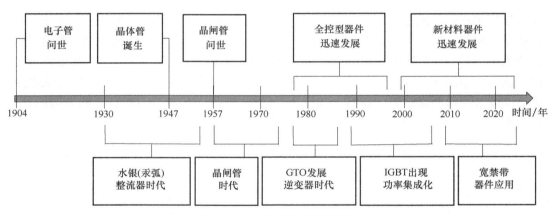

图 1-8　电力电子技术的发展史

1904 年出现了电子管，它能在真空中对电子流进行控制，并应用于通信和无线电，从而开启了电子技术用于电力领域的先河。后来出现了水银整流器，它把水银封在管内，利用对其蒸气的点弧可对大电流进行控制，其性能和晶闸管已经非常相似。20 世纪 30—50 年代，是水银整流器发展迅速并大量应用的时期。特别是 20 世纪 50 年代，能处理数百千瓦以上功率的大容量水银整流器进入了实用期，它广泛用于电化学工业、电源装置、电气化铁路、工业用电机控制、直流电力输电等，形成了水银整流器时代。

1947 年，美国著名的贝尔实验室发明了晶体管，引发了电子学的第一次革命，产生了半导体固态电子学这一新兴学科，以硅半导体材料制作的电子器件逐步主宰了整个世界。半导体器件首先应用于小功率领域，如通信、信息处理电路等。20 世纪 60 年代以后，从晶体管开始，陆续开发了集成电路（IC）、大规模集成电路（LSI）和超大规模集成电路（VLSI），这个时期是微电子学的鼎盛时期。

1957 年，美国通用电气公司开发了世界上第一只晶闸管（Thyristor）产品，并于1958 年将其商业化，通用电气公司还为该产品起了一个商品名——SCR（Silicon Controlled Rectifier）。一般认为，SCR 是电力电子技术诞生的标志，或称之为继晶体管发明和应用之后电子学的第二次革命。这一方面是由于晶闸管在变换能力上的突破，另一方面是由于 SCR 实现了弱电对以晶闸管为核心的强电变换电路的控制。SCR 很快取代了水银整流器和旋转变流机组，使电力电子技术步入了功率领域。

进入 20 世纪 60 年代后期，作为功率半导体器件的二极管、晶体管、晶闸管等在大容量方面得到了发展，与此同时，控制功率半导体器件的电子技术也取得了进步。因此，电子技术逐渐向功率控制扩展从而形成了功率电子学，即电力电子技术。

20 世纪 70、80 年代，随着电力电子技术理论研究和制造工艺水平的不断提高，电力电子器件得到了很大发展，这个时期是电力电子技术的又一次飞跃，先后研制出了以门极关断（GTO）晶闸管、电力双极性晶体管（GTR）、电力场效应晶体管（Power MOSFET）为代表的自关断全控型器件并迅速发展。在中大容量变流装置中，传统的晶闸管逐渐被这些新型器件取代，这时的电力电子技术已经能够实现逆变。这一时期称为逆变时代。

20 世纪 80 年代以来，电力电子技术开始向高频化发展，微电子技术与电力电子技术在各自发展的基础上相结合产生了新一代高频化、全控型功率集成器件，从而使电力电子技术由传统电力电子技术跨入现代电力电子技术的新时代。这时出现了以绝缘栅双极型晶体管（IGBT）为代表的新一代复合型场控半导体器件，另外还有静电感应式晶体管（SIT）、静电感应式晶闸管（SITH）、MOS 晶闸管（MCT）等。为了使电力电子装置的结构紧凑、体积减小，常常把若干个电力电子器件及必要的辅助元件做成模块的形式，这给应用带来了很大的方便。功率集成电路是把驱动、控制、保护电路和功率器件集成在一起，进而发展为集成功率半导体器件（PIC）。PIC 将电力电子器件与驱动电路、控制电路及保护电路集成在一块芯片上，开辟了电力电子智能化的方向，应用前景广阔。

一直以来，电力电子器件都是基于硅材料研发制作的。从晶闸管问世到 IGBT 的普遍应用，电力电子器件的发展基本上都表现为对器件原理和结构的改进和创新，在材料的使用上则始终没有突破硅材料的范围。无论是功率 MOSFET 还是 IGBT，它们与晶闸管和整流二极管一样都是由硅材料制造的器件。但是，随着硅材料和工艺的日趋完善，各种硅器件的性能逐步趋近其理论极限，而电力电子技术的发展却不断对电力电子器件的性能提出了更高的要求，尤其希望器件的功率和频率能得到更高程度的兼顾。随着人们对新一代半导体材料认识的加深，出现了很多性能优良的新型化合物半导体材料，如砷化镓（GaAs）、碳化硅（SiC）、磷化铟（InP）及锗化硅（SiGe）等。其中，以 SiC、GaN 等为核心的宽禁带功率器件成为研究热点与新发展方向，并逐步进入应用量产阶段。宽禁带器件在击穿电场、电子饱和速度、热导率等方面，比硅材料具有明显优势，由此带来了器件性能的大幅度提升。

电力电子技术的发展还与控制技术的发展紧密相关。控制电路经历了由分立元件到集成电路的发展阶段，现已有专为各种控制功能设计的专用集成电路，使电力电子装置的控制电路大为简化。特别是微处理器和微型计算机的引入，它们的位数成倍增加，运算速度随之提高，功能不断完善，使控制技术发生了根本的变化，即控制不仅依赖硬件电路，而且可利用软件编程，既方便又灵活，可使各种新颖、复杂的控制策略和方案得到实现，并具有自诊断功能，甚至能获得有一定智能的电力电子装置，可以使电路或装置达到更为完善的水平。所以，将新的控制理论和方法应用于实践也是电力电子技术的一个重要内容。

综上所述可以看出，电力电子技术的发展有赖于电力电子器件的发展，电力电子技术发展的每一次飞跃都是以新器件的出现为契机的。电力电子器件是电力电子技术的基础。一代器件孕育着一代装置，一代装置产生一批新的应用领域。而微电子技术、电力电子器件和控制理论则是现代电力电子学缺一不可的发展动力。

1.4 电力电子技术的应用

电力电子技术的研究对象是电能形态的各种转换、控制、分配、传送和应用，其研究成果和产品涵盖了所有军事、工业和民用等产业的一切电力设备、数字信息系统和通信系统，其应用已深入到了工农业生产的各个领域和社会生活的各个方面，见表1-1。

表 1-1 电力电子技术的应用

序号	应用领域	系统设备	序号	应用领域	系统设备
1	工业与生产	风机、泵、压缩机 电动机拖动 感应加热 电解电镀 焊接 照明等	4	商业与民居	加热设备 冷冻设备 电子仪器 电控门 电梯 照明 计算机 空调、冰箱、电视等
2	电力系统	高压直流输电 柔性交流输电 电力有源滤波器 静止无功发生器 新能源发电 储能系统	5	交通运输	火车 地铁 电动汽车 电力机车 船舶
3	航天与运载	飞机 卫星 航天器 电磁发射器	6	医疗与通信	医疗电子设备 移动电子设备 开关电源 不间断电源 电池充电器

使用电力电子技术的系统或设备如图1-9所示。可见，无论是电力、机械、矿冶、交通、石油、能源、化工、轻纺等传统产业，还是通信、激光、机器人、环保、原子能、航天、舰艇等高技术产业，都迫切需要高质量、高效率的电能。而电力电子技术正是将各种一次能源高效率地变为人们所需的电能的技术。电力电子技术是实现节能环保和提高生活质量的重要手段，它已经成为弱电控制与强电运行之间、信息技术与先进制造技术之间，以及传统产业实现自动化、智能化改造和兴建高科技产业之间不可缺少的重要桥梁。时至今日，无论高技术应用领域还是传统产业，特别是我国的一些重大工程（三峡、特高压、高铁、西气东输等），乃至照明、家电等量大面广的与人们日常生活密切相关的应用领域，电力电子产品已经无所不在。

图1-9 使用电力电子技术的系统或设备

本章小结

　　电力电子技术依靠功率半导体器件实现电能的高效变换。利用半导体电力开关器件实现电力变换和控制的技术被称为电力电子技术或电力电子学。为实现开关模式的电力电子变换和控制，包括电压（电流）大小、频率、波形、相位的变换和控制，既需要半导体电力开关器件构成开关型变换电路，又需要以半导体集成电路和微处理器为基本硬件所构成的控制系统，并将先进的控制理论和控制策略引入开关电路的通、断控制。因此，电力电子技术是一门综合了电子技术、控制技术和电力技术的新兴交叉学科，具有广泛的应用前景和巨大的经济效益。

　　电力电子技术是研究电能形态变换的技术，变换的基本类型有 AC-DC、DC-DC、DC-AC 和 AC-AC 的变换。现代电器、仪表、工业生产需要各种各样的电源，采用电力电子技术进行电能的变换，以小信号控制大功率，可以提高设备的性能，提高生产效率，并且可以节约能源、减少污染、改善环境，在低碳经济中发挥关键作用，符合国家提出的碳达峰、碳中和"双碳"目标。

　　电力电子技术是现代社会的支撑技术，架起了弱电控制强电的桥梁，连接了计算机与机电生产设备，为传统工业带来了新的发展，并创造了条件。它为电能变换和电能的精细化管理提供了方法和手段，实现了电能最佳化，是能源互联网必不可少的环节。它在推动科学技术和经济的发展中发挥着越来越重要的作用，是现代制造、新能源、智能电网、航空航天、交通运输等领域的核心技术。我国已经形成上千亿元的电力电子市场，支撑着数十万亿元的信息、通信、机电、能源、航天、船舶、交通、家电、医疗等产业。集成化、高频化、智能化助推了现代电力电子技术的发展，使传统的电力电子技术发生了质的转变，必将给社会生产带来前所未有的技术革新。

 习题和思考题

1. 什么是电力电子技术？为什么说晶闸管的诞生开启了电力电子技术新纪元？

2. 电力技术、电子技术和电力电子技术三者所涉及的技术内容和研究对象是什么？理论基础是什么？

3. 电力电子变流器有哪四种基本类型？

4. 如果只用一个开关元件，能否实现 AC 与 DC 间的互相转换？

5. 试述今后电力电子技术的发展方向。

实践题

1. 考察你的周围有哪些电力电子技术的应用，这些应用带来了生活、环境或生产的哪些变化？

2. 调查国内电力电子装置的发展状况，并与国外电力电子装置技术水平相比较，表述个人感悟。

第2章

电力电子器件

电力电子器件是指在各种电力电子电路中起整流或开关作用的有源电子器件。现代电力电子器件都是半导体器件，因而又称电力半导体器件。目前，绝大多数电力电子器件是用硅（Si）材料制成的。用碳化硅（SiC）和氮化镓（GaN）等宽禁带半导体可以制成性能更加优越的电力电子器件。本章主要从应用的角度出发，介绍电力电子器件的基本原理、主要参数和开关特性，以及器件散热、驱动的基本要求和保护等内容，重点介绍硅器件中的全控型电力电子器件。对于晶闸管等电流型控制器件，其应用已有半个多世纪，相关教材和著作颇多，这里只简要叙述。碳化硅等宽禁带半导体器件应该引起电力电子技术应用领域的更多关注，因此这里着重介绍其优势，使读者了解其开发对发展未来电力电子技术的重要性。

2.1 电力电子器件概述

电力电子器件是半导体器件中额定通态电流较大、阻断电压较高、在电路中主要起变流或开关作用的一类有源器件，通常以分立器件的形式使用，但其中一些也可用微电子工艺与电阻、电容等无源元件和半导体传感器等实现单片集成，制成功率集成电路。电力电子功率模块本质上也是分立器件的一种应用形式，是两个以上分立器件芯片的组合式封装，不属于集成技术的范畴。

1. 电力电子器件的基本构成

与其他半导体器件一样，电力电子器件也是由不同导电类型（P 型或 N 型）半导体薄层或微区以及金属薄层和介质薄层，用特种工艺组合而成的。不同的组合方式形成了半导体器件的三种基本构成元素。

1）PN 结：P 型（以带正电的空穴为主要载流子）和 N 型（以电子为主要载流子）半导体薄层或微区在原子尺度上的紧密结合体；P 层和 N 层为同种材料的称为同质结，为不同材料的称为异质结。如 P 型硅与 N 型硅的结合是同质结，P 型砷化镓与 N 型硅的结合则为异质结。构成电力电子器件的 PN 结大多是同质结。PN 结的基本特征是单向导电性，即当 P 端比 N 端电位高时电阻极低，反之电阻极高。

2）金属-半导体肖特基势垒接触（MES）：有选择的金属薄层与半导体表面的紧密接触，具有类似于 PN 结的单向导电性。这种金属-半导体接触与仅起电流引出作用的电极接触有本质区别。电极接触为欧姆接触，具有线性伏安特性且电阻极小，不产生也不影响任何器件特性，在所有器件中所起的作用相同。所以，作为器件构成元素的金属-半导体接触单指具有单向导电性的 MES 接触。

3）金属-氧化物-半导体系统（MOS）：半导体硅表面经氧化处理后再淀积一层金属薄膜构成的三层系统，如 Al-SiO$_2$-Si 系统。MOS 结构的基本特征是可以通过金属膜电位的变化改变氧化层下半导体表层的导电极性和电导率。

目前，在结构或功能上有明显区别的 200 余种各式各样的半导体器件（包括电力电子器件），皆主要由这三种基本构成元素中的一种或两种构成。其中，PN 结是这三种基本构成元素中最重要的一种，很多器件完全由 PN 结构成，而以 MES 或 MOS 为主要构成元素的器件却常常同时包含有 PN 结元素。

2. 电力电子器件的主要特征

电力电子器件是指可直接用于处理电能的主电路中，实现电能的变换或控制的电子器件。同电子技术基础中广泛使用的处理信息的电子器件一样，广义上电力电子器件也可分为电真空器件和半导体器件两类。但是，自 20 世纪 50 年代以来，除了在频率很高（如微波）的大功率高频电源中还在使用真空管外，基于半导体材料的电力电子器件已逐步取代了以前的汞弧整流器（Mercury Arc Rectifier）、闸流管（Thyratron）等电真空器件，成为电能变换和控制领域的绝对主力。因此，电力电子器件也往往专指电力半导体器件。与普通半导体器件一样，目前电力半导体器件所采用的主要材料仍然是硅。

由于电力电子器件直接用于处理电能的主电路，因此同处理信息的电子器件相比，它一般具有如下特征：

1）电力电子器件所能处理电功率的大小，也就是其承受电压和电流的能力，是它最重要的参数。电力电子器件处理电功率的能力小至毫瓦级，大至兆瓦级，一般都远大于处理信息的电子器件所能处理电功率的能力。

2）因为处理的电功率较大，为了减小本身的损耗、提高效率，电力电子器件一般都工作在开关状态。导通时（通态）阻抗很小，接近于短路，管压降接近于零，而电流由外电路决定；阻断时（断态）阻抗很大，接近于断路，电流几乎为零，而管子两端的电压由外电路决定；同普通晶体管一样的饱和与截止状态。因而，电力电子器件的动态特性（也就是开关特性）和参数，也是电力电子器件特性很重要的方面，有时甚至是上升为第一位的重要特性。而在模拟电子电路中，电子器件一般都工作在线性放大状态，数字电子电路中的电子器件虽然一般也工作在开关状态，但其目的是利用开关状态表示不同的信息。正因为如此，也常常将一个电力电子器件或者将外特性像一个开关的几个电力电子器件的组合称为电力电子开关，或者电力半导体开关，进行电路分析时，为简单起见也往往用理想开关来代替。广义上讲，电力电子开关有时也指由电力电子器件组成的在电力系统中起开关作用的电气装置，这在后文中将有适当的介绍。

3）在实际应用中，电力电子器件往往需要由信息电子电路来控制。由于电力电子器件所处理的电功率比较大，因此普通的信息电子电路信号一般不能直接控制电力电子器件的导通或关断，需要一定的中间电路对这些信号进行适当的放大，这就是所谓的电力电子器件的驱动电路。

4）尽管工作在开关状态，但是电力电子器件自身的功率损耗通常仍远大于处理信息的电子器件，因而为了保证不至于因损耗散发的热量导致器件温度过高而损坏，不仅在器件封装上比较讲究散热设计，而且在其工作时一般都还需要安装散热器。这是因为电力电子器件在导通或者阻断状态下，并不是理想状态的短路或者断路。导通时器件上有一定的通态压降，阻断时器件上有微小的断态漏电流流过。尽管其数值都很小，但分别与数值较大的通态电流和断态电压相作用，就形成了电力电子器件的通态损耗和断态损耗。此外，还有在电力电子器件由断态转为通态（开通过程）或者由通态转为断态（关断过程）的转换过程中产生的损耗，分别称为开通损耗和关断损耗，总称为开关损耗。对某些器件来讲，驱动电路向其注入的功率也是造成器件发热的原因之一。通常来讲，除一些特殊的器件外，电力电子器件的断态漏电流都极其微小，因而通态损耗是电力电子器件功率损耗的主要成因。当器件的开关频率较高时，开关损耗会随之增大而可能成为器件功率损耗的主要因素。

3. 电力电子器件的分类

按照电力电子器件被控制电路信号所控制的程度，可以将电力电子器件分为三类：

1）半控型器件：通过控制信号可以控制其导通而不能控制其关断的电力电子器件。这类器件主要是指晶闸管及其大部分派生器件，器件的关断完全由其在主电路中承受的电压和电流决定。

2）全控型器件：通过控制信号既可以控制其导通又可以控制其关断的电力电子器件。由于与半控型器件相比，全控型器件可以由控制信号控制其关断，因此又称为自关断器件。这类器件品种很多，目前最常用的是绝缘栅双极型晶体管（IGBT）和电力场效应晶体管（简称电力 MOSFET）。

3）不可控器件：不能用控制信号控制其通断的电力电子器件即电力二极管。不可控器件不需要驱动电路，这种器件只有两个端子，其基本特性与信息电子电路中的二极管一样，器件的导通和关断完全由其在主电路中承受的电压和电流决定。

按照驱动电路加在电力电子器件控制端和公共端之间信号的性质，可以将电力电子器件（电力二极管除外）分为电流驱动型和电压驱动型两类。如果是通过从控制端注入或者抽出电流来实现导通或者关断控制，这类电力电子器件称为电流驱动型器件，或者电流控制型器件。如果是通过在控制端和公共端之间施加一定的电压信号即可实现导通或者关断控制，这类电力电子器件则称为电压驱动型器件，或者电压控制型器件。由于电压驱动型器件实际上是通过加在控制端上的电压，在器件的两个主电路端子之间产生可控电场，来改变流过器件的电流大小和通断状态，所以电压驱动型器件又称场控器件，或者场效应器件。

根据驱动电路加在电力电子器件控制端和公共端之间有效信号的波形，又可将电力电子器件（电力二极管除外）分为脉冲触发型和电平控制型两类。如果是通过在控制端施加一个电压或电流的脉冲信号来实现器件的开通或者关断控制，一旦已进入导通或阻断状态且主电路条件不变的情况下，器件就能够维持其导通或阻断状态，而不必通过继续施加控制端信号来维持其状态，这类电力电子器件称为脉冲触发型电力电子器件。如果必须通过持续在控制端和公共端之间施加一定电平的电压或电流信号来使器件开通并维持在导通状态，或者关断并维持在阻断状态，这类电力电子器件则称为电平控制型电力电子器件。

此外，同处理信息的电子器件类似，电力电子器件还可以按照器件内部电子和空穴两种载流子参与导电的情况分为单极型器件、双极型器件和复合型器件三类。由一种载流子参与导电的器件称为单极型器件（也称为多子器件）；由电子和空穴两种载流子参与导电的器件称为双极型器件（也称为少子器件）；由单极型器件和双极型器件集成混合而成的器件则称为复合型器件（也称为混合型器件）。

2.2 电力二极管

1. 电力二极管的结构及工作原理

（1）电力二极管的结构与 PN 结

电力二极管无论功能还是结构都是最简单的电力电子器件。其基本结构和工作原理与模拟电子技术信息电子电路中的二极管一样，都是以半导体 PN 结为基础。电力二极管是由一个面积较大的 PN 结和两端引线（阳极 A，阴极 K）以及封装构成，如图 2-1 所示。

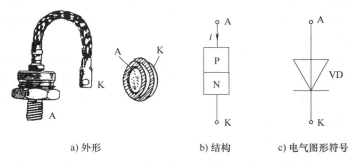

a) 外形　　　　　　b) 结构　　　　c) 电气图形符号

图 2-1　电力二极管的外形、结构和电气图形符号

电力二极管可分为螺栓型、平板型，也可分为单管型、组合型，以及自然冷却、风冷和水冷等类型。

为了下文乃至以后各节讨论方便，这里将 PN 结的有关概念和二极管的基本工作原理做简单回顾。

如图 2-2 所示，N 型半导体和 P 型半导体结合后构成 PN 结。由于 N 区和 P 区交界处电子和空穴的浓度差别，造成各区的多数载流子（多子）向另一区移动的扩散运动，到对方区内成为少数载流子（少子），从而在界面两侧分别留下了带正、负电荷但不能任意移动的杂质离子。这些不能移动的正、负电荷称为空间电荷。空间电荷建立的电场称为内电场或自建电场，其方向为一方面阻止扩散运动，另一方面又吸引对方区内的少子（对本区而言则为多子）向本区运动，即所谓的漂移运动。扩散运动和漂移运动既相互联系又相互矛盾，最终达到动态平衡，正、负空间电荷量达到稳定值，形成一个稳定的由空间电荷构成的范围，称为空间电荷区。空间电荷区按所强调的角度不同，也称为耗尽层、阻挡层或势垒区。

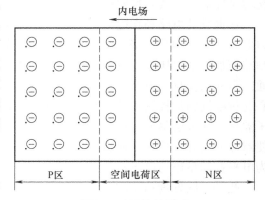

图 2-2　PN 结的形成

当 PN 结外加正向电压（正向偏置），即外加电压的正端接 P 区、负端接 N 区时，如图 2-3a 所示，外加电场与 PN 结自建电场方向相反，使得多子的扩散运动大于少子的漂移运动，形成扩散电流，在内部造成空间电荷区变窄，而在外电路上则形成自 P 区流入而从 N 区流出的电流，称为正向电流 I_F。当外加电压升高时，自建电场将进一步被削弱，扩散电流进一步增加。这就是 PN 结的正向导通状态。

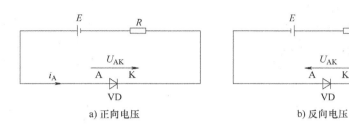

a) 正向电压　　　　　　　　　　b) 反向电压

图 2-3　二极管连接

当 PN 结外加反向电压时（反向偏置），如图 2-3b 所示。外加电场与 PN 结自建电场方向相同，使得少子的漂移运动大于多子的扩散运动，形成漂移电流，在内部造成空间电荷区变宽，而在外电路上则形成自 N 区流入而从 P 区流出的电流，称为反向电流 I_R。但是少子浓度很小，在温度一定时漂移电流的数值趋于恒定，称为反向饱和电流 I_S，一般仅为微安数量级。因此，反向偏置的 PN 结表现为高阻态，几乎没有电流流过，称为反向截止状态。

这就是 PN 结的单向导电性，二极管的基本原理就在于 PN 结单向导电性这个主要特征。

（2）电力二极管与信息二极管的区别

1）电力二极管的通流能力大。电力二极管比信息二极管通流能力大，电力二极管可达上万安培。这是因为电力二极管是垂直硅片表面方向导电，而信息二极管是与硅片表面平行方向导电。垂直导电结构使得硅片中通过电流的有效面积增大，提高了通流能力。

2）电力二极管的承受电压高。电力二极管在 P 区和 N 区之间多了一层低掺杂 N 区（漂移区），如图 2-4 所示。此区掺杂浓度低，接近于无掺杂的半导体材料，故电力二极管的结构也称为 P-i-N 结构。由于掺杂浓度低就可以承受很高的电压不至于被击穿，提高了电力二极管承受高电压的能力。

3）电力二极管具有电导调制效应。电力二极管的电阻主要是低掺杂 N 区的欧姆电阻。当电力二极管正向电流较小时，低掺杂 N 区阻值较高，并且为常量；当正向电流增大时，由 P 区注入低掺杂 N 区的空穴浓度增大，使得低掺杂 N 区的电阻率明显下降，电导率增大，这就是电导调制效应。因此，电力二极管正向电流较大时电压降可维持在 1V 左右。

（3）伏安特性

电力二极管为二层半导体，即一个 PN 结，其伏安特性如图 2-5 所示。图中，U_{TO} 为门槛电压，U_D 为二极管 A、K 间的电压，I_D 为流过 A、K 间的电流，U_B 为二极管能承受的最高反向电压，I_{RR} 为二极管反向漏电流。

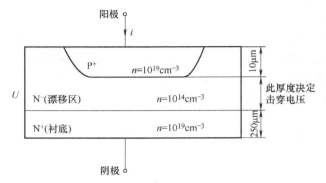

图 2-4　电力二极管内部结构断面示意图

n—掺杂浓度

当 $U_D \geqslant U_{TO}$ 时，PN 结正偏，二极管导通，因此称电力二极管为不可控电力电子器件。当 $U_D \leqslant U_{TO}$ 时，PN 结反偏或处于 PN 结死区，二极管截止，仅有很小的反向漏电流（也称反向饱和电流）流过二极管。当反向电压超过二极管能承受的最高反向电压 U_B（击穿电压）时，将发生雪崩现象，二极管被击穿而失去反向阻断能力。过大的正向或反向电流都将使二极管发热严重而损坏，俗称烧坏。

2. 电力二极管的主要参数

（1）正向通态平均电流 $I_{D(AV)}$

图 2-5　电力二极管的伏安特性

正向通态平均电流指电力二极管长期工作时，在指定的管壳温度和规定的散热条件下，PN 结温度不超过最高允许结温（$T_{jm} = 125 \sim 175℃$）时，其流过的最大工频正弦半波电流的平均值，用 $I_{D(AV)}$ 表示。$I_{D(AV)}$ 是电力二极管的额定电流。

选择电力二极管额定电流 $I_{D(AV)}$ 应依据有效值相等原则。因为发热取决于电流有效值，但还应考虑安全裕量。例如，如果要求通态电流 $I_D = 200A$，则工频整流电力二极管额定电流选择的计算公式为

$$I_{D(AV)} = (1.5 \sim 2) \frac{I_D}{1.57} \tag{2-1}$$

式中，系数"1.5~2"为电流的安全裕量；I_D 为负载电流最大有效值，此例中 $I_D = 200A$；1.57 为电流波形系数值，电流波形系数 $K_i = \dfrac{I_D}{I_{D(AV)}}$，表示在额定电流 $I_{D(AV)}$ 下，对应额定电流有效值 I_D。这说明额定电流 $I_{D(AV)} = 100A$ 的电力二极管，其额定电流有效值 $I_D = K_i I_{D(AV)} = 157A$。

（2）反向重复峰值电压 U_{RRM}

反向重复峰值电压指二极管反向能重复施加的最大峰值电压，此值通常为反向击穿电压 U_B 的 2/3，即

$$U_{RRM} = (2 \sim 3) U_{DM} \tag{2-2}$$

式中，系数"2~3"为电压的安全裕量；U_{DM} 为二极管承受的最大峰值电压。

二极管的额定电压就是能够反复施加在二极管上而不会被击穿的最高反向重复峰值电压 U_{RRM}。在使用中，额定电压一般取二极管在电路中可能承受的最高反向电压 U_B（在交流电路中是交流电压峰值），并增加一定的安全裕量。

（3）结温

结温是二极管工作时内部 PN 结的温度，即管芯温度。PN 结的温度影响着半导体载流子的运动和稳定性，结温过高时二极管的伏安特性迅速变坏。半导体器件的最高允许结温一般限制为 125~175℃。结温和管壳的温度与器件的功耗、管子散热条件和环境温度等因素有关。

（4）正向电压降 U_D

正向电压降即稳态正向电流为 $I_{D(AV)}$ 时对应的电压降，设计时 U_D 按 1V 计算。

其他参数见产品说明资料。

3. 电力二极管的主要类型

（1）普通整流二极管

普通整流二极管为 PN 结型结构，用于 1kHz 以下的整流电路，反向恢复时间在 5μs 以上。

（2）快恢复二极管

快恢复二极管采用掺金工艺，仍为 PN 结型结构，一般反向恢复时间在 5μs 以下。

（3）肖特基二极管

以金属与半导体接触形成的势垒为基础的二极管，称为肖特基势垒二极管（SBD），为 MES 结构。与普通以 PN 结为基础的二极管不同，肖特基二极管反向恢复时间很短（10~40ns），通常应用于 PWM 高频斩波控制主电路中，缺点是反向耐压低、漏电流大，而且对温度比较敏感。

PN 结型二极管的反向恢复特性较差，而肖特基势垒二极管开关速度较高且正向电压降较低，因此在现代电力电子技术中的地位上升很快。特别是在碳化硅 SBD 市场化以后，以阻断电压 100V 作为 SBD 和 PN 结型二极管应用领域分界的局面已被彻底打破。1200V 和 600V 两个系列的碳化硅 SBD 已商品化多年，其单管通态电流可达 20A。当然，更大功率的整流应用还得依靠硅 PN 结型二极管，而且现代器件技术也在竭力改进其反向恢复特性。

2.3 半控型电力电子器件

2.3.1 晶闸管

晶闸管（SCR）是硅晶体闸流管的简称。其价格低廉、工作可靠，尽管开关频率较低，但在大功率、低频的变流装置中仍占主导地位。

1. 晶闸管的结构、分类及导通条件

（1）晶闸管的结构、分类

晶闸管的外形、结构如图 2-6a、b 所示。由图 2-6b 可以看出，晶闸管内部为

$P_1N_1P_2N_2$ 四层半导体，包括三个 PN 结（J_1、J_2、J_3）、三个引出极（阳极 A、阴极 K、门极 G）。其电气图形符号如图 2-6c 所示。晶闸管可分为螺栓式、平板式，也可分为自热冷却、风冷和水冷式。

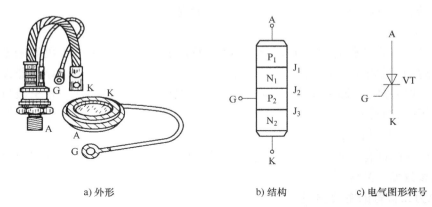

| a) 外形 | b) 结构 | c) 电气图形符号 |

图 2-6　晶闸管的外形、结构和电气图形符号

（2）晶闸管的导通条件

由实验得知，当晶闸管 A、K 间承受反向电压时，不论门极 G 与阴极 K 间是否有触发电流 I_G，晶闸管都不会导通。

当晶闸管 A、K 间施加正向电压，同时又在门极 G 与阴极 K 间有触发电流 I_G 时，晶闸管才能导通。

晶闸管一旦导通，门极 G 就失去了控制作用，不论门极触发电流 I_G 是否存在，晶闸管都保持导通。

欲关断晶闸管，必须对 A、K 间施加反向电压（阳极 A 电位低于阴极 K 电位）；或 A、K 间正向电压降到零；或增大阻抗，使流过 A、K 间的电流为接近于零的某一数值以下（一般为几十毫安）。

综上，晶闸管导通条件如下：

1）晶闸管 A、K 间施加正向电压（阳极 A 电位高于阴极 K 电位）。

2）门极 G 与阴极 K 间流过触发电流 I_G。

上述两个条件同时具备时，晶闸管从关断变导通，而关断是不能控制的，故称晶闸管为半控型电力电子器件。

2. 晶闸管导通的工作原理

下面从晶闸管内部四层半导体结构分析其导通的工作原理，如图 2-7 所示。

如图 2-7a 所示，在器件上取一倾斜的截面，则晶闸管可以等效看成为 $P_1N_1P_2$ 和 $N_1P_2N_2$ 两个互补的晶体管 VT_1 和 VT_2，图中，VT_1 的电流放大倍数为：$\beta_1 = \dfrac{I_{c1}}{I_{b1}}$，$\alpha_1 = \dfrac{I_{c1}}{I_{e1}}$；$VT_2$ 的放大倍数为：$\beta_2 = \dfrac{I_{c2}}{I_{b2}}$，$\alpha_2 = \dfrac{I_{c2}}{I_{e2}}$。

由图 2-7b 可见，当触发电路开关 S 闭合时，触发电流 I_G 流入 VT_2 晶体管的基极 b_2，产生 VT_2 集电极电流 $I_{c2} = \beta_2 I_{b2}$，恰是 VT_1 晶体管的基极 b_1 的基极电流 I_{b1}，即

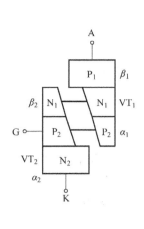

a) 双晶体管模型

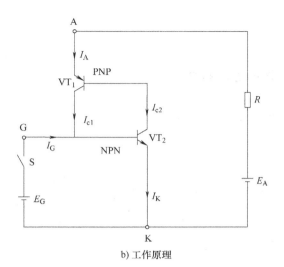

b) 工作原理

图 2-7　晶闸管的双晶体管模型及其工作原理

$I_{b1} = I_{c2} = \beta_2 I_{b2}$，产生 VT_1 晶体管集电极电流 I_{c1}，且 $I_{c1} = \beta_1 I_{b1} = \beta_1 I_{c2} = \beta_1 \beta_2 I_{b2}$，而 I_{c1} 又恰是 VT_2 晶体管的基极电流 I_{b2}，由此形成强烈的正反馈。其过程为

$$I_G \uparrow \rightarrow I_{b2} \uparrow \rightarrow I_{c2}(=\beta_2 I_{b2}) \uparrow = I_{b1} \rightarrow I_{c1}(=\beta_1 I_{b1}) \uparrow$$

正反馈

瞬间使 VT_1 和 VT_2 饱和导通，这就是晶闸管的导通机理。

显然，$\alpha_1 I_A = I_{c1}$，$\alpha_2 I_K = I_{c2}$，依照晶体管的导通机理，有

$$I_A = \alpha_1 I_A + \alpha_2 I_K + I_{CO} \tag{2-3}$$

$$I_K = I_A + I_G \tag{2-4}$$

式中，I_{CO} 为流过 J_2 结的反向漏电流。

将式（2-4）代入式（2-3）得

$$I_A = \frac{\alpha_2 I_G + I_{CO}}{1 - (\alpha_1 + \alpha_2)} \tag{2-5}$$

从晶体管导通机理可知，共基极电流放大倍数 α 随发射极电流 I_e 增大而逐渐增加，当 I_G 增大到一定值时，使 VT_1、VT_2 两晶体管的 I_{e1} 和 I_{e2} 也相应增大。并且当 $\alpha_1 + \alpha_2$ 增大到接近 1 时，式（2-5）中阳极电流 I_A 将急剧增大成为不可控，此时 I_A 值由电源电压 E_A 与负载电阻 R 来决定。晶闸管正向导通电压降约为 1.2 V，由于正反馈的作用，导通的晶闸管即使门极电流 I_G 下降到零或负值，也不能使晶闸管关断，只有使晶闸管的阳极电流 I_A 减小到维持电流 I_H 以下，此时 α_1，α_2 也相应减小，导致内部正反馈无法维持时晶闸管才恢复阻断。

3. 晶闸管的伏安特性

晶闸管的伏安特性如图 2-8 所示。当 $I_{G0} = 0$ 时，在晶闸管正向电压 U_A 至正向转折电压 U_{BO} 段，即 OA 段，器件处于正向阻断状态，其正向漏电流随 U_A 电压增高而逐渐增大，当 U_A 增大到 U_{BO} 时，晶闸管突然从阻断状态经虚线转为导通，导通后特性与整流二极管正向伏安特性相似。这样的导通称为硬开通，是不允许的。

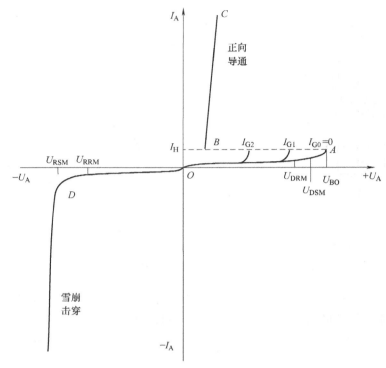

图 2-8　晶闸管的伏安特性（$I_{G2} > I_{G1} > I_{G0}$）

当触发电流 I_G 增大时，正向转折电压 U_{BO} 减小，晶闸管经虚线到导通状态 BC 段上工作，称为触发导通，它是在 I_G 作用下的导通，属于正常触发导通。

门极 G 与阴极 K 间施加的正向电压（门极 G 电位高于阴极 K 电位）称为触发电压 U_G，对应的门极 G 流入的电流 I_G 称为触发电流。

当晶闸管阳极电流 I_A 减小到维持电流 I_H（几十毫安）以下时，晶闸管又从导通返回正向阻断，所以晶闸管只能稳定工作在阻断或导通两个状态。

当晶闸管加反向阳极电压时（阳极 A 电位低于阴极 K 电位），只能流过很小的反向漏电流，即 OD 段。当反向电压超过晶闸管承受的最高反向电压时，将发生雪崩击穿，晶闸管被击穿而失去反向阻断能力。

4. 晶闸管的主要参数

（1）额定电压 U_{TN}

由图 2-8 可见，当门极断开、器件处于额定结温时，正向阻断曲线 OA 段出现漏电流显著增加的电压 U_{DSM} 为正向不重复峰值电压，同理 U_{RSM} 为反向不重复峰值电压。U_{DSM}、U_{RSM} 各乘 0.9 所得的值 U_{DRM}、U_{RRM} 分别为正向与反向重复峰值电压。

晶闸管的额定电压 U_{TN} 即为 U_{DRM} 与 U_{RRM} 中较小值，再取整数即为标准电压等级。

由于晶闸管工作时温度会升高，又不可避免地会出现瞬时过电压 U_{TM}，因此在选用晶闸管的额定电压时，应留有安全裕量。即

$$U_{TN} \geqslant (2 \sim 3) U_{TM} \tag{2-6}$$

式中，U_{TM} 在单相整流时为 $\sqrt{2}\,U_2$，在三相整流时为 $\sqrt{6}\,U_2$，U_2 为整流器输入的交流相电压有效值。

（2）额定电流 $I_{T(AV)}$

晶闸管的额定电流用通态平均电流 $I_{T(AV)}$ 表示，它是在室温 40℃ 和规定的冷却条件下，器件在电阻负载流过正弦半波电路中，PN 结结温不超过额定结温时允许的最大正弦半波电流的平均值，如图 2-9 所示，其计算公式为

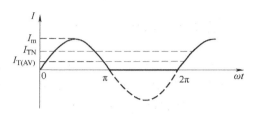

图 2-9 正弦半波电流波形

$$I_{T(AV)} = \frac{1}{2\pi} \int_0^\pi I_m \sin\omega t \,\mathrm{d}(\omega t) = \frac{I_m}{\pi} \qquad (2\text{-}7)$$

一般将此计算电流值取规定系列的电流等级作为器件的额定电流。

晶闸管额定电流是以通态平均电流来标定的，而发热是由流过晶闸管的电流的有效值决定。额定电流有效值 I_{TN} 在产品说明书上不提供，实际使用时无论流过晶闸管的电流波形如何、导通角多大，都要保证最大电流有效值 $I_{TM} \leqslant I_{TN}$，I_{TN} 为方均根值，即

$$I_{TN} = \sqrt{\frac{1}{2\pi} \int_0^\pi (I_m \sin\omega t)^2 \,\mathrm{d}(\omega t)} = \frac{I_m}{2} \qquad (2\text{-}8)$$

在额定状态下，电流波形系数为

$$K_i = \frac{I_{TN}}{I_{T(AV)}} = \frac{\pi}{2} = 1.57$$

如 $I_{T(AV)} = 100A$ 的晶闸管，其额定电流有效值 $I_{TN} = K_i I_{T(AV)} = 1.57 \times 100A = 157A$。

由于晶闸管的电流过载能力较小，在选用时，至少要考虑 $1.5 \sim 2$ 倍的安全裕量，即

$$1.57 I_{T(AV)} = I_{TN} \approx (1.5 \sim 2) I_{TM}$$

所以

$$I_{T(AV)} = (1.5 \sim 2) \frac{I_{TM}}{1.57} \qquad (2\text{-}9)$$

式中，I_{TM} 为流过晶闸管的最大电流有效值。

（3）门极触发电流 I_{GT} 与触发电压 U_{GT}

在室温下给晶闸管施加正向阳极电压，使管子完全导通所必需的最小门极电流，称为门极触发电流 I_{GT}，对应的门极触发电压为 U_{GT}，最高门极正向电压不超过 10V。

产品说明书中给出的晶闸管最大触发电压和最大触发电流是直流值。U_{GT}、I_{GT} 值受温度影响很大，实际的 U_{GT}、I_{GT} 随温度不同而不同，冬天使用晶闸管时，U_{GT}、I_{GT} 值会比夏天使用时大。

（4）通态平均电压 $U_{T(AV)}$

在规定环境温度和散热条件下，晶闸管流过额定正弦半波电流时，阳极 A 与阴极 K 间的平均电压称为通态平均电压，也称管压降。晶闸管通态平均电压组别见表 2-1。

表 2-1　晶闸管通态平均电压组别

组别	A	B	C	D	E
通态平均电压/V	$U_{T(AV)} \leqslant 0.4$	$0.4 < U_{T(AV)} \leqslant 0.5$	$0.5 < U_{T(AV)} \leqslant 0.6$	$0.6 < U_{T(AV)} \leqslant 0.7$	$0.7 < U_{T(AV)} \leqslant 0.8$
组别	F	G	H	I	
通态平均电压/V	$0.8 < U_{T(AV)} \leqslant 0.9$	$0.9 < U_{T(AV)} \leqslant 1.0$	$1.0 < U_{T(AV)} \leqslant 1.1$	$1.1 < U_{T(AV)} \leqslant 1.2$	

（5）维持电流 I_H

在标准室温且门极断开时，晶闸管维持导通的最小阳极电流称为维持电流 I_H。

（6）擎住电流 I_L

晶闸管从关断到撤去触发脉冲能维持继续导通所需的最小阳极电流称为擎住电流 I_L。通常 I_L 比 I_H 要大，即 $I_L = （2\sim4） I_H$。

（7）浪涌电流

浪涌电流是由于电路异常情况引起的、使结温超过额定结温的不重复最大正向过载电流。这个参数是设计过载保护电路的依据。

（8）断态电压临界上升率 du/dt

断态电压临界上升率是在额定结温和门极开路的情况下，不导致晶闸管误导通的正向电压上升率。

（9）通态电流临界上升率 di/dt

通态电流临界上升率是在规定条件下，晶闸管所能承受的最大通态电流上升率，如果不加以限制，会由于电流上升过快导致电流过大，发热集中在小区域内，使晶闸管因局部过热而烧坏。

（10）晶闸管的开通时间 t_{gt} 与关断时间 t_g

普通晶闸管的开通时间 t_{gt} 为 6μs 左右，关断时间 t_g 约为几十到几百微秒，t_g 与晶闸管结温、关断前阳极电流及所加反向电压的大小有关。

其他参数见生产厂家技术文献。

2.3.2　晶闸管派生器件

1. 快速晶闸管

快速晶闸管（Fast Switching Thyristor，FST）包括所有专为快速应用而设计的晶闸管，有常规的快速晶闸管和工作在更高频率的高频晶闸管，可分别应用于 400Hz 和 10kHz 以上的斩波或逆变电路中。由于对普通晶闸管的管芯结构和制造工艺进行了改进，快速晶闸管的开关时间以及 du/dt 和 di/dt 的耐量都有了明显改善。从关断时间来看，普通晶闸管一般为数百微秒，快速晶闸管为数十微秒，而高频晶闸管则为 10μs 左右。与普通晶闸管相比，高频晶闸管的不足在于其电压和电流定额都不易做高。由于工作频率较高，选择快速晶闸管和高频晶闸管的通态平均电流时不能忽略其开关损耗的发热效应。

2. 双向晶闸管

双向晶闸管（Triode AC Switch，TRIAC 或 Bidirectional Triode Thyristor）可以认为是一对反并联连接的普通晶闸管的集成，其电气图形符号和伏安特性如图 2-10 所示。

它有两个主电极 T_1 和 T_2，一个门极 G。门极使器件在主电极的正、反两方向均可触发导通，所以双向晶闸管在第 I 和第 III 象限有对称的伏安特性。在双向晶闸管受正向电压（T_1 为 "+"，T_2 为 "−"）时，无论门极电流是正是负，双向晶闸管都会正向导通；在双向晶闸管受反向电压（T_1 为 "−"，T_2 为 "+"）时，无论门极电流是正是负，双向晶闸管都会反向导通。双向晶闸管与一对反并联晶闸管相比是经济的，而且控制电路比较简单，所以在交流调压电路、固态继电器（Solid State Relay，SSR）和交流电动机调速等领域应用较多。由于双向晶闸管通常用在交流电路中，因此不用平均值而用有效值来表示其额定电流值。

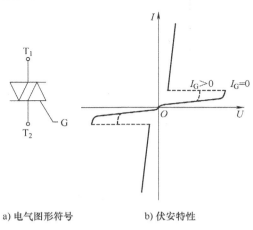

a) 电气图形符号　　　　　b) 伏安特性

图 2-10　双向晶闸管的电气图形符号和伏安特性

3. 逆导晶闸管

逆导晶闸管（Reverse Conducting Thyristor，RCT）是将晶闸管反并联一个二极管制作在同一管芯上的功率集成器件，这种器件不具有承受反向电压的能力，一旦承受反向电压即开通。其电气图形符号和伏安特性如图 2-11 所示。与普通晶闸管相比，逆导晶闸管具有正向电压降小、关断时间短、高温特性好、额定结温高等优点，可用于不需要阻断反向电压的电路中。逆导晶闸管的额定电流有两个，一个是晶闸管电流，另一个是与之反并联的二极管的电流。

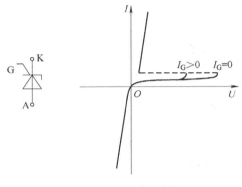

a) 电气图形符号　　　　　b) 伏安特性

图 2-11　逆导晶闸管的电气图形符号和伏安特性

4. 光控晶闸管

光控晶闸管（Light Triggered Thyristor，LTT）又称光触发晶闸管，是利用一定波长的光照信号触发导通的晶闸管。其电气图形符号和伏安特性如图2-12所示。小功率光控晶闸管只有阳极和阴极两个端子，大功率光控晶闸管则还带有光缆，光缆上装有作为触发光源的发光二极管或半导体激光器。由于采用光触发保证了主电路与控制电路之间的绝缘，而且可以避免电磁干扰的影响，因此光控晶闸管目前在高压大功率的场合，如高压直流输电和高压核聚变装置中，占据重要的地位。

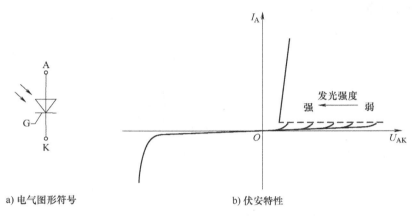

a) 电气图形符号　　　　　　　　b) 伏安特性

图 2-12　光控晶闸管的电气图形符号和伏安特性

2.4　全控型电力电子器件

前述电力二极管是二层 PN 半导体，是一个 P-i-N 结两端引出电极（阳极 A，阴极 K），是一种不能控制导通与关断的电力电子器件。而晶闸管是四层 $P_1N_1P_2N_2$ 半导体结构，形成三个 PN 结（J_1、J_2、J_3），从三端引出电极（阳极 A、阴极 K 和门极 G），门极只能控制器件导通，不能控制器件关断的半控型电力电子器件。

继晶闸管之后，出现了电力晶体管（GTR）、门极关断（GTO）晶闸管、电力场效应晶体管（MOSFET）和绝缘栅双极型晶体管（IGBT）等电力电子器件，这些器件都可以通过基极（门极、栅极）的控制，既可使其导通，又可使其关断，称为全控型电力电子器件。全控型电力电子器件又促进了电力电子技术的新发展。

2.4.1　门极关断晶闸管

门极关断（Gate Turn off Thyristor，GTO）晶闸管简称 GTO 是一种通过门极既可控制器件导通，又可控制器件关断的全控型电力电子器件。

1. GTO 的结构和工作原理

GTO 的结构、等效电路及电气图形符号如图2-13所示。

GTO 的结构与普通晶闸管相似，也为 PNPN 四层、三个引出极（阳极 A、阴极 K 和门极 G），如图 2-13a 所示。

图 2-13b 等效电路中的 $P_1N_1P_2$ 为 VT_1，$N_1P_2N_2$ 为 VT_2，各自的共基极电流放大系

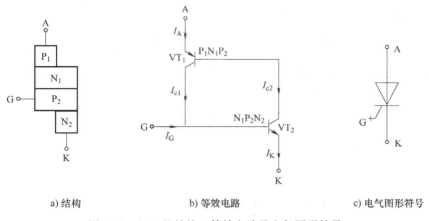

a) 结构　　　　　　　　　b) 等效电路　　　　　　　　c) 电气图形符号

图 2-13　GTO 的结构、等效电路及电气图形符号

数分别为 α_1 和 α_2。

　　GTO 的外部引出三个电极 A、K 和 G，但内部却包含数百个共阳极的小 GTO，这些小 GTO 称为 GTO 元。GTO 元的阳极是共有的，门极和阴极分别并联在一起，这是为实现门极控制关断所采取的特殊设计，如图 2-14 所示。

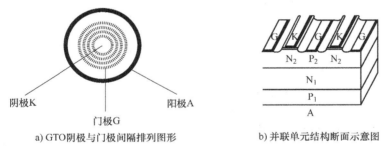

a) GTO阴极与门极间隔排列图形　　　　　　b) 并联单元结构断面示意图

图 2-14　GTO 的内部结构

　　GTO 的工作原理：在图 2-13b 等效电路中，当阳极加正向电压、门极同时也加正向触发信号时，在等效 PNP 的 VT_1 和 NPN 的 VT_2 内形成如下正反馈过程：

　　随着 VT_1、VT_2 管发射极电流的增加，α_1 和 α_2 也增大。当 $\alpha_1 + \alpha_2 > 1$ 时，两个等效的 VT_1、VT_2 均饱和导通，则 GTO 导通。

　　GTO 与普通晶闸管的区别如下：

　　1) 设计 GTO 时，需要使 α_2 较大。这样 VT_2 控制灵敏，从而使 GTO 易于关断。

　　2) 普通晶闸管设计为 $\alpha_1 + \alpha_2 \geq 1.15$，而 GTO 设计为 $\alpha_1 + \alpha_2 \approx 1.05$。这样可使 GTO 导通时接近临界饱和（$\alpha_1 + \alpha_2 = 1$ 为临界条件），从而为门极控制关断提供了有利条件。

　　3) 多元集成结构，使每个 GTO 元的阴极面积很小，门极与阴极间的距离很短，有效地减小了横向电阻，从而使门极容易抽出较大的电流。而且可使众多的 GTO 元同时开通，阴极导通面积的扩展速度比普通一元结构快，由于 GTO 的分散结构，承受 di/dt 的能力也强。

当门极加负偏置电压（$U_{GK}<0$）时，晶体管 VT_1 的集电极电流 I_{c1} 被抽出，形成门极负电流（$I_{c1}<0$），由于 I_{c1} 被抽走使 VT_2 晶体管的基极电流减小，进而使 I_{c2} 也减小，引起 I_{c1} 进一步下降。如此循环，最后导致 $\alpha_1+\alpha_2<1$，则 GTO 关断。

GTO 为双极型（电子、空穴两载流子都参与导电）电流型驱动器件。在高电压和中大容量的斩波器和逆变器中获得了广泛应用。

2. GTO 的主要特性

（1）阳极伏安特性

GTO 的阳极伏安特性如图 2-15 所示。它与普通晶闸管的伏安特性很相似，正、反向重复峰值电压 U_{DRM} 和 U_{RRM} 等术语的含义也相同。

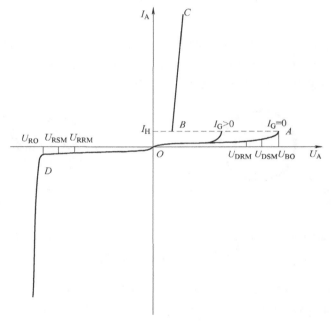

图 2-15 GTO 的阳极伏安特性

（2）GTO 的动态特性

图 2-16 给出了 GTO 开通和关断过程中门极电流 i_G 和阳极电流 i_A 的波形。

由图 2-16 可见，开通过程中需正向门极触发脉冲电流 i_G，经过延迟时间 t_d 和上升时间 t_r，阳极电流 i_A 升到稳态值。

关断过程中需门极负脉冲电流 i_G，经过抽取饱和导通时储存的大量载流子的时间——储存时间 t_s，从而使两个晶闸管 VT_1 和 VT_2 退出饱和状态。然后，经过使阳极电流 i_A 逐渐减小的时间——下降时间 t_f，还有残存载流子复合所需的时间——尾部时间 t_t，最后 GTO 关断。即

$$开通时间 \quad t_{on}=t_d+t_r$$

$$关断时间 \quad t_{off}=t_s+t_f（不包括尾部时间 t_t）$$

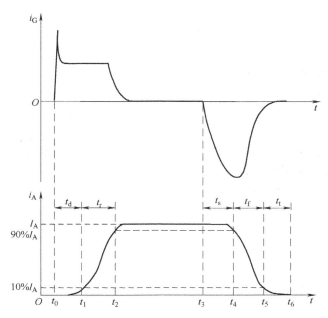

图 2-16　GTO 的开通和关断过程中的电流波形

GTO 的开、关时间比普通晶闸管短，工作频率也比普通晶闸管高。GTO 的工作频率为 1~2kHz。

3. GTO 的主要参数

GTO 的基本参数与普通晶闸管大多相同，这里只简单介绍一些意义不同的参数。

（1）最大可关断阳极电流 I_{ATO}

因为 GTO 的工作电流很大，$\alpha_1 + \alpha_2$ 稍大于 1 的临界导通条件极易被破坏，使器件饱和程度加深，导致门极关断失败。所以，GTO 必须规定一个最大可关断阳极电流 I_{ATO}。I_{ATO} 就是 GTO 的额定电流。这一点与普通晶闸管用通态平均电流 $I_{\mathrm{T(AV)}}$ 作为额定电流是不同的。

（2）电流关断增益 β_{off}

最大可关断阳极电流 I_{ATO} 和门极负脉冲电流最大值 I_{GM} 之比，称为电流关断增益 β_{off}，即

$$\beta_{\mathrm{off}} = \frac{I_{\mathrm{ATO}}}{\left| -I_{\mathrm{GM}} \right|}$$

一般 β_{off} 只有 5 左右。

如 $I_{\mathrm{ATO}} = 1000\mathrm{A}$，$\beta_{\mathrm{off}} = 5$，则 $\left| -I_{\mathrm{GM}} \right| = 200\mathrm{A}$。这说明一个 1000 A 的 GTO，要求关断时门极负脉冲电流的幅值要达到 200A，这个数值比较大。

目前 GTO 主要使用在电气轨道交通动车的斩波调压调速中，其额定电压和电流分别可达 6000V、6000A 以上，特点是容量大。另外需要注意的是，不少 GTO 都制造成逆导型，类似于逆导晶闸管，当需要承受反向电压时，应与电力二极管串联使用。

2.4.2 电力晶体管

电力晶体管（Giant Transistor，GTR）是一种耐压较高、电流较大的双极型电流驱动的全控型器件。

1. GTR 的结构和工作原理

GTR 的结构和工作原理都与信息处理用的小功率晶体管类似。GTR 也是由三层硅半导体、两个 PN 结、三个引出极（基极 B、发射极 E 和集电极 C）构成。它和小功率晶体管一样，也有 PNP 和 NPN 两种结构。因为在同样结构参数和物理参数的条件下，NPN 晶体管比 PNP 晶体管性能优越得多，所以高压、大电流电力晶体管多用 NPN 结构，如图 2-17 所示。

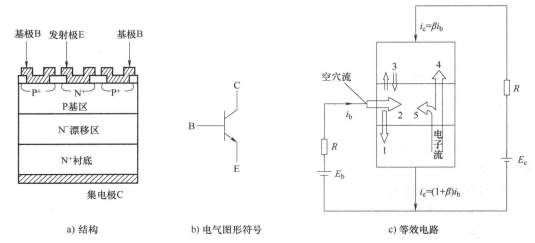

a) 结构   b) 电气图形符号   c) 等效电路

图 2-17 GTR 的结构、电气图形符号及等效电路

1—基极 P 区注入发射结空穴流   2—与电子复合的空穴   3—集电结漏电流

4—集电极电子流   5—发射极电子流

目前 GTR 分为单管、达林顿管和达林顿管模块三个系列。图 2-17a 中代表半导体类型字母的右上角"+"表示高掺杂浓度，"−"表示低掺杂浓度。

GTR 与信息处理用小功率晶体管的不同之处如下：

1）GTR 多了一层 N⁻ 漂移区。电子载流子层厚度增大，提高了承受电压的能力，并有电导调制效应。

2）基极和发射极在一个平面，并制成叉指式结构（见图 2-17a），减小了电流集中，提高了开关速度及通流能力。

3）GTR 导通时，处于临界饱和状态；关断时，基极加负偏电压，加快了关断速度。为提高电流放大倍数 β，一般采用达林顿共发射极接法。

电流放大倍数为

$$\beta = \frac{i_c}{i_b}$$

式中，i_c 为集电极电流；i_b 为基极电流。单管 GTR 的 β 只有 10 左右。

由图 2-17c 可见，GTR 是空穴、电子两种载流子都参与导电的双极型电流驱动器件。

对于 NPN 型 GTR，$I_b>0$（基流），基极正偏，GTR 导通；$I_b<0$，基极负偏压（反偏），GTR 截止。NPN 型 GTR 只有导通（临界饱和）或截止两种开、关状态。

实际应用时，GTR 采用达林顿复合管或达林顿模块。图 2-18 为 GTR 的达林顿结构。

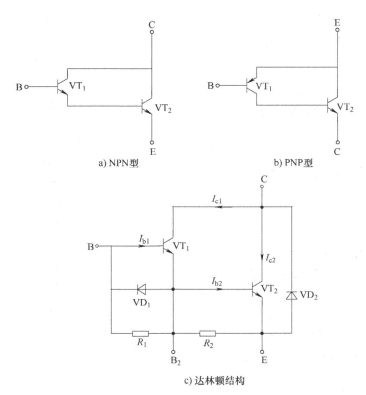

a) NPN型   b) PNP型

c) 达林顿结构

图 2-18　GTR 的达林顿结构

图 2-18c 是由两个晶体管组成的达林顿结构的 GTR。图中将用于提高温度稳定性的电阻 R_1、R_2，以及加速二极管 VD_1 和续流二极管 VD_2 等制作在一起。R_1、R_2 提供反向电流通路；VD_1 的作用是 GTR 关断时，反向驱动信号经 VD_1 快速加到 VT_2 基极，加速 GTR 的关断过程。

2. GTR 的基本特性

（1）静态特性

图 2-19 给出了 GTR 在共发射极接法时的典型输出特性，明显地分为截止区、放大区和饱和区三个区域。在电力电子电路中，GTR 工作在开关状态，即工作在截止区或饱和区。在截止与开通之间转换过程中，要经过放大区。

（2）动态特性

GTR 的动态特性主要指开关特性。由于结电容和过剩载流子的存在，其集电极电流 i_c 的变化总是滞后基极电流 i_b 的变化，如图 2-20 所示。

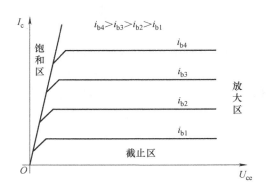

图 2-19　GTR 的典型输出特性（共发射极接法）

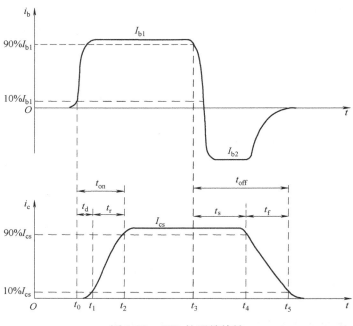

图 2-20　GTR 的开关特性

GTR 开通时需要经过延迟时间 t_d 和上升时间 t_r，即开通时间 $t_{on} = t_d + t_r$；关断时需要经过储存时间 t_s 和下降时间 t_f，即关断时间 $t_{off} = t_s + t_f$。

GTR 的 t_{on} 一般为 $0.5 \sim 3\mu s$，而 t_{off} 比 t_{on} 长，其中 t_s 为 $3 \sim 8\mu s$，t_f 约为 $1\mu s$，均比快速晶闸管短。GTR 的工作频率一般在 10kHz 以下。

3. GTR 的主要参数

（1）最高电压额定值 U_{ceM}

GTR 上所加的电压超过规定值，就会发生击穿。击穿电压不仅与晶体管本身特性有关，还与外电路的接法有关。击穿电压包括：发射极开路时集电极和基极间的反向击穿电压 BU_{cbo}；基极开路时集电极和发射极间的击穿电压 BU_{ceo}；发射极与基极间用电阻连接或短路连接时，集电极与发射极间的击穿电压 BU_{cer} 和 BU_{ces}；以及发射结反向偏置时，集电极与发射极间的击穿电压 BU_{cex}。这些击穿电压之间的关系为 $BU_{cbo} > BU_{cex} > BU_{ces} > BU_{cer} > BU_{ceo}$。实际使用 GTR 时，最高工作电压 U_{ceM} 应低于 BU_{ceo}。

一般取 $U_{ceM} = \left(\dfrac{1}{3} \sim \dfrac{1}{2}\right) BU_{ceo}$，产品目录中 BU_{ceo} 作为电压额定值给出。

（2）最大电流额定值 I_{cM}

一般规定 GTR 的直流放大系数 h_{FE} 下降到规定值的 $1/3 \sim 1/2$ 时，所对应的 I_c 为集电极最大允许工作电流 I_{cM}，也是 GTR 的电流额定值。实际使用时要留有安全裕量，只能用到 I_{cM} 的一半左右。

（3）集电极最大耗散功率 P_{cM}

GTR 在最高允许结温时所对应的耗散功率为 P_{cM}。GTR 产品说明书中，在给出 P_{cM} 时总是同时给出壳温 T_c，间接表示最高工作温度。

4. GTR 的二次击穿和安全工作区

（1）GTR 的二次击穿现象

当集电极电压 U_{ce} 渐增至 BU_{ceo} 时，集电极电流 I_c 急剧增大，首先出现的击穿现象称为一次击穿。出现击穿后，只要 I_c 不超过与最大耗散功率相对应的限度，GTR 一般不会损坏，工作特性也不会有什么变化。但如果不加外接电阻限制 I_c 继续增大，就会发生晶体管上电压突然下降，I_c 增大到某个临界点时突然急剧上升，导致 GTR 永久损坏。这是在一次击穿后发生的第二次击穿，二次击穿对 GTR 危害极大。

导致 GTR 二次击穿的因素很多，如负载性质、电压、电流导通时间等。为了避免 GTR 二次击穿现象的发生，生产厂家用安全工作区来限制 GTR 的使用。

（2）安全工作区

GTR 能够安全运行的范围即安全工作区（SOA），如图 2-21 所示。不同基极电流下发生二次击穿时的集电极电流 I_c 的临界点连线就是二次击穿临界线，临界线上的点反映了二次击穿功率 P_{SB}。这样，GTR 工作时，不仅不能超过最高工作电压 U_{ceM}、集电极最大电流 I_{cM} 和最大耗散功率 P_{cM}，也不能超过二次击穿临界线。这些限制条件规定了 GTR 的安全工作区，如图 2-21 阴影区所示。

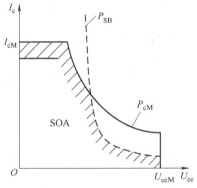

图 2-21 GTR 的安全工作区

2.4.3 电力场效应晶体管

电力场效应晶体管（MOSFET）主要是指绝缘栅型的 MOS 型。至于结型电力场效应晶体管一般称为静电感应晶体管。

电力 MOSFET 具有输入阻抗高、驱动功率小、开关速度快、工作频率高（可达 1MHz）和不存在二次击穿问题等优点。它是由栅极电压控制的器件，应用于高频、中小功率（不超过 10kW）的电力电子装置。

1. 电力 MOSFET 的结构和工作原理

电力 MOSFET 有多种结构，依载流子的性质可分为 P 导电沟道和 N 导电沟道，如

图 2-22b 所示。它有三个引出极：栅极 G、源极 S 和漏极 D。图中箭头表示载流子的移动方向。它又可分为耗尽型和增强型。当栅极 G 电压为零时，漏极 D 和源极 S 之间存在导电沟道的称为耗尽型；对于 N（P）沟道器件，当栅极电压大于（小于）零时才有导电沟道，称为增强型。电力 MOSFET 中，N 沟道增强型居多。

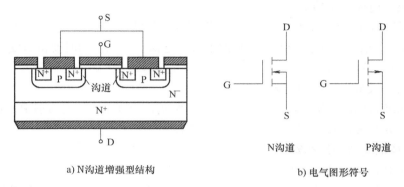

a) N沟道增强型结构   b) 电气图形符号

图 2-22   电力 MOSFET 的结构和电气图形符号

（1）电力 MOSFET 的结构

电力 MOSFET 的结构和导电机理与信息 MOSFET 的结构和导电机理基本一样，区别如下：

1）电力 MOSFET 是多元集成结构。一个电力 MOSFET 器件是由许多个小 MOSFET 元按六边形、正方形或条形等形状再排列集成而成。每个小 MOSFET 元的截面如图 2-22a 所示，这样可以有效利用面积。多元结构可提高开、关速度。

2）电力 MOSFET 是垂直导电双扩散器件。信息 MOSFET 是一次扩散形成的器件，其栅极 G、源极 S 和漏极 D 都在芯片同一侧，导电沟道平行于芯片表面，是横向导电。

电力 MOSFET 是两次扩散形成的器件，其栅极 G、源极 S 和漏极 D 在芯片两侧，使漏极 D 到源极 S 间电流垂直于芯片表面流过。导电沟道长度缩短，提高了开、关速度；导电面积增大，提高了通流能力。

3）电力 MOSFET 比信息 MOSFET 多了一层 N^- 漂移区，增加了 N 导电沟道的厚度，提高了器件承受电压的能力。由于栅极与 P 区间绝缘，不能形成空穴与电子的复合，从而减小了通态电阻，因此没有电导调制效应。

（2）电力 MOSFET 的工作原理

图 2-22a 为 N 沟道增强型电力 MOSFET 一个单元的截面图。

当漏极 D 与源极 S 间加正向电压（$U_{DS} > 0$）且栅极 G 和源极 S 间电压为零时，P 基区与 N^- 漂移区之间的 PN 结 J_1 处于反偏，漏、源极之间无电流（I_D）流过。若 $U_{DS} > 0$，且栅极与源极之间加正电压（$U_{GS} > 0$），由于栅极绝缘（一般是 SiO_2 材料绝缘），没有栅极电流流过。但栅极 G 的正电压却会将其下面 P 区中的空穴排斥开，而将 P 区中的电子吸引到栅极下面的 P 区表面。当 $U_{GS} > U_T$（U_T 为门槛电压）时，栅极下 P 区表面的电子浓度将超过空穴浓度，从而使 P 型半导体反型成 N 型半导体，成为反型层，该反型层形成 N 沟道而使 PN 结 J_1 消失，漏极 D 和源极 S 间导电，$I_D > 0$。

综上可知，当 $U_{DS} > 0$ 且 $U_{GS} > 0$ 时，电力 MOSFET 内形成反型层，成为 N 沟道，

$I_D>0$，电力 MOSFET 导通；反之，当 $U_{GS}<0$ 时，沟道消失，器件关断。

电力 MOSFET 是单极型电压（U_{GS}）驱动、工作频率在 1MHz 范围的电力电子器件。

2. 电力 MOSFET 的主要特性

电力 MOSFET 的特性可分为静态特性和动态特性。静态特性分为转移特性和输出特性，动态特性也称开关特性。

（1）转移特性

在 U_{DS} 一定的条件下，电力 MOSFET 的漏极电流 I_D 和栅极电压 U_{GS} 的关系曲线如图 2-23 所示。该特性表征电力 MOSFET 的栅极电压 U_{GS} 对漏极电流 I_D 的控制能力。

I_D 较大时，$I_D=f(U_{GS})$ 近似线性。

曲线的斜率定义为电力 MOSFET 的跨导 G_{fs}，即

$$G_{fs}=\frac{dI_D}{dU_{GS}}$$

电力 MOSFET 的输入阻抗极高，输入电流极小。

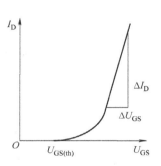

图 2-23 电力 MOSFET 的转移特性

（2）输出特性

输出特性也称漏极伏安特性，如图 2-24 所示，包括截止区（对应 GTR 的截止区）、饱和区（对应 GTR 的放大区）、非饱和区（对应 GTR 的饱和区）三个区域。这里饱和与非饱和的概念与 GTR 不同。饱和是指漏源电压增加时，漏极电流 I_D 不再增加，非饱和是指漏源电压增加时，漏极电流 I_D 相应增加。电力 MOSFET 工作在截止区与非饱和区来回转换的开、关状态。

由图 2-22a 电力 MOSFET 的结构可知，在漏极和源极之间由 P 区、N^- 漂移区和 N^+ 区形成了一个与 MOSFET 反向并联的寄生二极管，它具有与电力二极管一样的 PN 结构。它与 MOSFET 构成了一个不可分割的整体，使得漏、源极间加反向电压时器件导通。因此，使用电力 MOSFET 时，应与电力 MOSFET 串联接入快速电力二极管，以承受反向电压。

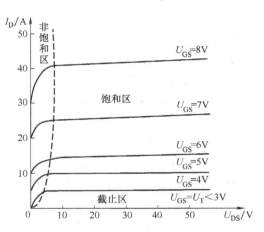

图 2-24 电力 MOSFET 的输出特性

（3）动态（开关）特性

电力 MOSFET 近似理想开关，具有很高的增益和极快的开关速度。因为它是单极型器件，依靠多数载流子（N 区电子）导电，没有少数载流子的存储效应，与关断时间有关的存储时间（t_{off} 中的 t_s）大大减小。而开通和关断只受到极间电容的影响，与极间电容的充、放电有关。

电力 MOSFET 内部寄生着两种类型的电容：一种是与 MOS 结构有关的 MOS 电容，如栅源电容 C_{GS} 和栅漏电容 C_{GD}；另一种是与 PN 结有关的电容，如漏源电容 C_{DS}。

电力 MOSFET 极间电容的等效电路如图 2-25a 所示。C_{iss} 为输入电容，C_{oss} 为输出电

容，C_{rss} 为转移电容，并且这些电容均为非线性。图 2-25b 中，开通时间 $t_{on} = t_d + t_r$，关断时间 $t_{off} = t_s + t_f$，两者均为几十纳秒。t_d 为延时时间，t_r 为上升时间，t_s 为存储时间，t_f 为下降时间。电力 MOSFET 的开关时间为 10~100ns，工作频率可达 100kHz 以上，是全控型器件中开通、关断时间最快的器件。

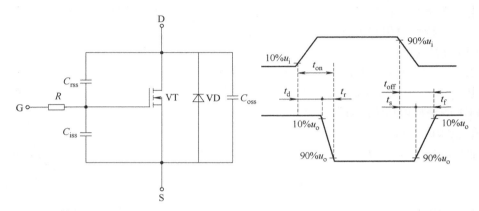

a) 极间电容的等效电路　　　　　　　　　b) 开关过程中的电压波形

图 2-25　电力 MOSFET 极间电容的等效电路和开关过程中的电压波形

此外，虽然电力 MOSFET 是场控器件，在静态时几乎不需要输入电流，但是在开、关过程中需要对输入电容 C_{iss} 充放电，因此仍需要一定的驱动（功率）栅极电流。

3. 电力 MOSFET 的主要参数

（1）漏源击穿电压 BU_{DS}

BU_{DS} 是电力 MOSFET 的额定工作电压。当结温升高时，BU_{DS} 随之增大，耐压提高。

（2）栅源击穿电压 BU_{GS}

BU_{GS} 是为防止栅源间击穿而设的参数，其极限值为 ±20V。

（3）漏极直流连续电流 I_D 和漏极脉冲电流幅值 I_{DM}

I_{DM} 定义为额定峰值电流。在额定结温下，I_{DM} 大约是 I_D 的 2~4 倍。

（4）开启电压 U_T

U_T（即门槛电压）是在漏栅短接条件下，I_D 等于 1mA 时的栅极电压。

电力 MOSFET 不存在二次击穿问题，但实际应用中仍需留有适当的裕量。

2.4.4　绝缘栅双极型晶体管

GTR 是双极型电流驱动器件，通流能力大，但开、关速度较慢，驱动功率大，驱动电路复杂；而电力 MOSFET 是单极型电压驱动器件，通流能力比 GTR 小，但开、关速度快，输入阻抗大，驱动功率小，驱动电路简单。将这两类器件取长补短组合成一种电压驱动器件，即输入功率小，开、关速度较快，通流能力大，输出功率大的复合型器件——绝缘栅双极型晶体管（Insulated Gate Bipolar Transistor，IGBT）。

1. IGBT 的结构和工作原理

IGBT 是有三个引出极，即栅极 G、发射极 E 和集电极 C 的电压驱动复合型全控电力电子器件，如图 2-26 所示。

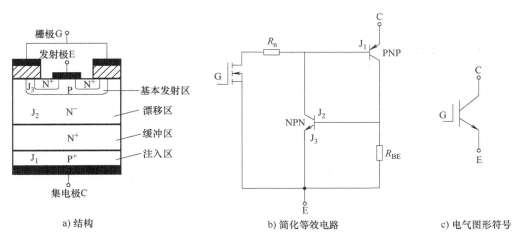

图 2-26 IGBT 的结构、简化等效电路与电气图形符号

（1）IGBT 的结构

1）IGBT 是多元集成结构，比 MOSFET 多了一层 P⁺注入区。每个 IGBT 元均由 N 沟道单极型 MOSFET 和一个双极型 PNP 晶体管组合而成。其小单元的内部结构截面图如图 2-26a 所示。可见，由于多了一层 P⁺注入区，形成大面积 P⁺N⁺结 J_1，由于 P⁺注入 N⁻漂移区空穴，实现了对 N⁻区的电导调制作用，不但耐高压，并且使通态电阻减小，通流能力增强。

2）IGBT 开关速度低于 MOSFET，但高于 GTR。这是由于双极型晶体管的存在，引入了空穴和电子两种载流子参与导电，存在两种载流子储存时间。因此它比单极型仅有一种载流子的 MOSFET 开关速度低；又由于 MOSFET 是单极型电压驱动，所以比 GTR 开关速度快。

3）IGBT 内部寄生一个晶体管。由图 2-26a 可知，有一个 N⁻PN⁺（J_2、J_3）结的晶体管和一个作为主开关的 P⁺N⁻（N⁺）（J_1、J_2）结的晶体管，这样就构成了四层半导体器件结构，其中 NPN 型晶体管是 IGBT 的内部寄生晶体管。

当集电极电流由于某种原因过大时，J_3 受正偏开通，两个晶体管就形成了一个晶闸管的等效结构，即使撤除栅极控制信号，IGBT 也会继续导通使栅极失去控制作用，导致集电极电流 I_C 增大，造成器件功耗过高而损坏。这种电流失控现象称为自锁效应或称擎住效应。

（2）IGBT 的工作原理

由图 2-26a、b 可知，IGBT 为 N 沟道的 MOSFET PNP 型 GTR。N 沟道 IGBT 的电气图形符号如图 2-26c 所示。P 沟道 IGBT 电气图形符号中的箭头方向恰好相反。

IGBT 的开通或关断是由栅极电压来控制的。

1）开通控制：当栅极施以正电压，即 $U_{GE} > U_{GE(th)}$（$U_{GE(th)}$ 为开启电压）时，MOSFET 内形成 N 沟道，并为 PNP 型晶体管提供基极电流，如图 2-26b 所示，从而使 IGBT 导通。此时，从 P⁺区注入 N⁻区的空穴（少子）对 N⁻区进行电导调制，减小 N⁻

区的电阻 R_n，这样高耐压的 IGBT 也具有低的通态电压降。

2）关断控制：当栅极施以负电压，即 $U_{GE}<0$ 时，MOSFET 内的沟道消失，PNP 型晶体管的基极电流被切断，使得 IGBT 关断。

IGBT 是电压驱动复合型电力电子器件，工作频率为 20~50kHz，应用广泛。

2. IGBT 的基本特性

IGBT 的特性分为静态特性和动态特性。静态特性又分为转移特性和输出特性，如图 2-27 所示。

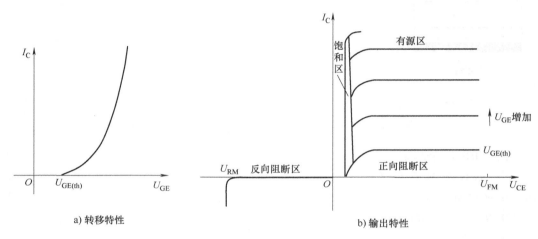

a) 转移特性   b) 输出特性

图 2-27 IGBT 的转移特性和输出特性

（1）转移特性

IGBT 的转移特性是描述集电极电流 I_C 与栅射极电压 U_{GE} 之间关系的曲线，如图 2-27a 所示。当 $U_{GE}<U_{GE(th)}$ 时，IGBT 处于关断状态。

（2）输出特性

输出特性也称伏安特性，如图 2-27b 所示，分为饱和区、有源区和截止区（即正向阻断区）。

当 $U_{GE}<U_{GE(th)}$ 时，IGBT 处于截止区，仅有小的漏电流存在；当 $U_{GE}>U_{GE(th)}$ 时，IGBT 处于有源区，在该区中，I_C 与 U_{GE} 几乎呈线性关系而与 U_{CE} 无关；饱和区是指输出特性有比较明显弯曲的部分，此区中集电极电流 I_C 与栅射极电压 U_{GE} 不再呈线性关系。

当 $U_{CE}<0$ 时，IGBT 为反向阻断状态。

IGBT 一般是在截止区与饱和区之间来回转换的开关状态工作。

由图 2-27b 可见，输出特性是描述以栅极电压 U_{GE} 为参考变量时，集电极电流 I_C 与集射极间电压 U_{CE} 之间的关系曲线。

（3）动态特性

IGBT 的动态特性也称开关特性，如图 2-28 所示。

IGBT 的开通时间 $t_{on}=t_{d(on)}+t_r$，一般取 0.5~1.2μs。其中 $t_{d(on)}$ 为开通延迟时间，t_r 为 I_C 电流上升时间。IGBT 在开通过程中大部分时间作为 MOSFET 工作，只有在集射极

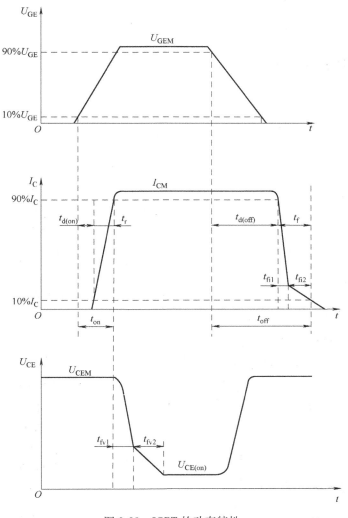

图 2-28 IGBT 的动态特性

电压 U_{CE} 下降过程后期，PNP 型晶体管由放大区转入饱和区需要一个过程，因此增加了一段延缓时间（t_{fv2}），使集射极电压 U_{CE} 波形分成两段 t_{fv1} 和 t_{fv2}，只有在 t_{fv2} 段结束时，IGBT 才完全进入饱和区。

IGBT 的关断过程是从正向导通状态转换到正向阻断状态的过程。关断过程所需要的时间为关断时间 $t_{off} = t_{d(off)} + t_f$，一般为 $0.55 \sim 1.5 \mu s$。其中 $t_{d(off)}$ 称为关断延迟时间，I_C 电流下降时间为 t_f，在 t_f 内，集电极电流 I_C 的波形分为两段 t_{fi1} 和 t_{fi2}。其中 t_{fi1} 是对应 IGBT 内部 MOSFET 的关断时间；t_{fi2} 是 IGBT 内 PNP 型晶体管的关断时间。

由于 MOSFET 经 t_{fi1} 时间关断后，PNP 型晶体管中的存储电荷不易迅速消除，I_C 下降变慢，造成集电极电流 I_C 较长的尾部时间（t_{fi2}），即 IGBT 内 PNP 型晶体管的关断时间为 t_{fi2}。这样关断时间可改写为

$$t_{off} = t_{d(off)} + t_{fi1} + t_{fi2}, \qquad t_f = t_{fi1} + t_{fi2}$$

式中，t_{fi2} 也称为 I_C 的拖尾流时间。

3. IGBT 的主要参数

（1）集射极击穿电压 BU_{CES}

BU_{CES} 决定了 IGBT 的最高工作电压，它是由器件内部的 PNP 型晶体管所能承受的击穿电压确定的，具有正温度系数。

（2）开启电压 $U_{GE(th)}$

$U_{GE(th)}$ 是 IGBT 导通的最低栅射极电压。$U_{GE(th)}$ 随温度升高而下降，温度每升高 1℃，$U_{GE(th)}$ 值下降 5mV 左右。一般在 +25℃ 时，$U_{GE(th)} = 2 \sim 6V$。

（3）通态电压降 $U_{CE(on)}$

IGBT 的通态电压降 $U_{CE(on)}$ 可表示为

$$U_{CE(on)} = U_{J1} + I_D R_n + I_D R_{on}$$

式中，U_{J1} 为 J_1 结的正向电压降，为 $0.7 \sim 1V$；R_n 为通态电阻；R_{on} 为 MOSFET 的 N 沟道电阻。

通态电压降 $U_{CE(on)}$ 决定 IGBT 的通态损耗，通常 IGBT 的 $U_{CE(on)}$ 为 $2 \sim 3V$。

（4）最大栅射极电压 U_{GES}

最大栅射极电压 U_{GES} 由栅极的 SiO_2 的氧化层厚度和特性所限制。为了可靠工作，应将栅极电压限制在 20V 以内，一般取 $U_{GES} = 15V$。

（5）集电极连续电流 I_C 和峰值电流 I_{CM}

集电极流过的最大连续电流 I_C 即为 IGBT 的额定电流。为了避免自锁现象（擎住现象）发生，规定了 IGBT 的集电极峰值电流 I_{CM}，通常峰值电流 I_{CM} 约为 $2I_C$。

IGBT 的额定结温为 150℃，只要不超过额定结温，IGBT 就可以工作在峰值电流 I_{CM} 范围内。

（6）最大集电极功耗 P_{CM}

IGBT 在正常工作温度下允许的集电极最大耗散功率，称为最大集电极功耗 P_{CM}。

2.4.5 其他全控型器件和模块

1. 静电感应晶体管

静电感应晶体管（Static Induction Transistor，SIT）是一种结型场效应晶体管，它在一块高掺杂的 N 型半导体两侧加了两片 P 型半导体，分别引出源极 S、漏极 D 和栅极 G，如图 2-29 所示。在栅极信号 $U_{GS} = 0$ 时，源极和漏极之间的 N 型半导体是很宽的垂直导电沟道（电子导电），因此 SIT 称为正常导通型器件（Normal-on）。在栅、源极加负电压信号（$U_{GS} < 0$）时，P 型和 N 型层之间的 PN 结受反向电压形成了耗尽层，耗尽层不导电，如果反向电压足够高、耗尽层很宽，垂直导电沟道将被夹断使 SIT 关断。

静电感应晶体管也是多元结构，它工作频率高、线性度好、输出功率大，并且抗辐射和热稳定性好，但其正常导通的特点在使用时稍有不便，目前在雷达通信设备、超声波功率放大、开关电源和高频感应加热等方面有广泛应用。

2. 静电感应晶闸管

静电感应晶闸管（Static Induction Thyristor，SITH）在结构上比 SIT 增加了一个 PN 结，在内部形成了两个晶体管，这两个晶体管起晶闸管的作用。SITH 的工作原理与

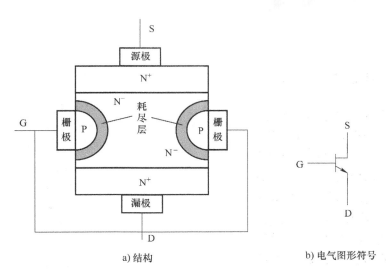

| a) 结构 | b) 电气图形符号 |

图 2-29　静电感应晶体管的结构与电气图形符号

SIT 类似，通过门极电场调节导电沟道的宽度来控制器件的导通和夹断，因此 SITH 又称场控晶闸管，它的三个引出极分别称为阳极 A、阴极 K 和门极 G，如图 2-30 所示。SITH 可以看作 SIT 与 GTO 复合而成。因为 SITH 是两种载流子导电的双极型器件，具有通态电压低、通流能力强的特点，且很多性能与 GTO 相似，但开关速度较 GTO 快，是大容量快速器件。SITH 制造工艺复杂，通常为正常导通型（也可制成

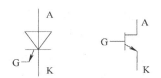

图 2-30　SITH 的电气图形符号

正常关断型），一般关断 SIT 和 SITH 需要几十伏的负电压。

3. 集成门极换流晶闸管

集成门极换流晶闸管（Integrated Gate Commutated Thyristor, IGCT）是 20 世纪 90 年代出现的新型器件，它结合了 IGBT 和 GTO 的优点。IGCT 在 GTO 的阴极串联一组 N 沟道 MOSFET，在门极串联一组 P 沟道 MOSFET。当 GTO 需要关断时，门极 P 沟道 MOSFET 先开通，主电流从阴极向门极换流，紧接着阴极 N 沟道 MOSFET 关断，全部主电流都通过门极流出，然后门极 P 沟道 MOSFET 关断使 IGCT 全部关断。IGCT 的容量可以与 GTO 相当，开关速度在 10kHz 左右，并且可以省去 GTO 需要的复杂缓冲电路，不过目前 IGCT 的驱动功率仍很大。IGCT 在大功率牵引驱动、高压直流输电（HVCD）、静止式无功补偿（SVG）等装置中将大有作为。

4. 集成功率模块

电力电子器件的模块化是器件发展的趋势，早期的模块化仅是将多个电力电子器件封装在一个模块里，如整流二极管模块和晶闸管模块是为了缩小装置的体积给用户提供方便。随着电力电子的高频化进程，GTR、IGBT 等电路的模块化减小了寄生电感，增强了使用的可靠性。现在模块化正经历由标准模块、智能功率模块（Intelligent Power Module, IPM）到被称为是 "All in One" 的用户专用功率模块（ASPM）的发展，力求将变流电路所有硬件（包括检测、诊断、保护、驱动等功能）尽量以芯片形式封装在

模块中，使之不再有额外的连线，这可以大大降低成本，减轻重量，缩小体积，并增加可靠性。

2.5 宽禁带半导体电力电子器件

半导体器件产业对高功率、高频切换、高温操作、高功率密度等的需求越来越高，因此以 SiC、GaN 等第三代半导体材料为核心的宽禁带功率器件成为研究热点与新发展方向，并逐步进入应用量产阶段。宽禁带半导体技术是一项战略性的高新技术，具有极其重要的商用和民用价值。

硅的禁带宽度为 1.12 电子伏特（eV）。宽禁带半导体材料的禁带宽度在 2.2eV 及以上，如碳化硅、氮化镓、氮化铝、金刚石等。在宽禁带半导体材料中，SiC 的研究起步较早。SiC 半导体的发展改善了功率开关器件的硬开关特性，耐压可达数万伏，耐温可达 500℃以上，其性能优势如下：

1）可大幅度减小泄漏电流，从而减少高功率器件损耗。

2）高击穿场强可提高功率器件的耐压能力与电流密度，减小整体尺寸。

3）高热导率可改善耐高温能力，有助于器件散热，减小散热设备体积，提高集成度，增加功率密度。

4）强抗辐射能力，更适合在外太空等辐照条件下应用。

SiC 功率器件的高频、高压、耐高温、开关速度快、损耗低等特性，使电力电子系统的效率和功率密度朝着更高的方向前进。目前 SiC 功率器件的主要类型如图 2-31 所示。

各类 SiC 功率器件也因自身不同的结构、特性等因素，存在不同的优势与劣势。最先实现产业化的 SiC 二极管中成熟度最高的是 SiC SBD，SBD 具有 PN 结肖特基势垒复合结构，可消除隧穿电流对实现最高阻断电压的限制，充分发挥 SiC 临界击穿电场强度高的优势。PIN 二极管对微波信号不产生非线性整流作用，很适合用作微波控制器件，这是 PIN 二极管与一

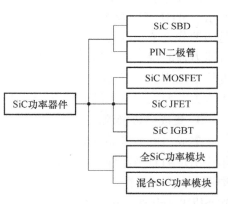

图 2-31　SiC 功率器件的主要类型

般二极管的根本区别。SiC JFET（结型场效应晶体管）利用 PN 结耗尽区控制沟道电流，可全面开发 SiC 的高温稳定性，具备良好的高频特性及栅极可靠性，然而栅极 PN 结工作方式使其无法兼容 SiC MOSFET 与 SiC IGBT 的门极驱动器，限制了其进一步的应用推广。SiC MOSFET 常常采用平面 MOS 和沟槽 MOS 结构，其中沟槽 MOS 是为大幅提高 SiC 器件的可靠性而发展出来的新技术；SiC MOSFET 在高温与常温下的导通/关断损耗均很小，还可实现小型封装，与 Si IGBT 相比，既具有高频特性，又无拖尾电流，在未来有可能替代 Si IGBT 成为主流电力电子开关器件。在 10kV 以上的高压领域中，SiC MOSFET 器件会面临通态电阻过高的问题，因此 SiC IGBT 器件优势明显，但受 P 型衬底电阻率高、沟道迁移率低及栅氧化层可靠性问题限制，SiC IGBT 的研发工作起步较晚，目前仍处于待实用化阶段，随着高压应用需求的不断提升，SiC IGBT 将成为智

能电网等高压领域中的核心器件。SiC 功率模块分为混合 SiC 功率模块和全 SiC 功率模块，混合 SiC 功率模块与同等额定电流的 SiC IGBT 模块相比，可显著提高工作频率，大幅降低开关损耗；全 SiC 功率模块是在优化了工艺条件及器件结构、改善了晶体质量后才实现了 SiC SBD 与 SiC MOSFET 的一体化封装，解决了高压级别 SiC IGBT 模块功率转换损耗较大的问题，可在高频范围中实现外围部件小型化，但成本较高。

受材料制备与加工技术的限制，目前已成功进入电力电子器件研发领域的宽禁带半导体，除 SiC 外，主要是 GaN 及以 GaN 为基的三元系合金（如铝镓氮等）。对制造电力电子器件而言，GaN 的突出优点在于它结合了 SiC 的高击穿电场特性和砷化镓、锗硅合金和磷化铟等材料在制造高频器件方面的特征优势，其材料优选因子普遍比 SiC 高，对进一步改善电力电子器件的工作性能，特别是提高工作频率，具有很大的潜力和应用前景。开发 GaN 器件的主要方向是微波功率器件，微波器件的功率特性经常以器件每单位栅极宽度所对应的输出功率来表示和进行比较。微波晶体管的源漏极电流由栅极控制，为提高输出功率和工作频率，其栅极要尽可能宽而短。栅极宽（垂直于电流方向的尺寸）可允许通过更大的电流，提高输出功率；栅极短（沿电流方向的尺寸）则可缩短电子在器件中的渡越时间，提高工作频率。2004 年，美国康奈尔大学和加州大学的 GaN 功率器件研究小组同时研制出了 10GHz 频率下、功率密度达到或超过 1W/mm 的 GaN 晶体管。

SiC 材料耐压较高，主要在高压领域有较强的优势，GaN 材料多为 650V 及以下耐压，性能要强于 SiC，目前广泛应用于智能手机闪充，体积小、效率高。宽禁带半导体电力电子器件的诞生和长足发展是电力电子技术在世纪之交的一次革命性发展。人们期待着宽禁带半导体电力电子器件在成品率、可靠性和价格等方面的较大改善而进入全面推广应用的阶段。不久的将来，性能优越的各种宽禁带半导体电力电子器件会逐渐成为电力电子技术的主流器件，使电力电子技术的节能优势得以更加充分的发挥，从而极有可能引发电力电子技术的一场新的革命。

2.6　电力电子器件的应用技术

2.6.1　电力电子器件的驱动

电力电子器件的驱动是通过控制极（门极）加一定的信号使器件导通或关断，产生驱动信号的电路称为驱动电路（晶闸管类器件称为触发电路），驱动电路的性能对变流电路有重要影响。各种不同电力电子器件有不同的驱动要求，但总的来说是对驱动信号的电压、电流、波形和驱动功率的要求，以及驱动电路的抗干扰和与主电路的隔离等要求。驱动电路与主电路的隔离很重要，驱动电路是低压电路，一般在数十伏以下，而主电路电压可以高达数千伏以上，如果二者之间有电的直接联系，主电路高压将对低压电路产生威胁，因此二者之间需要电气隔离，隔离的主要方法是用脉冲变压器的磁隔离或采用光电耦合器的光隔离，如图 2-32 所示。

驱动电路对装置的运行效率、可靠性和安全性都有重要的意义。下面按晶闸管和全控型器件（除 GTO）两类介绍电力电子器件的驱动要求。

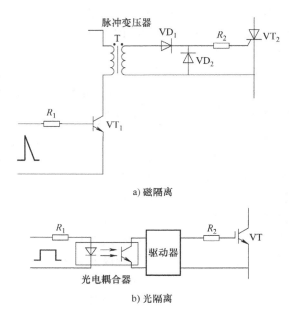

a) 磁隔离

b) 光隔离

图 2-32　驱动电路与主电路间的电气隔离

1. 晶闸管类器件的触发要求

晶闸管是电流型驱动器件，采用脉冲触发，其门极触发脉冲电流的理想波形如图 2-33 所示。

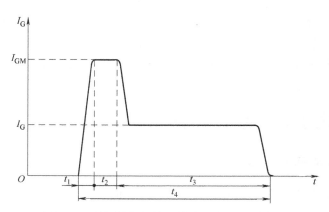

图 2-33　晶闸管门极触发脉冲电流的理想波形

触发波形分强触发 t_2 和平台 t_3 两部分，强触发是为了加快晶闸管的导通速度，如果只是普通要求可以不需要强触发。强触发时的电流峰值 I_{GM} 可达额定触发电流的 5 倍，宽度 $t_2>50\mu s$；平台 t_3 部分的电流可略大于额定触发电流以保证晶闸管可靠导通。触发脉冲要求前沿陡，脉冲宽度 t_4 因变流电路的要求不同而异，如三相桥式整流电路有宽脉冲和双脉冲触发两种，一般晶闸管的导通时间约 6ms，因此脉冲宽度至少要大于 6ms。在晶闸管关断时，可以在门极上加 5V 左右的负电压以保证晶闸管可靠关断和有一定抗干扰能力。

GTO 在关断时门极需要很大的负电流，其门极电路的设计要求较高。图 2-34 为推荐的 GTO 门极电压、电流波形。

2. 全控型器件的驱动要求

全控型器件（除 GTO）分电流型驱动（GTR）和电压型驱动（场控型器件），其驱动电压波形基本如图 2-35 所示，一般驱动脉冲前沿要求比较陡（小于 1μs），关断时在控制极加一定负电压，以保证快速开通和可靠关断。GTR 开通时基极驱动电流应使其工作在准饱和区，不进入放大区和深度饱和区，在放大区管压降高、损耗大，深度饱和影响关断速度。常见的 GTR 驱动模块有 THOMSON 公司的 UAA4002，三菱公司的 M57215BL 等。

电力 MOSFET 的驱动电压一般取 10 ~ 15V，IGBT 取 15 ~ 20V，关断时控制极加 $-15 \sim -5V$ 电压。常用的电力 MOSFET 驱动模块有三菱公司的 M57918，其输入电流信号幅值为 16mA，输出最大脉冲电流达 +2A 和 $-3A$，输出驱动电压为 + 15V 和 $-10V$。IGBT 驱动模块有三菱公司的 M579 系列（M57962L、M57959L），富士公司的 EXB 系列（如 EXB840、EXB841、EXB850、EXB851），西门子公司的 2ED020I12 等。

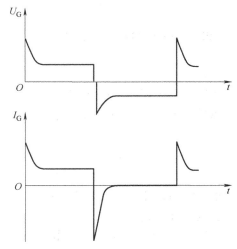

图 2-34　GTO 门极电压、电流波形

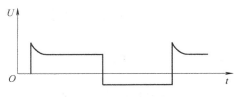

图 2-35　全控型器件的驱动电压波形

2.6.2 电力电子器件的散热

1. 散热的重要性

电子器件的工作温度直接决定其使用寿命和稳定性。由于 PN 结是电力电子器件的核心，而 PN 结的性能与温度密切相关，因而每种电力电子器件都要规定其最高允许结温 T_{jm}。器件在运行时不应超过 T_{jm} 和功耗的最大允许值 P_m，否则器件的许多特性和参数都会有较大变化，甚至使器件永久性烧坏。如果不采取散热措施，一个 100A 的二极管长期流过 50A 的恒定直流也可能被烧坏。

2. 散热原理

虽然热常被称为热能，但热从严格意义上来说并不能算是一种能量，而只是一种传递能量的方式。从微观来看，区域内分子受到外界能量冲击后，能量将由能量高的区域分子传递至能量低的区域分子，因此在物理界普遍认为能量的传递就是热。当然热最重要的过程或者形式就是热的传递。

由于电力电子器件在运行时有功率损耗，这部分损耗转变成热量使管芯发热、结温升高。管芯发热后，要通过周围环境散热，散热途径一般有热传导、热辐射和热对流三种。对于电力电子器件，散热途径主要采用热传导和热对流两种方式。

（1）热传导

物质本身或当物质与物质接触时，能量的传递就称为热传导。这是最普遍的一种热传递方式，由能量较低的粒子与能量较高的粒子直接接触碰撞来传递能量。相对而言，热传导方式局限于固体和液体，因为气体的分子构成并不是很紧密，它们之间能量的传递称为热扩散。

热传导的基本公式为 $Q = KA\Delta T/\Delta L$。其中 Q 为热量，也就是热传导所产生或传导的热量；K 为材料的传热系数，传热系数类似比热容，但是又与比热容有一些差别，传热系数与比热容成反比，传热系数越大，其比热容的数值也就越小。举例说明，纯铜的热传热系数为 396.4，而其比热容则为 0.39；A 为传热面积（或是两物体的接触面积）；ΔT 为两端的温度差；ΔL 为两端的距离。因此，从热传导的基本公式可以发现，热量传递的大小同传热系数、传热面积及温度差成正比，同距离成反比。传热系数越大、传热面积越大、温度差越大及传输的距离越短，那么热传导的能量就越高，也就越容易带走热量。

（2）热对流

热对流指的是流体（气体或液体）与固体表面接触，造成流体从固体表面将热带走的热传递方式。实际应用中，热对流又有两种不同的形式，即自然对流和强制对流。自然对流指的是流体运动，成因是温度差，温度高的流体密度较低，因此质量轻，相对就会向上运动；相反地，温度低的流体，密度高，因此向下运动，这种热传递是因为流体受热之后，或者说存在温度差之后，产生了热传递的动力。强制对流则是流体受外在的强制驱动（如风扇带动的空气流动），驱动力向什么地方，流体就向什么地方运动，因此这种热对流更有效率和可指向性。

热对流的基本公式为 $Q = HA\Delta T$。其中 Q 为热量，也就是热对流所带走的热量；H 为热对流系数；A 为热对流的有效接触面积；ΔT 为固体表面与区域流体之间的温度差。因此在热对流传递中，热量传递的数量同热对流系数、有效接触面积和温度差成正比。热对流系数越大、有效接触面积越大、温度差越高，所能带走的热量也就越多。

一般来说，依照从散热器带走热量的方式，可以将散热器分为主动式散热和被动式散热。所谓被动式散热，是指通过散热片将热源（如电子器件）产生的热量自然散发到空气中，其散热的效果与散热片大小成正比，但因为是自然散发热量，散热效率低，常用于对空间没有要求的设备中，或者用于为发热量不大的部件散热。对于功率较大的电力电子设备，绝大多数采用主动式散热方式。主动式散热就是通过风扇等散热设备强迫性地将散热片发出的热量带走，其特点是散热效率高，而且设备体积小。

3. 散热措施

使用电力电子器件时，为了限制其结温，应从减少器件的损耗和采取散热措施两个方面入手。

减少器件的损耗可以采用软开关电路、增加缓冲电路等措施。

散热措施通常有以下几种：

1）采用提高接触面的光洁度、接触面上涂导热硅脂、施加合适的安装压力等方法减小器件接触热阻，提高传热效果。

2）选用有效散热面积大的铝型材料散热器，将散热器黑化处理，必要时，采用导热系数高的紫铜材料制作散热器，以提高热传导能量。

3）结构设计时，注意机箱风道的形成，可采用在装置内部安装风机等热对流方法来降低装置内部环境介质的温度，必要时还可以运用水、油或其他液体介质帮助管道冷却。

2.6.3　电力电子器件的保护

电力电子器件承受过电压和过电流的能力较低，一旦电压、电流超过额定值，器件极易损坏造成损失，需要采取保护措施。电力电子装置的过电压和过电流是由于外部或内部的状态突变造成的，如雷击、线路开关（断路器）的分合、电力电子器件的通断，都会引起电路状态的变化，电路状态的变化将引起电磁能量的变化，从而激发很高的 Ldi/dt 产生过电压。电力电子装置负载过大（过载），电动机堵转以及短路等故障都会引起装置的过电流。这里主要介绍过电压和过电流保护的方法。

1. 过电压保护

避免过电压产生要在电路状态变化时为电磁能量的消散提供通路，主要措施如图 2-36 所示。

1）在变压器入户侧安装避雷器（图 2-36 中 A），在雷击发生时避雷器阀芯击穿，雷电经避雷器入地，从而避免了雷击过电压对变压器及变流器产生影响。

2）变压器附加接地的屏蔽层绕组或者在二次绕组上适当并联接地电容（图 2-36 中 B），以避免合闸瞬间变压器一、二次绕组分布电容产生的过电压。

3）阻容保护（图 2-36 中 C）。利用电容吸收电感释放的能量，并利用电阻限制电容电流。阻容吸收装置比较简单实用。在三相电路中，三相阻容吸收装置可做星形或三角形联结。图 2-36 中 D 是带不控整流器的阻容吸收装置，其中与电容并联的电阻用以消耗电容吸收的电能。

4）非线性器件保护。非线性器件有雪崩二极管、金属氧化物压敏电阻、硒堆和转折二极管等，这些器件在正常电压时有高阻值，在过电压时器件被击穿产生泄电通路，过电压消失后能恢复阻断能力，其中压敏电阻（图 2-36 中 E）是常用的过电压保护措施。在三相电路中，压敏电阻可做星形或三角形联结。

5）电力电子器件开关过电压保护。晶闸管电路可以在晶闸管上并联 RC 吸收电路（图 2-36 中 F），全控器件则采用缓冲电路。

6）整流装置的直流侧一般采用阻容保护和压敏电阻进行过电压保护（图 2-36 中 G 和 H）。

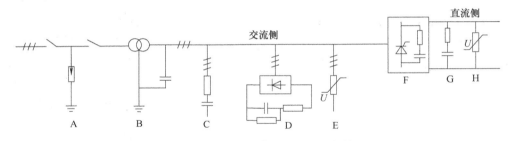

图 2-36　电力电子装置的过电压保护

2. 过电流保护

过电流会使器件迅速升温，如不及时切断或限制过电流，器件很快会损坏。电力电子装置的过电流保护如图 2-37 所示，下面介绍其中各主要部件的功能。

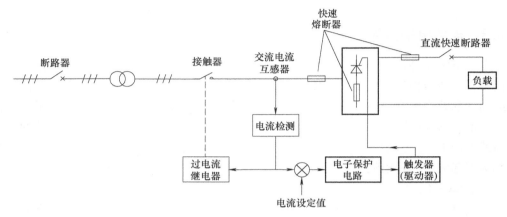

图 2-37　电力电子装置的过电流保护

1) 快速熔断器。快速熔断器采用银质材料的熔断体，熔断点的电流值较普通熔断器准确，一旦电流超过规定值，可以快速切断电路，熔断时间在 20ms 以内。快速熔断器与器件直接串联，过电流时为器件提供良好的保护作用，也可以串联在变流电路的交流侧或直流侧，这时对电力电子器件的直接保护作用减小。快速熔断器价格高，更换复杂，常作为多种过电流保护措施的最后一道措施。

2) 过电流继电器。通过电流互感器检测电流，一旦有过电流发生，则通过电流继电器使接触器断开，切断电源，从而避免过电流影响的扩大。在小容量装置中也采用带过电流跳闸功能的断路器。

3) 电子保护电路。一般过电流继电器的电流保护值容差较大，继电器的反应速度也较慢。采用电子过电流保护装置，一旦检测到过电流，可以准确、快速地切断故障电路，或者使触发器（或驱动器）停止脉冲输出，使开关器件关断，避免器件损坏。电子保护电路是较好的保护方式，一般作为过电流第一保护措施。

4) 直流快速断路器。大功率直流回路的电感储存了大量电磁能量，切断直流回路时电磁能量的释放会在开关触点间形成强大的电弧，因此切断大功率直流回路需要用直流快速断路器，其断弧能力强，可以在数毫秒内切断电路。

5) 交流断路器。交流断路器动作时间较长，为 0.1~0.2s，一般安装在输入端，用于切断交流电路与交流电源的连接，防止过电流进一步扩大。

因为过电流时器件极易损坏，所以过电流发生时需要及时切断有关电路，避免故障扩大。过电流继电器和电子保护在故障排除后易于恢复现场，而熔断器保护则需要更换熔断体，因此过电流故障发生时应尽量使电子保护和继电器保护首先动作，熔断器主要用作短路保护。全控型器件电路一般工作频率较高，很难用快速熔断器保护，通常采用电子保护电路。

过电压、过电流保护元器件参数的计算和选择可以参考《电工手册》，各种保护方法也可以根据需要选用，如小功率装置可以只用压敏电阻和阻容吸收电路作为过电压保护，以快速熔断器作为过电流保护。另外，电力 MOSFET 在保管时要注意静电防护，MOSFET 有高输入阻抗，栅极容易积累静电荷引起静电击穿，因此器件要保存在金属容器中，不能使用塑料容器，焊接或测试时电烙铁、仪器和工作台要有良好接地。

3. 缓冲电路

缓冲电路（Snubber Circuit）又名吸收电路，是全控型器件常用的保护方式。其作用是抑制电力电子器件的内因过电压和过电流及 du/dt、di/dt，同时减小器件的开关损耗。图 2-38 为典型的缓冲电路。

图 2-38 中，C_S 和 R_S、VD_S 组成基本的关断缓冲电路，在器件关断时，电容 C_S 经二极管 VD_S 充电，不仅分流了器件 VT 的关断电流，并且利用电容电压不能突变的原理限制了器件关断时的 du/dt；在器件导通时，C_S 经 R_S 和 VT 放电恢复初始状态，为下次缓冲做准备。L_i 和 VD_i、R_i 组成 di/dt 缓冲（抑制）电路。在器件导通时，小电感 L_i 限制了开关器件的电流上升率 di/dt，VD_i、R_i 用于在器件关断时为 L_i 提供续流回路，使 L_i 的储能在 R_i 上消耗掉。

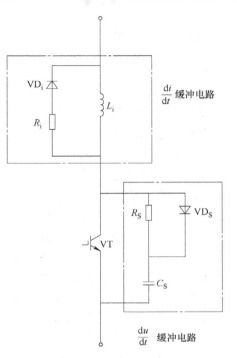

图 2-38 典型的缓冲电路

缓冲电路在开关器件开关过程中限制 du/dt 和 di/dt，使器件电压、电流均不能突变，从而避免了大电流和高电压的同时短暂重叠（Overlap），使开关损耗减小。图 2-39 为无抑制电路和缓冲电路与有抑制电路和缓冲电路的器件开关轨迹。图中电路开关损耗的减小是由于抑制电路和缓冲电路的吸收造成的，吸收的损耗又在电阻上消耗，器件开关损耗减小，但是总体损耗并未减少，因此将吸收能量反馈电源或负载是新型缓冲技术发展的思路。

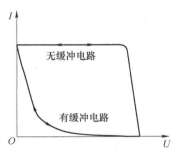

图 2-39 器件开关轨迹

2.6.4　电力电子器件的串并联

目前尽管存在各种大容量的电力电子器件，但是在许多高电压、大电流场合仍不能满足要求，这就要采取串并联措施，通过器件串联提高电压能力，通过器件并联提高电流能力。电力电子器件串并联时一般都采用相同型号的器件以保证器件的参数一致，从而使串联时每个器件承受的电压一致，并联时通过相同的电流。但是，由于器件制造中的离散性，并不能保证器件的参数完全相同，因此串联器件的电压分配可能不均匀，承受电压高的可能超过耐压而损坏，并联时器件电流的分配不均匀，通过电

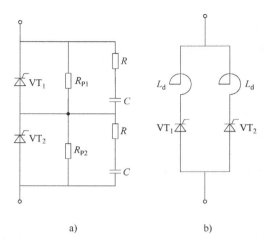

流大的可能超过额定值而损坏。因此，器件在串联时要注意均压问题，并联时要注意均流问题。下面以晶闸管为例介绍串并联时可采取的均压和均流措施，如图2-40所示。

图 2-40　晶闸管串并联电路的均压和均流措施

1. 串联晶闸管的均压

1）静态均压。由于晶闸管关断时等效断态电阻不等而造成各管受压分配不均，这时的均压称为静态均压。静态均压首先要选用参数和特性尽量一致的器件，还可以在各晶闸管上并联阻值相同的电阻 R_P，从而使并联电阻后各管等效阻值基本相同而达到均压目的，R_P 应小于晶闸管的断态电阻。

2）动态均压。串联晶闸管由于开通和关断时间不一致，先关断或后导通的晶闸管可能承受全部高电压而损坏，这时的均压称为动态均压。动态均压首先要选用动态参数和特性尽量一致的器件，此外还可在管子上并联 RC 电路，利用电容限制开关时电压的变化速度达到动态均压要求。对于晶闸管，采用门极强脉冲触发可以显著减小器件开通时间上的差异。

2. 并联晶闸管的均流

并联晶闸管由于通态电阻不等或开通和关断时间不一致也可能造成静态不均流和动态不均流问题。为了达到均流的目的，首先要选用特性参数尽量一致的器件，还可以在各晶闸管上串联均流电抗器，采用强触发措施并保持触发的一致性也有助于动态均流。

功率 MOSFET 导通时有正的温度系数，结温升高后其等效电阻变大、电流减小，因此多个器件并联时能自动调节均分峰值电流，但是为了并联器件的动态均流，仍要注意选择开启电压 U_T、跨导 g_m、输入电容 C_iss、通态电阻 R_n 相近的器件，也可以在源极回路串联小电感进行动态均流。IGBT 在 $1/3 \sim 1/2$ 额定电流以上区段也有正的温度系数，因此也有一定的自动均流能力。

 **本章小结**

本章介绍了目前常用电力电子器件的原理、特性和主要参数，并介绍了器件的驱

动、保护和串并联等有关内容。在应用中，需要注意电力电子器件的额定电压和电流、开关频率和开关时间。晶闸管主要用于工频变换电路中，电力 MOSFET 和 IGBT 则适用于高频变换。电力电子器件在应用中的驱动和保护是一项关键技术。先进的驱动控制技术可以有效减小电力电子器件的导通电压降、开关损耗，以及提高短路电流所带来的应力，更重要的是降低电力电子器件开关时的过电压，防止潜在振荡，减小噪声干扰，保护器件正常工作。各种器件有不同的驱动要求，现在许多电力电子器件的驱动和一些变流电路的控制电路都已经模块化和商品化，为电力电子器件的应用提供了极大的方便。驱动电路也可自行设计，尤其是在有特殊驱动或控制要求的情况下。电力电子装置在工作中有许多不确定的过电压和过电流因素，因此器件的保护很重要，关系着装置的可靠和安全运行，其中阻容保护是最基本的。

电力电子器件不是理想的开关，器件的导通和关断需要满足一定条件，而变流器的换流与这些条件有关。电力电子器件有导通损耗和开关损耗，这些损耗在高频工作时不可忽视，器件自身的损耗引起器件发热和性能下降，因此电力电子器件在使用中要注意散热条件并安装散热器，采用缓冲电路和软开关技术是减少开关损耗的重要措施。为满足电力电子器件的开关条件和减少开关损耗的措施往往使电力电子电路变得复杂，也是学习中电路分析的难点。

电力电子器件在迅速发展中，新型器件的出现将大大提高变流装置的性能，扩大了器件的应用范围。电力电子器件的集成化、智能化使器件的应用更为方便，要注意新型器件和模块的发展动态，使这项高新技术更好地为国民经济建设做贡献。

 习题和思考题

1. 晶闸管的导通和关断条件是什么？

2. 计算如图 2-41 所示电流波形的平均值和有效值，若晶闸管通过该电流，设 $I_M = 100A$，试计算晶闸管通态电流平均值并选择晶闸管的额定电流。

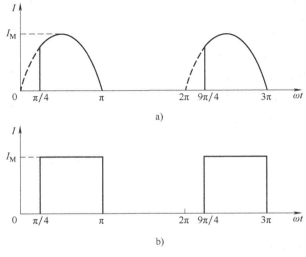

图 2-41 习题 2 电流波形

3. GTO 和普通晶闸管同为 PNPN 结构，为什么 GTO 能够自关断而普通晶闸管不能？

4. 电力 MOSFET 与信息电子电路中的 MOSFET 相比，在结构上有什么不同？

5. 比较分析 GTO、GTR、电力 MOSFET 和 IGBT 的优缺点。

6. 什么是电压型驱动和电流型驱动？这两种驱动各有什么特点？

7. IGBT 对驱动电路的基本要求是什么？

8. 产生电力电子器件过电压和过电流的主要原因有哪些？有哪些主要保护措施？

9. 全控型器件缓冲电路的作用是什么？试分析 RCD 缓冲电路中各元件的作用。

实 践 题

1. 三相电动机为 20kW、380V、$\cos\varphi = 0.9$，通用变频器 $\eta = 0.9$，输入电源为 380V/50Hz 交流电网，试确定变频器中 IGBT 的电压、电流额定值。

2. 调查国内电力电子器件的自主研发情况，并与国外技术水平比较，同时表述个人感悟。

第 3 章
DC-DC变换——直流斩波器

本章主要介绍电力电子变流电路中的 DC-DC 变换器，学习直流斩波器的分类与特点，学习几种典型的基本斩波电路、复合斩波电路、多相多重斩波电路以及直流斩波电路的 PWM 控制方法。在本章的学习中，应掌握直流斩波电路的电路构成、工作原理、波形、定量关系与典型应用等知识。

3.1 斩波电路概述

直流-直流（DC-DC）变换器的功能是改变和调节直流电的电压和电流。在电力电子技术出现之前，直流调控电压主要依靠直流发电机。在电力电子技术出现之后，采用斩波和脉宽调制原理的直流-直流变换得到了迅速的发展和应用，因此直流-直流变换器也称直流斩波器和直流 PWM 电路。

实现直流-直流变换的电路很多，性能不尽相同，包括直接直流变流电路和间接直流变流电路。直接直流变流电路也称斩波电路，它的功能是将直流电变为另一固定电压或可调电压的直流电，一般是指直接将直流电变为另一直流电，这种情况下输入与输出之间不隔离。间接直流变流电路是在直流变流电路中增加了交流环节，在交流环节中通常采用变压器实现输入、输出间的隔离，因此也称为带隔离的直流-直流变流电路或直-交-直电路。

直流斩波电路的种类较多，包括六种基本斩波电路，即降压斩波电路、升压斩波电路、升降压斩波电路、Cuk 斩波电路、Sepic 斩波电路和 Zeta 斩波电路。其中，前两种是最基本的电路，接下来将对其做重点介绍。利用不同的基本斩波电路进行组合，可构成复合斩波电路，如电流可逆斩波电路、桥式可逆斩波电路等。利用相同结构的基本斩波电路进行组合，可构成多相多重斩波电路。

3.2 基本斩波电路

3.2.1 降压斩波电路

图 3-1a 点画线框内的全控型开关管 VT 和续流二极管 VD 构成了一个最基本的开关型 DC-DC 降压变换电路。这种降压变换电路连同其输出 LC 滤波电路称为 Buck 型 DC-DC 变换器。通过对开关管 VT 进行周期性的通、断控制，能将直流电源的输入电压 U_d 变换为电压 U_0 输出给负载。图 3-1a 是一种输出电压平均值 U_0 可小于或等于输入电压 U_d 的单开关管非隔离型 DC-DC 降压变换器。

由图 3-1c 可知，$U_0 = \dfrac{\theta}{2\pi} U_d = \dfrac{T_{on}}{T_S} U_d = D U_d$。

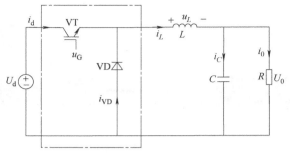

a) 电路结构

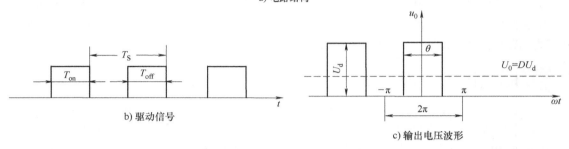

b) 驱动信号

c) 输出电压波形

图 3-1　Buck 变换器的电路结构及降压原理

1. 电感电流连续时的工作特性

BUCK 工作原理

图 3-2a Buck 变换器电路有两种可能的工作模式：电感电流连续模式（Continuous Current Mode, CCM）和电感电流断流模式（Discontinuous Current Mode, DCM）。电感电流连续是指电感电流 i_L 在整个开关周期 T_S 中都不为零；电感电流断流是指在开关管 VT 阻断的 T_{off} 期间之后的一段时间内，经二极管续流的电感电流 i_L（i_{VD}）降为零。处于这两种工作模式的临界点称为电感电流临界连续状态，这时在开关管阻断期结束时，电感电流刚好降为零。图 3-2e、图 3-2f 分别给出了电感电流连续和电感电流断续两种工作模式下的电压、电流波形。

（1）电感电流连续时，在开关状态 1（T_{on} 期间）

VT 导通、VD 截止，等效电路如图 3-2b 所示。令 $t=0$ 时，开关管 VT 开始导通，电源电压 U_d 通过 VT 加到二极管 VD 和输出滤波电感 L、输出滤波电容 C 上，VD 承受反压截止。通常开关频率都很高，开关周期都很短，滤波器 L、C 值都选择足够大，以致在 T_{on} 和 T_{off} 期间，在电容 C 上的电压脉动不大，电容电压可以近似认为保持其直流平均值不变，因此 T_{on} 期间加在 L 上的电压为 U_d-U_0，这个电压差使滤波电感电流 i_L 线性增长。即

$$Ldi_d/dt = Ldi_L/dt = U_d - U_0 \tag{3-1}$$

在 VT 导通终点，$t=DT_S=T_{on}$ 时，i_L 达到最大值 I_{Lmax}，如图 3-2e 所示。i_L 的增加量 Δi_{L+} 为

$$\Delta i_{L+} = \frac{U_d-U_0}{L}T_{on} = \frac{U_d-U_0}{L}DT_S = \frac{U_d-U_0}{Lf_S}D \tag{3-2}$$

（2）电感电流连续时，开关状态 2（T_{off} 期间）

VT 阻断，i_L 通过二极管 VD 继续流通，等效电路如图 3-2c 所示，这时加在 L 上的

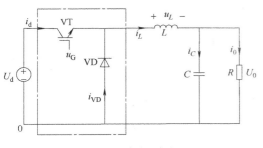

a) Buck变换器电路

b) 开关状态1：VT导通、VD截止

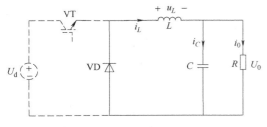

c) 开关状态2：VD导通、VT阻断

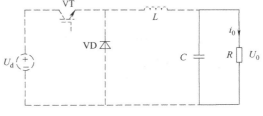

d) 开关状态3：VT阻断、VD截止

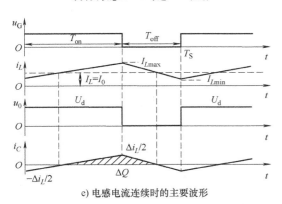

e) 电感电流连续时的主要波形

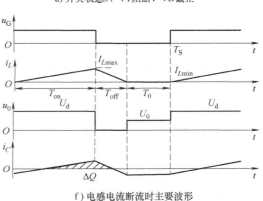

f) 电感电流断流时主要波形

图 3-2　Buck 变换器的电路图及其主要波形

电压为 $-U_0$，i_L 线性减小。即

$$L di_L / dt = -U_0 \tag{3-3}$$

在开关状态 2 的终点 $t = T_S$ 时，i_L 减小到最小值 I_{Lmin}。在 VT 阻断期间，i_L 的减少量 Δi_{L-} 为

$$\Delta i_{L-} = \frac{U_0}{L} T_{on} = \frac{U_0}{L} (T_S - T_{on}) = \frac{U_0}{L} (1-D) T_S = \frac{U_0}{L f_S} (1-D) \tag{3-4}$$

Buck 电路 R 负载

在 $t \geq T_S$ 时，开关管 VT 又导通，开始下一个开关周期。

图 3-2e 中，在 VT 导通的 $T_{on} = DT_S$ 期间，i_L 上升到 I_{Lmax}，$u_0 = U_d$。在随后的 $T_{off} = (1-D) T_S$ 期间，VT 阻断、VD 导通，i_L 经 VD 续流下降到 I_{Lmin}。在整个 T_{off} 期间，VD 一直导电续流，$i_L \neq 0$，使 $u_0 = 0$。在下一个开关周期开始，VT 导通后，i_L 又从 I_{Lmin} 上升至 I_{Lmax}。在整

Buck 电路 RLE

个开关周期 T_S 中，i_L 均不为 0，称为电流连续工作情况。这时 Buck 电路在一个开关周

期 T_S 期间的输出电压 u_0 波形是宽度为 T_{on}、数值为 U_d 的矩形波。

在开关管 VT 导通期间，VD 截止，流过开关管 VT 的电流是电源输入的电流 i_d，也就是电感电流 i_L；在开关管 VT 截止期间，二极管 VD 导通时，流过二极管 VD 的电流是 i_L，这时开关管 VT 的电流和电源的输入电流为 0。为了减小电源输入电流的脉动，可在 Buck 变换器的输入侧接入 LC 滤波电路。稳态工作时，电容电压平均值或负载电压平均值保持不变。

（3）变压比 M 和电压、电流的基本关系

在电感电流连续时，由图 3-2e 中的输出电压 u_0 波形也可得到输出直流电压的平均值为 $U_0 = \dfrac{T_{on}}{T_S} U_d = D U_d = M U_d$，这时变压比为 $M = \dfrac{U_0}{U_d} = \dfrac{T_{on}}{T_S} = \dfrac{\theta}{2\pi} = D$。

因此，Buck 变换器在电感电流连续情况下，变压比 M 只与占空比 D 有关，$M = U_0 / U_d = D$，与负载电流大小无关。稳态时，一个开关周期内，滤波电容 C 的平均充电电流与放电电流相等，变换器输出的负载电流平均值 I_0 就是 i_L 的平均值 I_L，即

$$I_0 = I_L = \frac{I_{L\min} + I_{L\max}}{2} \tag{3-5}$$

由图 3-2e 中的 i_L 波形可知，电感电流的最大值 $I_{L\max}$ 和最小值 $I_{L\min}$ 分别为

$$I_{L\max} = I_0 + \frac{1}{2}\Delta i_L = \frac{U_0}{R} + \frac{1}{2}\Delta i_L$$

$$I_{L\min} = I_0 - \frac{1}{2}\Delta i_L = \frac{U_0}{R} - \frac{1}{2}\Delta i_L$$

式中，$I_0 = U_0 / R$，R 为变换器负载电阻。

开关管 VT 和二极管 VD 的最大电流 $I_{T\max}$ 和 $I_{D\max}$ 与电感电流最大值 $I_{L\max}$ 相等；开关管 VT 和二极管 VD 的最小电流 $I_{T\min}$ 和 $I_{D\min}$ 与电感电流最小值 $I_{L\min}$ 相等。开关管 VT 和二极管 VD 截止时，所承受的电压都是输入电压 U_d。设计 Buck 变换器时，可按以上各电流公式及开关器件承受的电压值选用开关管和二极管。

由图 3-2a、e 可知，$i_C = i_L - I_0$，当 $i_L > I_0$ 时，i_C 为正值，C 充电，输出电压 u_0 升高；当 $i_L < I_0$ 时，i_C 为负值，C 放电，u_0 下降，因此电容 C 一直处于周期性充放电状态。由图 3-2e 中的 i_C 波形可知，电容 C 在一个开关周期内的充电电荷 ΔQ 为

$$\Delta Q = \frac{1}{2} \frac{\Delta i_L}{2} \frac{T_S}{2} = \frac{\Delta i_L}{8 f_S} \tag{3-6}$$

2. 电感电流断流时的工作特性

（1）三种开关状态和变压比 M

图 3-2f 给出了电感电流断流时的电压、电流波形，此时图 3-2a Buck 变换器有以下三种工作状态：

1）VT 导通、VD 截止的 T_{on} 期间。电路结构为图 3-2b 所示的开关状态 1。在 $T_{on} = D T_S$ 期间，电感电流从零开始增加到 $I_{L\max}$，其增量 Δi_{L+} 为

$$\Delta i_{L+} = I_{L\max} = \frac{U_d - U_0}{L} D T_S = \frac{U_d - U_0}{L f_S} D \tag{3-7}$$

这期间变换器输出电压 $u_0 = U_d$。

2）VT 截止、VD 导通的 T_{off} 期间。电路结构为图 3-2c 所示的开关状态 2。令 $D_1 = T'_{off}/T_S$，在 $D_1 = T'_{off}/T_S$ 期间，i_L 从 I_{Lmax} 线性下降到零，下降量 Δi_{L-} 为

$$\Delta i_{L-} = I_{Lmax} = \frac{U_0}{L}T'_{off} = \frac{U_0}{L}D_1 T_S = \frac{U_0 D_1}{L f_S} \tag{3-8}$$

式中，T'_{off} 为续流二极管 VD 导电时间。电感电流在 T'_{off} 期间下降到零，$T'_{off} < T_S - T_{on}$，$D_1 < 1-D$，$D+D_1 < 1$。而在电感电流连续工作模式下，二极管导电时间 $T_{off} = T_S - T_{on}$，$D_1 = 1-D$，$D+D_1 = 1$。

这期间变换器输出电压 $u_0 = 0$。

3）VT 和 VD 都截止的 T_0 期间。电路结构为图 3-2d 所示的开关状态 3，在一个周期 T_S 的剩余时间 $T_0 = T_S - T_{on} - T'_{off} = T_S(1-D-D_1)$ 期间，VT、VD 都截止，i_L 保持为零，图 3-2d 等效电路中变换器输出电压 $u_0 = U_0$。

在 VT 导通的 $T_{on} = DT_S$ 期间，$u_0 = U_d$，在 VD 导通的 $T'_{off} = D_1 T_S$ 期间，$u_0 = 0$，在 $T_0 = (1-D-D_1)T_S$ 断流期间，$u_0 = U_0$。故整个周期 T_S 的输出电压平均值为

$$U_0 = \frac{1}{T_S}[DT_S U_d + (1-D-D_1)T_S U_0] = DU_d + (1-D-D_1)U_0$$

故有

$$U_0 = \frac{D}{D+D_1}U_d \tag{3-9}$$

由此得到电流断流时的变压比为

$$M = \frac{U_0}{U_d} = \frac{D}{D+D_1} \tag{3-10}$$

$$D_1 = D(1-M)/M \tag{3-11}$$

由于 $D+D_1 = \dfrac{T_{on}}{T_S} + \dfrac{T'_{off}}{T_S} = \dfrac{T_{on}+T'_{off}}{T_S} < 1$，故由式（3-10）可知：$M>D$，即电感电流断流时的变压比 M 大于导通占空比 D。物理上这是由于在电感电流断流后，续流二极管 VD 不导电，使 u_0 不再等于零而变为 U_0，因而提高了输出直流电压平均值 U_0。

图 3-3 为 Buck 变换器电感电流连续、断续和临界三种工作模式时的波形。一个周期中，电容 C 的电流平均值为零，电感电流平均值 I_L 就是负载电流的平均值 I_0，即有 $I_L = I_0$。由图 3-3d 可知，电流断流时负载电流平均值 I_0 应是 i_L 三角形波形的面积在整个周期 T_S 时间内的平均值 I_L，因此有

$$I_L = \frac{1}{T_S}\left[\frac{1}{2}\Delta I_L(T_{on}+T'_{off})\right] = \frac{1}{2}(D+D_1)\Delta I_L = I_0$$

即

$$D+D_1 = \frac{2I_0}{\Delta I_L} \tag{3-12}$$

由式（3-8）和式（3-12）求出 D_1，代入式（3-11）可求得用占空比 D_1、负载电

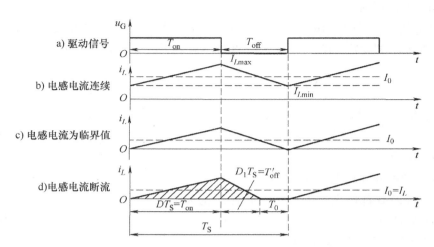

图 3-3　Buck 变换器电感电流波形图

压 U_0 和电流 I_0 表示的变压比为

$$M = \frac{U_0}{U_d} = \frac{2}{1+\sqrt{1+\frac{4}{D^2}\frac{I_0}{U_0/(2Lf_S)}}} = \frac{2}{1+\sqrt{1+\frac{4}{D^2}\frac{I_0}{I_B}}} = \frac{2}{1+\sqrt{1+\frac{4}{D^2}I_0^*}} \tag{3-13}$$

其中，取负载电流 I_0 的基准值 I_B 为

$$I_B = U_0/(2Lf_S) \tag{3-14}$$

负载电流的标幺值（相对值）I_0^* 为

$$I_0^* = \frac{I_0}{I_B} = \frac{I_0}{U_0/(2Lf_S)} \tag{3-15}$$

由式（3-13）可得到占空比为

$$D = \sqrt{\frac{M^2}{1-M}\frac{I_0}{U_0/(2Lf_S)}} = \sqrt{\frac{M^2}{1-M}\frac{I_0}{I_B}} = \sqrt{\frac{M^2}{1-M}I_0^*} \tag{3-16}$$

式（3-16）表明，Buck 变换器在电流断续工作模式下，其变压比 M 不仅与占空比 D 有关，还与负载电流 I_0 的大小、电感 L、开关频率 f_S 以及电压 U_0 等有关。

已知负载电流 I_0、开关频率 f_S、电感 L、电压 U_0 时，可由式（3-16）按所要求的变压比 M 值计算出开关 VT 所必需的占空比 D，或由式（3-13）按给定的占空比 D 和负载电流 I_0^* 可计算出这时的变压比 M。在电感电流连续时，$M=D$，M 与负载电流无关。在电感电流断流时，$M>D$，M 不仅与 D 有关，还是 I_0^* 的函数，即 M 不仅与 D 有关，还与 I_0、L、f_S 有关。

（2）临界负载电流

从图 3-2e 中的电感电流波形可以看出，当负载电流 I_0 减小时，I_{Lmax} 和 I_{Lmin} 都减小，当负载电流 I_0 减小到使 I_{Lmin} 达到零时，如图 3-3c 所示，在一个周期 T_S 中 VT 导通的 T_{on} 期间，电感电流从零升至 I_{Lmax}，然后在 VT 阻断的 T_{off} 期间，从 I_{Lmax} 下降到零。这时的负载电流称为临界负载电流 I_{OB}。若负载电流进一步减小，I_{Lmax} 减小，则在 VT 阻断、

VD 导通时间历时 $T'_{\text{off}}<(T_{\text{S}}-T_{\text{on}})$ 时，i_L 已衰减到零，这种运行情况就是电感电流断流运行情况。当 $I_0>I_{\text{OB}}$ 时电流连续，当 $I_0<I_{\text{OB}}$ 时电流断流（不连续）。图 3-3c 电感电流 i_L 临界连续时，$I_{L\max}$ 就是导通期间电感电流的增量 Δi_L，即 $I_{L\max}=\Delta i_L$。因此，临界负载电流 I_{OB} 为 $\Delta i_L/2$，即

$$I_{\text{OB}}=\frac{1}{2}I_{L\max}=\frac{1}{2}\Delta i_L=\frac{1}{2}\frac{U_{\text{d}}-U_0}{L}DT_{\text{S}}=\frac{1}{2}\frac{U_{\text{d}}-U_0}{Lf_{\text{S}}}D \qquad (3\text{-}17)$$

电感电流临界连续工作模式时，$u_0=DU_{\text{d}}$、$M=D$ 的关系仍然成立，由于 $U_0=DU_{\text{d}}-MU_{\text{d}}$，式（3-17）的临界负载电流可表示为

$$I_{\text{OB}}=\frac{U_{\text{d}}}{2Lf_{\text{S}}}D(1-D)=\frac{U_0}{2Lf_{\text{S}}}(1-D) \qquad (3\text{-}18)$$

U_0 不变时，占空比 D 越小、临界负载电流 I_{OB} 越大，当 $D=0$ 时，最大的临界负载电流 I_{OBm} 为

$$I_{\text{OBm}}=U_0/(2Lf_{\text{S}})=I_{\text{B}} \qquad (3\text{-}19)$$

式（3-13）~式（3-16）中，已将 I_{OBm} 取为负载电流 I_0 的基准值 I_{B}。临界电流标幺值为

$$I_{\text{OB}}^*=I_{\text{OB}}/I_{\text{B}}=1-D \qquad (3\text{-}20)$$

临界负载电流 I_{OB} 与输出电压 U_0、电感 L、开关频率 f_{S} 以及开关管 VT 的占空比 D 都有关，输出电压 U_0 越低、开关频率 f_{S} 越高、电感 L 越大，则 I_{OB} 越小，越容易实现电感电流连续运行工作模式。

当实际负载电流 $I_0>I_{\text{OB}}$ 时，如图 3-3b、图 3-2e 所示，电感电流连续。这时变压比等于占空比，即 $M=U_0/U_{\text{d}}=D$。

当实际负载电流 $I_0=I_{\text{OB}}$ 时，电感电流处于连续和断流临界点，如图 3-3c 所示。这时 M 仍为 D。

当实际负载电流 $I_0<I_{\text{OB}}$ 时，电感电流断流，如图 3-3d、图 3-2f 所示。断流工作情况时的变压比 M 不再等于占空比 D，即 $M>D$。

（3）Buck 变换器变压比 M 的特性

变换器的变压比 M（或输出电压 U_0 的标幺值 $U_0^*=U_0/U_{\text{S}}$）与占空比 D 和负载电流标幺值 I_0^* 的函数关系称为变压比的外特性，即 $M=f(D,I_0^*)$ 或 $U_0=U_{\text{d}}^*f(D,I_0^*)$。

取 $I_{\text{B}}=U_0/(2Lf_{\text{S}})=I_{\text{OBm}}$（$D=0$ 时的最大临界负载电流）为负载电流的基准值，则负载电流 I_0 的标幺值为

$$I_0^*=\frac{I_0}{I_{\text{B}}}=\frac{I_0}{I_{\text{OBm}}}=\frac{I_0}{U_0/(2Lf_{\text{S}})} \qquad (3\text{-}21)$$

当 D 值不同、输出电压 U_0 恒定时，Buck 变换器的变压比外特性，即变压比 M 与占空比 D 和负载电流标幺值 I_0^* 的关系曲线如图 3-4 所示，横坐标为负载电流标幺值 $I_0^*=I_0/I_{\text{B}}=I_0/I_{\text{OBm}}$，纵坐标为变压比 M。图 3-4 中画出了五个占空比 D 值时，变压比 M 与负载电流 I_0^* 的特性曲线。如 $D=0.75$ 时，$M=f(D,I_0^*)$ 为 D-C-K（D-C 段曲线为断流区，C-K 段直线为电流连续区）。图 3-4 中虚线（直线 D-C-B-A-G）为式（3-20）电流临界连续时的边界线，临界点 $I_{\text{OB}}^*=1-D$，在虚线的右侧（$I_0^*\geq I_{\text{OB}}^*=1-D$，$I_0\geq I_{\text{OB}}$）

为电感电流连续区，$M=D$，M 与负载电流无关；虚线左侧（$I_0^* < I_{OB}^*$，$I_0 < I_{OB}$）为电感电流断流区，$M>D$，M 与负载电流大小有关，断流区的变压比特性为式（3-13）。在电感电流临界连续时，若加大负载，则进入电流连续工作区，$M=D$；若减小负载，则进入电流断流区，$M>D$。

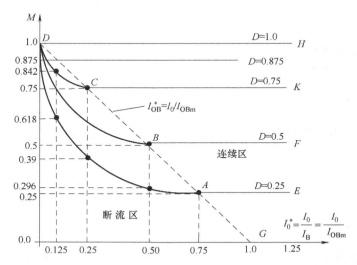

图 3-4　Buck 变换器输出电压为常数时的变压比外特性

3.2.2　升压斩波电路

Boost DC-DC 变换器是输出直流电压平均值 U_0 高于输入电压 U_d 的单管不隔离 DC-DC 变换器。图 3-5a Boost 变换器电路结构中，电感 L 在输入侧，称为升压电感，开关管 VT 仍采用 PWM 控制方式。与 Buck 变换器一样，Boost 变换器也有电感电流连续和断流两种工作模式，图 3-5e 和图 3-5f 分别给出了这两种工作模式下的波形图。当电感电流连续时，Boost 变换器存在两种开关状态，如图 3-5b、c 所示；而当电感电流断流时，Boost 变换器还有第三种开关状态，如图 3-5d 所示。

1. 电感电流连续时的工作特性

（1）两种开关状态

1）开关状态 1。从 $t=0$ 到 $T_{on}=DT_S$ 期间，开关管 VT 导通、二极管 VD 截止，等效电路如图 3-5b 所示。电源电压 U_d 加到升压电感 L 上，电感电流 i_L 线性增长，$L di_L / dt = U_d$。当 $t=T_{on}=DT_S$ 时，i_L 达到最大值 I_{Lmax}。在 VT 导通期间，i_L 的增量 Δi_{L+} 为

$$\Delta i_{L+} = \frac{U_d}{L} T_{on} = \frac{U_d}{L} DT_S \tag{3-22}$$

因为在开关状态 1 时二极管 VD 截止，负载由电容 C 供电，选用足够大的 C 值可使 U_0 变化很小，近似分析中可认为在一个开关周期 T_S 中 U_0 恒定不变。

2）开关状态 2。从 $t=T_{on}$ 到 T_S 期间，记为 T_{off}。此期间 VT 阻断、VD 导通，等效电路如图 3-5c 所示。这时电源电压 U_d 和 i_L 向负载和电容供电，C 充电。加在 L 上的电压为 $U_d - U_0$，图中 $U_0 > U_d$，$L di_L / dt = U_d - U_0$，故 i_L 线性减小。

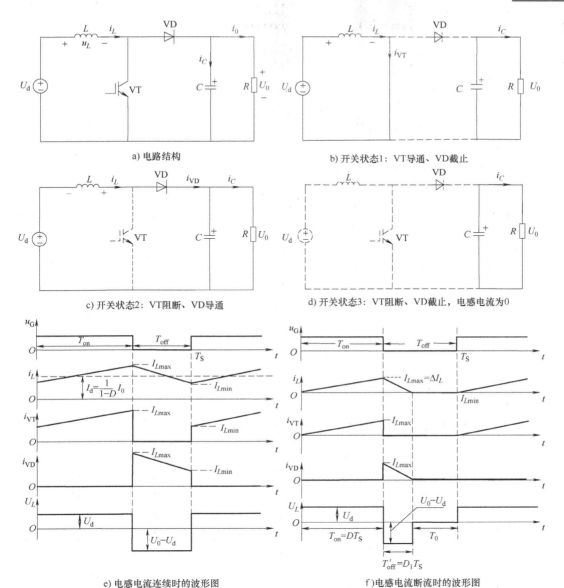

a) 电路结构

b) 开关状态1：VT导通、VD截止

c) 开关状态2：VT阻断、VD导通

d) 开关状态3：VT阻断、VD截止，电感电流为0

e) 电感电流连续时的波形图

f) 电感电流断流时的波形图

图 3-5 Boost 变换器的电路及其主要波形

经历 $T_{off}=T_S-T_{on}$ 期间后，i_L 达到最小值 I_{Lmin}。在 VT 截止期间，i_L 的减少量 Δi_{L-} 为

$$\Delta i_{L-}=\frac{U_0-U_d}{L}(T_S-T_{on})=\frac{U_0-U_d}{L}(1-D)T_S \qquad (3-23)$$

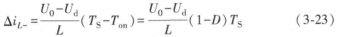

BOOST 电路
工作原理

此后，VT 又导通，开始另一个开关周期。

图 3-5a、e 中，Boost 变换器电源的输入电流就是升压电感电流 i_L，i_L 电流平均值 $I_L=I_d=(I_{Lmax}+I_{Lmin})/2$。开关管 VT 和二极管 VD 轮流工作，VT 导通时，电感电流 i_L 流过 VT；VT 截止、VD 导通时电感电流 i_L 流过 VD。电感电流 i_L 是 VT 导通时的电流 i_{VT} 和 VD 导通时的电流 i_{VD} 的合成。在周期 T_S 的任何时刻，i_L 都不为

零，即电感电流连续。稳态工作时，电容 C 的充电量等于放电量，通过电容的平均电流为零，故通过二极管 VD 的电流平均值就是负载电流平均值 I_0。

BOOST 电路电阻

（2）变压比 M 和电压、电流的基本关系

稳态工作时，VT 导通期间，电感电流的增量 Δi_{L+} 等于 VT 截止期间的减少量 Δi_{L-}，由式（3-22）和式（3-23）相等可得到变压比 M 为

$$M = U_0/U_d = 1/(1-D) \tag{3-24}$$

在每一个开关周期，电感 L 都有一个储能和能量通过二极管 VD 释放的过程，也就是说必须有能量送到负载端。因此，如果该变换器没有接负载，则不断增加的电感储能不能释放，必然会使 U_0 不断升高，最后使变换器损坏。实际工作中，D 越接近 1，输出电压越高。为防止输出电压过高，Boost 变换器不宜在占空比 D 接近于 1 的情况下工作。

Boost 变换器在电流连续条件下的变压比 M 也仅与占空比 D 有关而与负载电流无关。通过二极管 VD 的电流平均值 I_{VD} 等于负载电流平均值 I_0，即 $I_{VD} = I_0$，电感电流的脉动量为

$$\Delta i_L = \Delta i_{L+} = \Delta i_{L-} = \frac{U_d}{L f_S}D = \frac{U_0(1-D)D}{L f_S} \tag{3-25}$$

由于电源输入功率 $U_d I_d = U_0 I_0$，故电源电流 $I_d = U_0 I_0/U_d = I_0/(1-D)$。

由图 3-5e 可知，通过 VT 和 VD 的电流最大值 I_{VTmax} 和 I_{VDmax} 与电感电流最大值 I_{Lmax} 相等，即

$$I_{VTmax} = I_{VDmax} = I_{Lmax} = I_d + \frac{1}{2}\Delta i_L = \frac{I_0}{1-D} + \frac{D(1-D)U_0}{2L f_S} \tag{3-26}$$

VT 和 VD 截止时所承受的电压 U_{VT} 和 U_{VD} 均为输出电压 U_0，即 $U_{VT} = U_{VD} = U_0$。输入电流 I_d 的脉动量 Δi_d 等于电感电流的脉动量 Δi_L，即

$$\Delta i_d = \Delta i_L = I_{Lmax} - I_{Lmin} = \frac{U_d}{L f_S}D \tag{3-27}$$

输出电压脉动量 ΔU_0 等于开关管 VT 导通期间电容 C 向负载放电引起的电压变化量。ΔU_0 可近似表示为

$$\Delta U_0 = U_{0max} - U_{0min} = \frac{\Delta Q}{C} = \frac{1}{C}I_0 T_{on} = \frac{1}{C}I_0 D T_S = \frac{D}{C f_S}I_0 \tag{3-28}$$

因此

$$\frac{\Delta U_0}{U_0} = \frac{D I_0}{C f_S U_0} = D\frac{1}{f_S}\frac{1}{RC} = D\frac{f_C}{f_S} \tag{3-29}$$

其中

$$f_C = \frac{1}{RC} \tag{3-30}$$

2. 电感电流断流时的工作特性

（1）三种工作状态和变压比 M

图 3-5f 给出了电感电流断流工作模式时的主要波形，此时 Boost 变换器与 Buck 变换器断流时一样也有三种开关状态，这三种开关状态的等效电路如图 3-5b～d 所示。

VT 导通、VD 截止，在 VT 导通的 $T_{on}=DT_S$ 期间，i_L 自零增长到 I_{Lmax}；VT 阻断、VD 续流，在 $T'_{off}=D_1T_S$ 期间，i_L 自 I_{Lmax} 降到零；VT 阻断、VD 截止，在 T_0 期间 i_L 保持为零，负载由输出电容供电，直到下一周期开关管 VT 开通后，又从零开始增大至 I_{Lmax}。

VT 导通期间，即 $t=0$ 到 $t=T_{on}=DT_S$ 期间，电感电流从零开始增加，其增量 Δi_L 为

$$\Delta i_L=I_{Lmax}=\frac{U_d}{L}DT_S=\frac{U_d}{L}D\frac{1}{f_S} \tag{3-31}$$

式中，f_S 为开关频率，$f_S=1/T_S$。

VT 截止后，VD 导通，i_L 线性下降并在 $t=T_{on}+T'_{off}$ 时刻下降到零，其下降量 Δi_L 为

$$\Delta i_L=\frac{U_0-U_d}{L}T'_{off}=\frac{U_0-U_d}{L}D_1T_S \tag{3-32}$$

其中，$D_1=T'_{off}/T_S$。

由式（3-31）和式（3-32）可以得到电感电流断流时的变压比 M 为

$$M=\frac{U_0}{U_d}=\frac{D+D_1}{D_1}=\frac{1-D}{1-D}\frac{D+D_1}{D_1}=\frac{1}{1-D}\left[1+\frac{D}{D_1}(1-D-D_1)\right] \tag{3-33}$$

$$D_1/D=1/(M-1) \tag{3-34}$$

电感电流断流工作模式时，二极管续流时间 $T'_{off}<T_S-T_{on}$，$T'_{off}+T_{on}<T_S$，$D+D_1=\frac{T'_{off}}{T_S}+\frac{T_{on}}{T_S}<1$，$1-D-D_1>0$，由式（3-33）可知，变压比 $M>\frac{1}{1-D}$。

式（3-33）中的 $D_1=T'_{off}/T_S$ 取决于 VT 阻断期间电感电流衰减至零所经历的时间 T'_{off}，T'_{off} 显然与负载电流 I_0、电路电感 L 及开关周期 T_S 等有关。因此电感电流断流时，M 不仅与占空比 D 有关，而且与电路电感、负载电流以及开关频率等有关。为了保持输出电压 U_0 恒定，即使在输入电压 U_d 不变时，也应随负载电流的不同调节占空比 D （$D=T_{on}/T_S$）。

由图 3-5f 电感电流断流工作时 i_L 的波形可得到在一个开关周期 $T_S=T_{on}+T_{off}+T_0$ 中，电感电流 i_L 的平均值 I_L。由图 3-5a 可知，I_L 也等于电源电流 i_d 在一个开关周期中的平均值 I_d。即

$$I_L=I_d=\frac{1}{2}I_{Lmax}(T_{on}+T'_{off})/T_S=\frac{1}{2}\frac{U_d}{L}DT_S(D+D_1)=\frac{U_d}{2Lf_S}(D+D_1)$$

变压比 $M=U_0/U_d$，$U_d=U_0/M$，因此 $I_L=I_d=\frac{U_0}{M}\frac{D}{2Lf_S}(D+D_1)$。

将式（3-34）代入上式，可得到电感电流断流工作时变压比 M 与 U_0、D、I_0 的函数关系，即

$$M=\frac{1+\sqrt{1+4D^2\left/\left(\dfrac{I_0}{U_0/2Lf_S}\right)\right.}}{2}=f(D,U_0,I_0) \tag{3-35}$$

若取负载电流 I_0 的基准值为 $I_B=U_0/(2Lf_S)$，则 I_0 的标幺值 $I_0^*=I_0/I_B=I_0\left/\left(\dfrac{U_0}{2Lf_S}\right)\right.$ 则

$$M=\frac{1+\sqrt{1+4D^2/I_0^*}}{2}=f(D,I_0^*) \tag{3-36}$$

由式（3-36）可解得占空比为

$$D = \sqrt{M(M-1)I_0 \left/ \left(\frac{U_0}{2Lf_S} \right) \right.} = \sqrt{M(M-1)I_0^*} \qquad (3-37)$$

已知负载电流 I_0、电压 U_0 和占空比 D，可由式（3-35）得到变压比 M，确定所需的电源电压 U_d；由 I_0、U_0 和所需的变压比 M，可由式（3-37）求得所需的占空比 D。

（2）临界负载电流

负载电流较大时，电感电流连续工作（见图 3-5e），随着负载电流的减小，电感电流从连续过渡到断流工作模式（见图 3-5f）。负载电流 I_0 减小时，输入电流 I_d、电感电流 I_L 都减小，图 3-5e 中电感电流瞬时值 i_L 减小，其最小值 I_{Lmin} 减小。当负载电流 I_0 减小到一个开关周期结束 $t = T_S$ 时，正好使电感电流最小值 I_{Lmin} 为零，此时的负载电流称为临界负载电流 I_{OB}。这时在 VT 导电、VD 截止的 T_{on} 期间，i_L 从零上升至 I_{Lmax}；在 VT 阻断、VD 导通的 $T_{off} = T_S - T_{on}$ 期间，i_L 从 I_{Lmax} 下降到零，如图 3-6 所示。

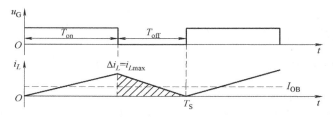

图 3-6　电感电流临界连续工作时的波形图

图 3-6 中，在 $T_{off} = (1-D)T_S$ 期间，VT 阻断、二极管 VD 导电，在 i_L 下降的区域，$i_L = i_{VD}$。在一个周期 T_S 中，电容电流平均值为零，二极管电流平均值 I_{VD} 就等于负载电流 I_0，因此图 3-6 中临界负载电流 I_{OB} 应为

$$I_{OB} = \frac{1}{2} I_{Lmax} \frac{T_{off}}{T_S} = \frac{1}{2} \frac{U_d}{L} T_{on} \frac{(1-D)T_S}{T_S} = \frac{1}{2} \frac{U_d}{Lf_S} D(1-D)$$

$$= \frac{U_d}{2Lf_S} D(1-D) = \frac{U_0}{2Lf_S} D(1-D)^2 \qquad (3-38)$$

取负载电流的基准值 I_B 为 $I_B = U_0/(2Lf_S)$，则临界负载电流 I_{OB} 的标幺值为

$$I_{OB}^* = I_{OB}/I_B = D(1-D)^2 \qquad (3-39)$$

U_0 恒定时，由式（3-38）可得，当 $D = 1/3$ 时，Boost 变换器的临界负载电流 I_{OB} 有最大值 $I_{OBm} = 2U_0/(27Lf_S)$，由式（3-39）可得，I_{OBm} 的标幺值 $I_{OBm}^* = 4/27$。

临界负载电流 I_{OB} 与输出电压 U_0、电感 L、开关频率 f_S，以及开关管 VT 的占空比 D 都有关。

当负载电流 $I_0 > I_{OB}$ 时，电感电流连续，变压比 $M = 1/(1-D)$，$U_0 = U_d/(1-D)$；当负载电流 $I_0 = I_{OB}$ 时，电感电流处于连续与断流的边界，但仍连续，变压比 $M = 1/(1-D)$；当负载电流 $I_0 < I_{OB}$ 时，电感电流断流，此时变压比 M 为式（3-36），$M > 1/(1-D)$，变压比 M 不仅与占空比 D 有关，还与电感 L、开关频率 f_S、负载电流 I_0 和电源电压 U_d 或负载电压 U_0 都有关。

（3） Boost 变换器变压比的特性

当负载电压 U_0 恒定时，根据变压比特性式（3-24）、式（3-36）和临界负载电流 I_{OB} 的式（3-39），可以画出类似图 3-4 的 Boost 变换器的变压比特性曲线，即 $M=f(D,I_0^*)$。

稳态运行时，开关管 VT 导通期间（$T_{on}=DT_S$）电源输入电感 L 中的磁能 W_m，在 VT 截止期间全部通过二极管 VD 转移到输出端，如果负载电流很小，就会出现电流断流的情况。如果变换器负载电阻变得很大，负载电流太小，此时如果占空比 D 仍不减小、T_{on}不变、电源输入电感的磁能 W_m 不变，必使输出电压 U_0 不断增加，因此没有电压闭环调节的 Boost 变换器不宜在输出端负载开路的情况下工作。

3.2.3 其他基本斩波电路

1. Buck-Boost 斩波电路

直流降压-升压斩波电路（Buck-Boost 斩波电路）的特点是输出电压可以低于电源电压，也可以高于电源电压，是将降压斩波和升压斩波电路结合的一种直流变换电路。Buck-Boost 斩波电路如图 3-7a 所示，该电路有两种开关状态。

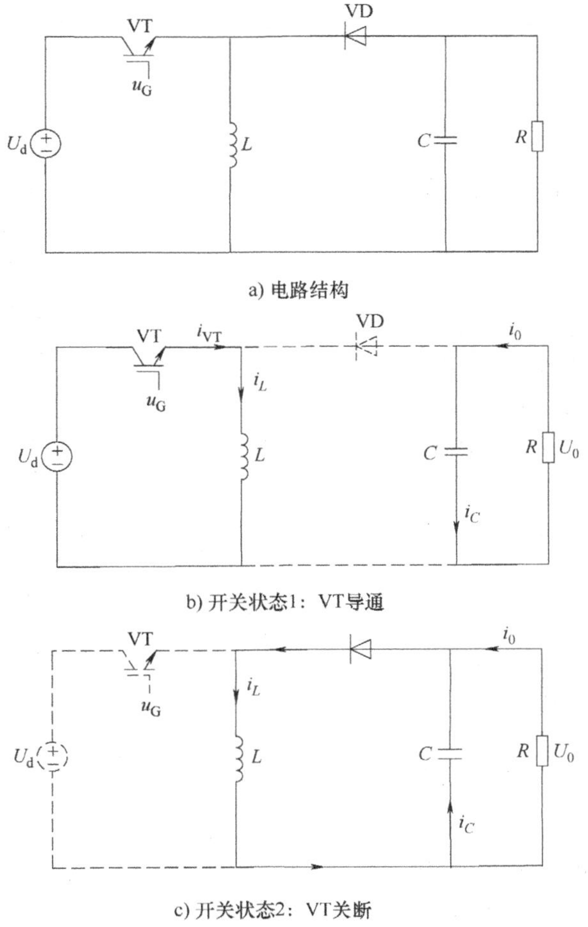

图 3-7 Buck-Boost 斩波电路及其开关状态

（1）开关状态 1：VT 导通

如图 3-7b 所示，VT 导通时，电流 $i_{VT} = i_L$，电源 U_d 经 VT 和 L 形成回路，电流 i_L 上升，电感 L 储能，如果电感电流是连续的，则电感电流从 VT 导通时的 I_{Lmin} 上升，如图 3-8a 所示 i_L 曲线；如果电感电流是断续的，则电感电流从零上升，如图 3-8b i_L 曲线，终止电流为 I_{Lmax}。在开关状态 1 时，二极管 VD 受反向电压关断，负载 R 由电容 C 提供电流。

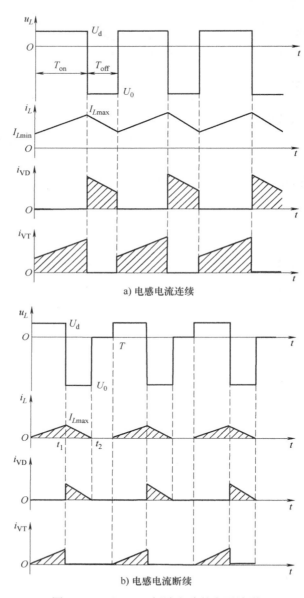

图 3-8　Buck-Boost 斩波电路的主要波形

（2）开关状态 2：VT 关断

如图 3-7c 所示，VT 关断时，电感电流 i_L 从 VT 关断时的 I_{Lmax} 下降，并经 C、R 的并联电路和二极管 VD 形成回路，电感 L 释放储能，电容 C 储能。而电感电流 i_L 能否连续，取决于电感的储能。如果在开关状态 1 时，电感储能不足，$I_{L\max}$ 不够大，不能延续到下次 VT 导通，则电感电流就断续，如图 3-8b 所示；如果电感和电容的储能足够大，或者尽管电感储能不足，但是电容储能足够大，则负载电流 i_0 连续，否则负载电流要断续。

在电路稳定时，如果电容储能足够大，负载电压不变 $u_0 = U_0$，在 VT 导通时，$u_L = U_d$，i_L 的终止电流 $I_{L\max}$ 为

$$I_{L\max} = I_{L\min} + \frac{U_d}{L} DT \tag{3-40}$$

其中，占空比 $D = T_{on}/T$。

在 VT 关断时，$u_L = U_0$，i_L 的终止电流 $I_{L\min}$ 为

$$I_{L\min} = I_{L\max} - \frac{U_0}{L}(1-D)T \tag{3-41}$$

将式（3-41）代入式（3-40），可得

$$U_0 = \frac{D}{1-D} U_d \tag{3-42}$$

由式（3-42）可知，当 $0 \leqslant D \leqslant 0.5$ 时，$U_0 < U_d$，当 $0.5 \leqslant D < 1$ 时，$U_0 > U_d$，因此调节占空比 D，电路既可以降压也可以升压。

2. Cuk 斩波电路

Buck-Boost 斩波电路中，负载与电容并联，实际电容值总是有限的，电容不断充放电引起的电压波动，将引起负载电流的波动，因此 Buck-Boost 斩波电路输入和输出端的电流脉动量都较大，对电源和负载的电磁干扰也较大，为此提出了 Cuk 斩波电路，如图 3-9a 所示。Cuk 斩波电路的特点是输入和输出端都串联了电感，减小了输入和输出端电流的脉动，可以改善电路产生的电磁干扰问题。

Cuk 斩波电路也只有一个开关器件 VT，因此电路有两种开关状态。

（1）开关状态 1：开关 VT 导通

如图 3-9b 所示，开关 VT 导通时（$T_{on} = DT$），电源经 L_1 和开关 VT 构成回路，i_{L1} 线性增加，L_1 储能，与此同时，电容 C_1 经开关 VT 对 C_2 和负载 R 放电，并使电感 L_2 电流增加，L_2 储能。在此阶段中，因为 C_1 释放能量，二极管 VD 被反偏而处于截止状态。

（2）开关状态 2：开关 VT 关断

开关 VT 关断时，$T_{off} = (1-D)T$，根据电感 L_2 电流的情况，又有电流 i_{L2} 连续和断续两种状态。

在 VT 关断时，电感 L_1 电流 i_{L1} 要经二极管 VD 续流，L_1 储能减小，L_1 产生的感应电动势与电源 U_d 顺向串联，共同对电容 C_1 充电，C_2 电压增加，并且 u_{C1} 可以大于 U_d。同时 L_2 要经二极管 VD 释放储能，维持负载 C_2 和 R 的电流。如果 L_2 储能较大，L_2 的续流将维持到下一次 VT 导通，如图 3-9c 所示。如果 L_2 储能较小，续流在下一次 VT 导通前就已结束，电流断续，负载 R 由电容 C_2 放电维持电流，如图 3-9d 所示。

在 Cuk 电路中，一般 C_1、C_2 值都较大，u_{C1}、u_{C2} 波动较小，L_1、L_2 的电流脉动也较小，忽略这些脉动，在二极管 VD 导通时，电容 C_1 的平均电压 $u_{C1} = U_d T_{on}/T = DU_d$，在 VD 截止时，$u_{C1} = U_0 T_{off}/T = (1-D)U_0$，因此 $DU_d = (1-D)U_0$，有

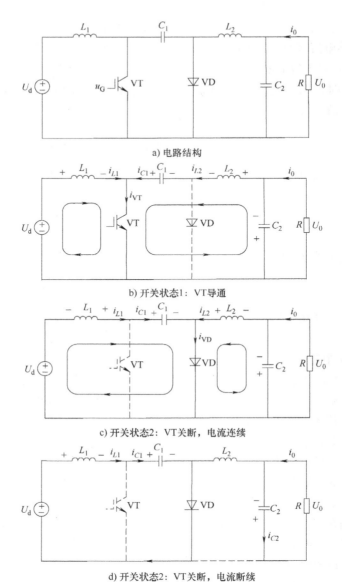

图 3-9 Cuk 斩波电路

$$U_0 = \frac{D}{1-D}U_d \tag{3-43}$$

式（3-43）与 Buck-Boost 斩波电路的式（3-42）完全相同，即 Cuk 斩波电路与 Buck-Boost 斩波电路的降压和升压功能一样。但是，Cuk 斩波电路的电源电流和负载电流都是连续的，纹波很小，只是对开关管和二极管的耐压和电流要求较高。

3. Sepic 斩波电路和 Zeta 斩波电路

图 3-10 分别给出了 Sepic 斩波电路和 Zeta 斩波电路的原理图。

Sepic 斩波电路的基本工作原理为：当 VT 处于通态时，$U_d \to L_1 \to$ VT 回路和 $C_1 \to$ VT $\to L_2$ 回路同时导通，L_1 和 L_2 储能。当 VT 处于断态时，$U_d \to L_1 \to C_1 \to$ VD $\to R//C_2$

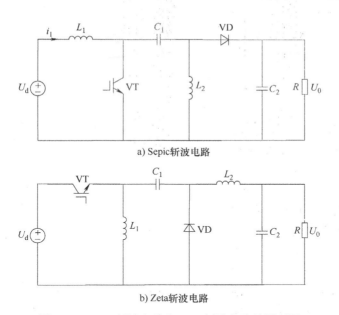

a) Sepic斩波电路

b) Zeta斩波电路

图 3-10　Sepic 斩波电路和 Zeta 斩波电路的原理图

（表示 R 与 C_2 并联的负载）回路及 $L_2 \rightarrow \mathrm{VD} \rightarrow R//C_2$ 回路同时导通，此阶段 U_d 和 L_1 既向负载供电，同时也向 C_1 充电，C_1 储存的能量在 VT 处于通态时向 L_2 转移。

Sepic 斩波电路的输入输出关系可表示为

$$U_0 = \frac{T_{\mathrm{on}}}{T_{\mathrm{off}}}U_d = \frac{T_{\mathrm{on}}}{T - T_{\mathrm{off}}}U_d = \frac{D}{1-D}U_d \tag{3-44}$$

Zeta 斩波电路的基本工作原理为：当 VT 处于通态时，电源 U_d 经开关 VT 向电感 L_1 储能。同时，U_d 和 C_1 共同经 L_2 向负载供电。待 VT 关断后，L_1 经 VD 向 C_1 充电，其储存的能量转移至 C_1。同时 L_2 的电流经 VD 续流。

Zeta 斩波电路的输入输出关系可表示为

$$U_0 = \frac{D}{1-D}U_d \tag{3-45}$$

上述两种电路相比，具有相同的输入输出关系。Sepic 斩波电路中，电源电流连续但负载电流是脉冲波形，有利于输入滤波；Zeta 斩波电路的电源电流是脉冲波形而负载电流连续。与 Cuk 斩波电路和 Buck-Boost 斩波电路相比，Sepic 斩波电路和 Zeta 斩波电路输出电压均为正极性，且输入输出关系相同。

3.3　复合斩波电路

3.3.1　电流可逆斩波电路

半桥式电流可逆斩波电路直流电动机负载的波形和电路图分别如图 3-11a、b 所示。两个开关器件 VT_1 和 VT_2 串联组成半桥电路的上下桥臂，两个二极管 VD_1 和 VD_2 与开关管反并联形成续流回路，R、L 包含了电动机的电枢电阻和电感。下面就电动机的电动和制动两种状态进行分析。

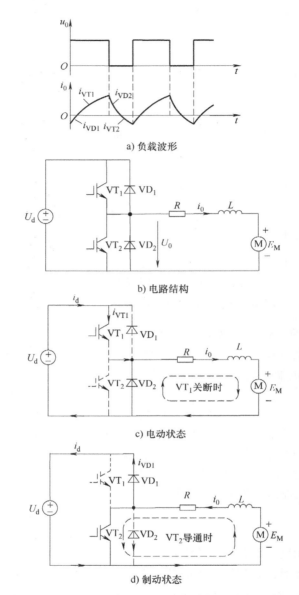

a) 负载波形

b) 电路结构

c) 电动状态

d) 制动状态

图 3-11 半桥式电流可逆斩波电路

（1）电动状态

如图 3-11c 所示，电动机工作在电动状态时，给 VT$_1$ 以 PWM 驱动信号，VT$_1$ 处于开关交替状态，VT$_2$ 处于关断状态。在 VT$_1$ 导通时，有电流自电源→VT$_1$→R→L→M 流过，电感 L 储能。在 VT$_1$ 关断时，电感储能经电动机和 VD$_2$ 续流。在电动状态，VT$_2$ 和 VD$_1$ 始终不导通，因此不考虑这两个器件，负载电压 $U_0 = DU_d$，通过调节占空比可以调节电动机转速。

（2）制动状态

如图 3-11d 所示，电动机工作在电动状态时，电动机电动势 $E_M < U_d$，当电动机由

电动转向制动时，必须使负载侧电压 $U_0 > U_d$，但在制动时，随着电动机转速的下降，E_M 只会减小，因此需要使用升压斩波提升电路负载侧电压，使负载侧电压 $U_0 > U_d$。半桥斩波器中，若给 VT_2 以 PWM 驱动信号，在 VT_2 导通时，电动机经电感 L、VT_2 形成回路，电感 L 随电流上升而储能。在 VT_2 关断时，电动机反电动势 E_M 和电感电动势 e_L（左正、右负）串联相加，产生电流，经 VD_1 将电能输入电源 U_d，如图 3-11d 所示。在制动时，VT_1、VD_2 始终在关断状态，因此不考虑这两个器件。图 3-11d 与图 3-5a 的升压斩波器有相同的结构，不同的是现在工作于发电状态的电动机是电源，而原来的电源 U_d 成了负载，电流自 U_d 的正极端流入，工作原理也与升压斩波电路相同，且 $U_0 = E_M/(1-D)$，调节 VT_2 驱动脉冲的占空比 D 可以调节 U_0，从而控制制动电流。

半桥式 DC-DC 电路所用元器件少，控制方便，但电动机只能以单方向做电动和制动运行，改变电动机转向需要改变电动机的励磁方向。如果要实现电动机的四象限运行，则需要采用全桥式 DC-DC 可逆斩波电路。

3.3.2 桥式可逆斩波电路

半桥式斩波电路电动机只能单方向运行和制动，若将两个半桥式斩波电路组合，一个提供负载正向电流，一个提供反向电流，电动机就可以实现正、反转可逆运行。两个半桥式斩波电路就组成了全桥式斩波电路，全桥式斩波也称 H 形斩波，其电路如图 3-12 所示。若 VT_1、VT_3 导通，则有电流自电路 A 点经电动机流向 B 点，电动机正转；若 VT_2、VT_4 导通，则有电流自 B 点经电动机流向 A 点，电动机反转。

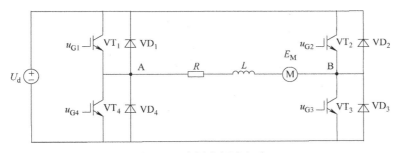

图 3-12　全桥式斩波电路

全桥式可逆斩波电路的工作原理为 VT_1、VT_3 和 VT_2、VT_4 成对做 PWM 控制，并且 VT_1、VT_3 和 VT_2、VT_4 的驱动脉冲工作在互补状态，如图 3-12 所示，即在 VT_1、VT_3 导通时，VT_2、VT_4 关断；在 VT_2、VT_4 导通时，VT_1、VT_3 关断，VT_1、VT_3 和 VT_2、VT_4 交替导通和关断。全桥式可逆斩波控制有正转和反转两种工作状态、四种工作模式，如图 3-13 所示，对应的电压、电流波形如图 3-14 所示。

1）模式1：t_1 时 VT_1、VT_3 同时驱动导通，VT_2 和 VT_4 关断，电流 i_{01} 的流向为 $U_d + \rightarrow VT_1 \rightarrow R \rightarrow L \rightarrow E_M \rightarrow VT_3 \rightarrow U_d -$，$L$ 电流上升，u_L 和 E_M 极性如图 3-13a 所示。

2）模式2：t_2 时 VT_1、VT_3 关断，VT_2、VT_4 驱动导通，因为电感电流不能立即为 0，这时电流 i_{02} 的流向为 $U_d - \rightarrow VD_4 \rightarrow R \rightarrow L \rightarrow E_M \rightarrow VD_2 \rightarrow U_d +$，$L$ 电流下降。因为电感经 VD_2、VD_4 续流，短接了 VT_2 和 VT_4，VT_2 和 VT_4 虽已经被触发，但是并不能导通。u_L 和 E_M 极性如图 3-13b 所示。

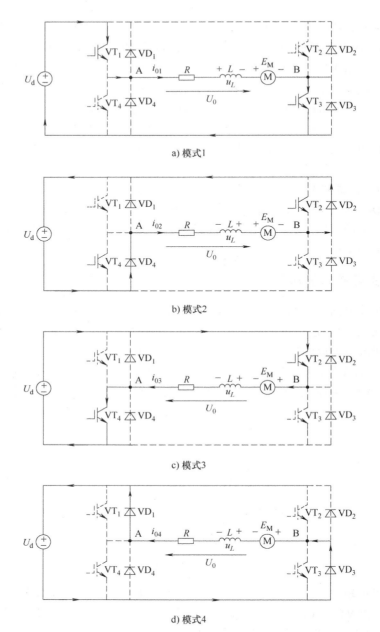

a) 模式1

b) 模式2

c) 模式3

d) 模式4

图 3-13　全桥式可逆斩波电路的工作模式

在模式 1 和模式 2 时，电流的方向是从 A→B，电动机正转，设 VT_1、VT_3 导通时间为 T_{on}，关断时间为 T_{off}。在 VT_1 导通时 A 点电压为 U_d，VT_3 导通时 B 点电压为 $-U_d$，因此 A、B 间电压为

$$U_0 = \frac{T_{on}}{T_S}U_d - \frac{T_{off}}{T_S}U_d = \frac{T_{on}}{T_S} - \frac{T_S - T_{on}}{T_S}U_d = \left(\frac{2T_{on}}{T_S} - 1\right)U_d = DU_d \quad (3\text{-}46)$$

其中，占空比 $D = \dfrac{2T_{on}}{T_S} - 1$。

$T_{on}=T_S$ 时，$D=1$；$T_{on}=0$ 时，$D=-1$，占空比的调节范围为 $-1 \leqslant D \leqslant 1$。在 $0<D \leqslant 1$ 时，$U_0>0$，电动机正转，电压、电流波形如图 3-14a 所示。

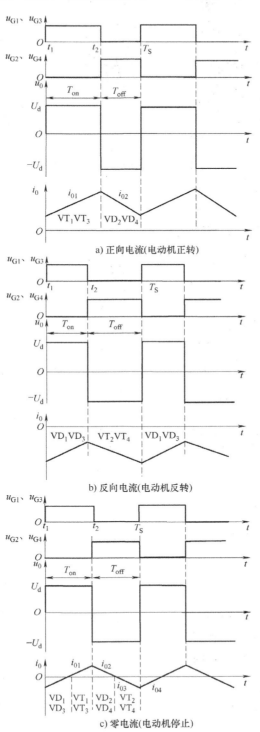

a) 正向电流(电动机正转)

b) 反向电流(电动机反转)

c) 零电流(电动机停止)

图 3-14　电动机正、反转控制波形

3）模式3：如果$-1\leqslant D<0$，$U_d<0$，即 A、B 间电压反向，则在 VT_2、VT_4 驱动导通后，电流 i_{03} 的流向为 $U_d+\rightarrow VT_2\rightarrow E_M\rightarrow L\rightarrow R\rightarrow VT_4\rightarrow U_d-$，$L$ 电流反向上升，u_L 和 E_M 极性如图 3-13c 所示，电动机反转。

4）模式4：在电动机反转状态，如果 VT_2、VT_4 关断，L 电流要经 VD_1 和 VD_3 续流，i_{04} 的流向为 $U_d-\rightarrow VD_3\rightarrow E_M\rightarrow L\rightarrow R\rightarrow VD_1\rightarrow U_d+$，$L$ 电流反向下降，u_L 和 E_M 极性如图 3-13d 所示。

模式 3 和 4 是电动机反转状态，电压、电流波形如图 3-14b 所示。D 从 $1\rightarrow-1$ 逐步变化，电动机电流 i_0 从正到负逐步变化，在这变化过程中电流始终是连续的，这是双极性斩波电路的特点。即使在 $D=0$ 时，$U_0=0$，电动机也不是完全静止不动，而是在正、反电流作用下微振，电路以四种模式交替工作，如图 3-14c 所示。这种电动机的微振可以加快电动机的正、反转响应速度。

全桥式可逆斩波电路中，四个开关器件都工作在 PWM 方式，在开关频率高时，开关损耗较大，并且上、下桥臂两个开关的通断如果有时差，则容易产生瞬间同时都导通的直通现象。一旦发生直通现象，将出现电源被短路的危险情况。为了避免直通现象，上、下桥臂两个开关导通之间要留有一定的时间间隔，即留有一定的死区。

3.4 多相多重斩波电路

多相多重斩波电路是另一种复合概念的直流斩波器。前面介绍的两种复合斩波电路是由不同的基本斩波电路组合而成的。与此不同，多相多重斩波电路是在电源和负载之间接入多个结构相同的基本斩波电路而构成的。一个控制周期中电源侧的电流脉波数称为斩波电路的相数，负载电流脉波数称为斩波电路的重数。

图 3-15 为三相三重降压斩波电路及其工作波形。如图 3-15a 所示，该电路相当于由三个降压斩波电路单元并联而成，VT_1、VT_2、VT_3 依次导通，相位相差 $1/3$ 周期，波形相同，总输出电流为三个降压斩波电路单元输出电流之和，其平均值为单元输出电流平均值的 3 倍，脉动频率也为 3 倍。

由于三个单元电流的脉动幅值互相抵消，使总输出电流的脉动幅值变得很小。多相多重斩波电路的总输出电流的最大脉动率（即电流脉动幅值与电流平均值之比）与相数的二次方成反比地减小，且输出电流脉动频率提高。因此与单相斩波电路相比，设总输出电流最大脉动率一定时，所需平波电抗器的总重量大为减轻。

此时，电源电流为各可控开关的电流之和，其脉动频率为单个斩波电路时的 3 倍，谐波分量比单个斩波电路时显著减小，且电源电流的最大脉动率与单个直流斩波器时相比，也是与相数的二次方成反比地减小。这使得由电源电流引起的干扰大大减小，若需滤波，只需接上简单的 LC 滤波器就能起到良好的滤波效果。

当上述电路电源公用而负载为三个独立负载时，则为三相一重斩波电路；而当电源为三个独立电源，向一个负载供电时，则为一相三重斩波电路。

多相多重斩波电路还具有备用功能，各斩波电路单元可互为备用，一旦某一斩波单元发生故障，其余各单元可以继续运行，使得总体的可靠性提高。

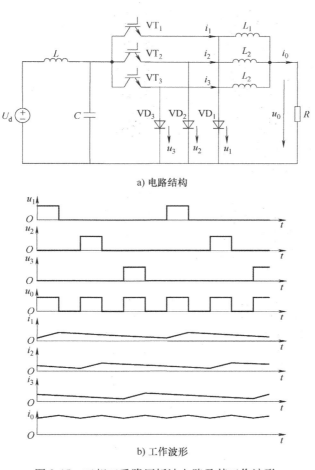

a) 电路结构

b) 工作波形

图 3-15　三相三重降压斩波电路及其工作波形

3.5 带隔离的 DC-DC 变流电路

带隔离的 DC-DC 变流电路的结构如图 3-16 所示。同直流斩波电路相比，直流变流电路中增加了交流环节，因此也称为直-交-直电路。因为该部分内容涉及整流电路的原理知识，学习时需参考第 5 章 AC-DC 整流电路的相关内容。

图 3-16　带隔离的 DC-DC 变流电路的结构

采用这种结构较为复杂的电路来完成 DC-DC 变换有以下原因：

1）输出端与输入端需要隔离。

2）某些应用中的多路输出需要相互隔离。

3）输出电压与输入电压的比例远小于 1 或远大于 1。

4）交流环节采用较高的工作频率，可以减小变压器和滤波电感、滤波电容的体积和重量。通常，工作频率应高于人耳的听觉极限 20kHz，以免变压器和电感产生刺耳的噪声。随着电力半导体器件和磁性材料的技术进步，电路的工作频率已达几百千赫兹至几兆赫兹，进一步缩小了变压器、滤波电感和滤波电容的体积和重量。

由于工作频率较高，逆变电路通常使用全控型器件，如 GTR、MOSFET、IGBT 等。整流电路中通常采用快恢复二极管或通态电压降较低的肖特基晶体管，在低电压输出的电路中，还采用低导通电阻的 MOSFET 构成同步整流电路（Synchronous Rectifier），以进一步降低损耗。

带隔离的 DC-DC 变流电路分为单端（Single End）和双端（Double End）电路两大类。在单端电路中，变压器中流过的是直流脉动电流，而双端电路中，变压器中的电流为正、负对称的交流电流。下面将要介绍的电路中，正激电路和反激电路属于单端电路，半桥、全桥和推挽电路属于双端电路。

1. 正激电路

如图 3-17 所示，单端正激变换器的隔离变压器有三个绕组：一次绕组 N_1、二次绕组 N_2 和磁通复位绕组 N_3。对开关管 S 进行斩波控制，当 S 导通时，N_1 电流 i_1 上升，变压器铁心磁通增加，在二次绕组 N_2 中产生感应电动势，使二极管 VD_2 导通、VD_3 截止，电感电流 $i_L = i_2$ 向负载供电。S 导通时，因为磁通复位绕组 N_3 中产生感应负电压，VD_1 截止，N_3 中没有电流。当 S 关断时，电感 L 经负载和 VD_3 续流。电容 C 用于使输出电压 U_0 稳定。

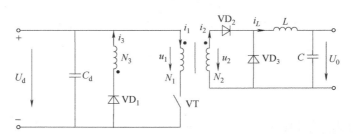

图 3-17　单端正激变换器电路

磁通复位绕组 N_3 的作用是，因为变压器一次侧只在 S 导通时有单方向电流，铁心的磁化也是单向的，在电流为零时，铁心仍有剩磁，当下次 S 导通时，变压器磁通从剩磁开始上升，在 S 重复通断中，剩磁越积越多，最后导致铁心饱和，从而使变压器励磁电流迅速增加，可能损坏开关 S。为了避免铁心的饱和现象，增加了磁通复位绕组。在 S 关断时，变压器电流下降，磁通下降，在 N_3 中感应电动势为上"+"下"−"，VD_1 导通，产生电流 i_3，i_3 与 i_1 反方向使铁心消除剩磁，这个过程称为磁通的复位，这对单激式变换器是很重要的。

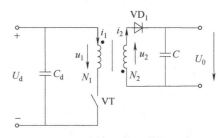

2. 反激电路

如图 3-18 所示，单端反激变换器电路较正激

图 3-18　单端反激变换器电路

变换器没有了磁通复位绕组和输出电感 L，变压器起着磁场储能的作用。在开关 VT 导通时，电流 i_1 上升，铁心磁通增大，一次绕组电感 L_1 储能 $W_1 = L_1 i_1^2 / 2$。开关 VT 关断时，一次电流 i_1 转移到二次侧，即铁心磁场储能经 N_2 绕组输出，在转换瞬间电感 L_2 储能 $W_2 = L_2 i_2^2 / 2$。在不考虑绕组电阻和漏感情况下，$L_1 / L_2 = N_1^2 / N_2^2$。

3. 半桥式电路

图 3-19 为带隔离变压器的半桥式 DC-AC-DC 变换电路。VT_1、VT_2 和 C_1、C_2 组成半桥式电路，取直流侧串联电容 $C_1 = C_2$ 且电容足够大，C_1、C_2 将直流电压 U_d 一分为二。二次侧带中心抽头的变压器和 VD_3、VD_4 组成单相双半波整流，在开关管导通时，整流输出电压与变压器电压比有关，$u_0 = (N_2 / N_1) u_{AB}$。

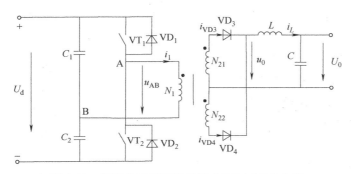

图 3-19 带隔离变压器的半桥式 DC-AC-DC 电路

工作时，二次绕组 N_{21} 和 N_{22} 在 u_{AB} 的正、负半周里分别通过大小相等、方向相反的电流，变压器磁通是交变的，没有直流磁化问题，提高了铁心利用率。半桥式电路若两个开关管的占空比略有不同时，电容 C_1 和 C_2 的 B 点电位将随之浮动，对变压器一次电流 i_1 的正、负半周有自平衡作用，使变压器不易发生偏磁现象。

4. 全桥式电路

如图 3-20 所示，全桥式 DC-AC-DC 变换器的前级为电压型全桥式逆变电路，后级为单相桥式不可控整流电路，两级之间由高频变压器连接，变流器输出经过 LC 滤波。全桥式 DC-AC-DC 变换器输出电压与推挽式电路一样，但是开关器件承受的电压仅是电源电压 U_d。若 VT_1、VT_3 和 VT_2、VT_4 的驱动脉冲不完全对称，u_{AB} 的正、反方波宽度不一致，变压器将产生直流偏磁现象，为此，一般在变压器一次侧串联隔直电容 C_A，以避免直流偏磁引起变压器饱和。

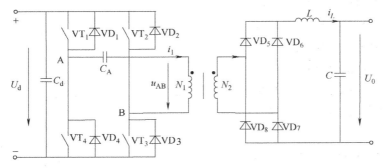

图 3-20 全桥式 DC-AC-DC 电路

5. 推挽式电路

推挽式 DC-AC-DC 变换电路如图 3-21 所示，变压器一、二次侧都带中心抽头，在 VT_1 导通时一次绕组 N_{11} 有正向电流流过，在 VT_2 导通时，一次绕组 N_{12} 有反向电流流过，改变 VT_1、VT_2 的占空比可以调节电压，占空比 D 应小于 0.5，以避免 VT_1 和 VT_2 同时导通。二次侧的 AC-DC 变换与半桥式电路相同。因为 VT_1 或 VT_2 导通时，变压器一次绕组电压为 U_d，因此变流器输出电压为 $U_0 = 2\dfrac{N_2}{N_1}DU_d$。

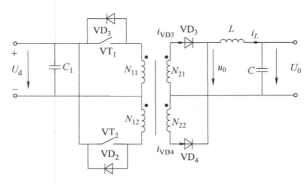

图 3-21 推挽式 DC-AC-DC 电路

推挽式电路与半桥式电路相比，推挽式电路输出电压较半桥式电路提高一倍。推挽式电路开关器件阻断时承受的电压为 $2U_d$，较半桥式高一倍。推挽式电路没有半桥式电路的电流自平衡作用，在两个开关管占空比有误差时，变压器将出现直流偏磁现象。

各种带隔离的 DC-DC 变流电路的比较见表 3-1。

表 3-1 各种带隔离的 DC-DC 变流电路的比较

电路	优 点	缺 点	功率范围	应用领域
正激	电路较简单，成本低，可靠性高，驱动电路简单	变压器单向励磁，利用率低	几百瓦至几千瓦	各种中、小功率电源
反激	电路非常简单，成本很低，可靠性高，驱动电路简单	难以达到较大的功率，变压器单向励磁，利用率低	几瓦至几百瓦	小功率电子设备、计算机设备、消费电子设备电源
全桥	变压器双向励磁，容易达到大功率	结构复杂，成本高，有直通问题，可靠性低，需要复杂的多组隔离驱动电路	几百瓦至几百千瓦	大功率工业用电源、焊接电源、电解电源等
半桥	变压器双向励磁，没有变压器偏磁问题，开关较少，成本低	有直通问题，可靠性低，需要复杂的隔离驱动电路	几百瓦至几千瓦	各种工业用电源、计算机电源等

（续）

电路	优 点	缺 点	功率范围	应用领域
推挽	变压器双向励磁，变压器一次电流回路中只有一个开关，通态损耗较小，驱动简单	有直流偏磁问题	几百瓦至几千瓦	低输入电压的电源

间接直流变流电路并不仅仅用于 DC-DC 变流装置，如果输入端的直流电源是由交流电网整流得来，则构成 AC-DC-AC-DC 电路，采用这种电路的装置通常称为开关电源。从输入输出关系来看，开关电源是一种 AC-DC 变流装置，这同后面章节将要介绍的晶闸管相控整流电路的功能是一样的。然而，由于开关电源采用了工作频率较高的中间交流环节，变压器和滤波器的体积和重量都大大减小，因此同等功率条件下开关电源体积和重量都远远小于相控整流电源。除此之外，工作频率的提高还有利于开关电源控制性能的提高。正是由于这些优点，在数百千瓦以下的功率范围内，开关电源逐步取代了相控整流电源。

3.6 直流斩波器的典型应用

直流斩波电路可以应用于直流调压、小功率伺服系统，以及电动机的正、反转控制和快速回馈制动并实现二象限和四象限运行等场合。直流斩波电路响应快，输出纹波小，具有良好的发展潜力。

3.6.1 升压斩波电路的应用

升压斩波电路目前的典型应用，一是用于直流电动机传动，二是用作单相功率因数校正（Power Factor Correction，PFC）电路，三是用于其他交直流电源中。

当升压斩波电路用于直流电动机传动时，通常是用于在直流电动机再生制动时把电能回馈给直流电源，此时的电路及工作波形如图 3-22 所示。由于实际电路中电感 L 值不可能为无穷大，因此该电路和降压斩波电路一样，也有电动机电枢电流连续和断续两种工作状态。还需要说明的是，此时电动机的反电动势相当于图 3-5a 电路中的电源，而此时的直流电源相当于图 3-5a 电路中的负载。由于直流电源的电压基本恒定，因此不必并联电容器。

对升压斩波电路分析如下，其中 $m = E_M/U_d$，$\tau = L/R$，$\rho = t/\tau$，$\beta = 1/M = T_{off}/T_S$。

当可控开关 VT 处于通态时，设电动机电枢电流为 i_1，可得

$$L\frac{di_1}{dt} + Ri_1 = E_M \tag{3-47}$$

式中，R 为电动机电枢回路电阻与线路电阻之和。

设 i_1 的初值为 I_{10}，解式（3-47）可得

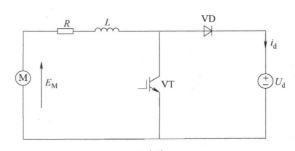

a) 电路

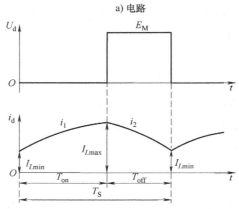

b) 电流连续时的波形

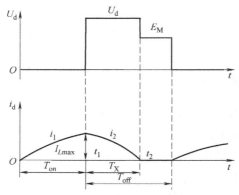

c) 电流断续时的波形

图 3-22　用于直流电动机传动的升压斩波电路及其工作波形

$$i_1 = I_{10}e^{-\frac{t}{\tau}} + \frac{E_M}{R}(1 - e^{-\frac{t}{\tau}}) \tag{3-48}$$

当 VT 处于断态时，设电动机电枢电流为 i_2，可得

$$L\frac{di_2}{dt} + Ri_2 = E_M - U_d \tag{3-49}$$

设 i_2 的初值为 I_{20}，解式（3-49）可得

$$i_2 = I_{20}e^{-\frac{t-T_{on}}{\tau}} - \frac{U_d - E_M}{R}(1 - e^{-\frac{t-T_{on}}{\tau}}) \tag{3-50}$$

当电流连续时，由图 3-22b 电流连续时的波形可以看出，$t = T_{on}$ 时刻 $i_1 = I_{20}$，$t = T_S$ 时刻 $i_2 = I_{10}$，由此可得

$$I_{20} = I_{10}e^{-\frac{T_{on}}{\tau}} + \frac{E_M}{R}(1 - e^{-\frac{T_{on}}{\tau}}) \tag{3-51}$$

$$I_{10} = I_{20}e^{-\frac{T_{off}}{\tau}} - \frac{U_d - E_M}{R}(1 - e^{-\frac{T_{off}}{\tau}}) \tag{3-52}$$

由式（3-51）、式（3-52）可求得

$$I_{10} = \frac{E_M}{R} - \left(\frac{1 - e^{-\frac{T_{off}}{\tau}}}{1 - e^{-\frac{T}{\tau}}}\right)\frac{U_d}{R} = \left(m - \frac{1 - e^{-\beta\rho}}{1 - e^{-\rho}}\right)\frac{U_d}{R} \tag{3-53}$$

$$I_{20} = \frac{E_M}{R} - \left(\frac{e^{-\frac{T_{on}}{\tau}} - e^{-\frac{T}{\tau}}}{1 - e^{-\frac{T}{\tau}}}\right)\frac{U_d}{R} = \left(m - \frac{e^{-\alpha\rho} - e^{-\rho}}{1 - e^{-\rho}}\right)\frac{U_d}{R} \tag{3-54}$$

与降压斩波电路一样，把式（3-53）、式（3-54）用泰勒级数线性近似，可得

$$I_{10} = I_{20} = (m - \beta)\frac{U_d}{R} \tag{3-55}$$

式（3-55）表示 L 值为无穷大时电枢电流的平均值 I_0，即

$$I_0 = (m - \beta)\frac{U_d}{R} = \frac{E_M - \beta U_d}{R} \tag{3-56}$$

式（3-56）表明，以电动机一侧为基准看，可将直流电源看作是被降低到了 βU_d。

电枢电流断续时的波形如图 3-22c 所示。

当 $t = 0$ 时，$i_1 = I_{10} = 0$，令 $I_{10} = 0$ 即可求出 I_{20}，进而可写出 i_2 的表达式。另外，当 $t = t_2$ 时，$i_2 = 0$，可求得 i_2 持续的时间 T_X，即

$$T_X = \tau\ln\frac{1 - me^{-\frac{T_{on}}{\tau}}}{1 - m} \tag{3-57}$$

当 $T_X < T_{off}$ 时，电路为电流断续工作状态，$T_X < T_{off}$ 是电流断续的条件，即

$$m < \frac{1 - e^{-\beta\rho}}{1 - e^{-\rho}} \tag{3-58}$$

根据式（3-58）可对电路的工作状态做出判断。

3.6.2 直流斩波调速电路

直流电动机往往需要正、反向运行，而且有电动和制动两种工作状态，这就需要四象限斩波变换电路为电动机供电。图 3-23 为四象限直流斩波调速电路。$VT_1 \sim VT_4$ 组成了全桥电路，又称 H 桥形电路；PA1 检测母线的电流大小和方向，PA2 检测电动机的电流大小和方向；电容 C 用来减小开关过程引起的电压波纹，压敏电阻 R_V 用来抑制电压尖峰。电动机的工作状态同供电方式和负载有关。

电动机正向电动状态运行时，变换器工作在第一象限，使 VT_4 导通，VT_2、VT_3 关断，根据转速要求对 VT_1 进行 PWM 调制，此时变换器等效为一个降压斩波电路，能量

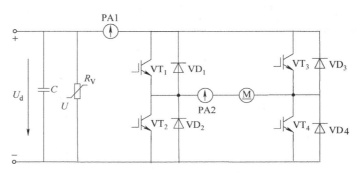

图 3-23 四象限直流斩波调速电路

由直流电源供向负载。

如果希望电动机运行于正向制动状态，可使 VT$_4$ 导通，VT$_1$、VT$_3$ 关断，变换器等效为一个升压斩波电路；调控 VT$_2$ 使电动机的反电动势升压变换得到一个略大于 U_d 的电压，使得电动机输出电流反向，电磁转矩反向，直流电动机运行在发电制动状态，电动机的能量回馈到电网，转速下降。

同理，VT$_2$ 导通，VT$_1$、VT$_4$ 关断，调控 VT$_3$，电动机可以运行在反向电动状态；VT$_2$ 导通，VT$_1$、VT$_3$ 关断，调控 VT$_4$，电动机可以运行在反向制动状态。

本 章 小 结

本章主要介绍了电力电子变流电路中的 DC-DC 变换，即直流斩波器，介绍了直接直流变流电路和间接直流变流电路，学习了六种基本斩波电路、两种复合斩波电路及多相多重斩波电路。其中，最基本的是降压斩波电路和升压斩波电路，对这两种电路的理解和掌握，是学习本章的关键和核心，也是学习其他斩波电路的基础。

习 题 和 思 考 题

1. 简述图 3-2a 降压斩波电路的工作原理。

2. 在图 3-2a 降压斩波电路中，已知 $U_d = 200V$，$R = 10\Omega$，L 值无穷大，$E_M = 30V$，$T_S = 50\mu s$，$T_{on} = 20\mu s$，计算输出电压平均值 U_0 及输出电流平均值 I_0。

3. 简述图 3-5a 升压斩波电路的工作原理。

4. 在图 3-5a 升压斩波电路中，已知 $U_d = 50V$，L 值和 C 值极大，$R = 20\Omega$，采用脉宽调制控制方式，当 $T_S = 40\mu s$、$T_{on} = 25\mu s$ 时，计算输出电压平均值 U_0 及输出电流平均值 I_0。

5. Boost 变换器为什么不宜在占空比 D 接近 1 的情况下工作？

6. 试分别简述升降压斩波电路和 Cuk 斩波电路的基本原理，并比较其异同点。

7. 多相多重斩波电路有哪些优点？

8. 全桥式和半桥式电路对驱动电路有什么要求？

实 践 题

1. 具有中间交流环节变压器隔离的半桥式、全桥式和推挽式 DC-AC-DC 变换器各有哪些优点？这些类型的电路适用于哪些场合？

2. 在日常生活中找到一件使用 DC-DC 变流技术的电气设备或家用电器，尝试用所学到的斩波电路知识来分析它的工作原理，并写出涉及的元器件的额定参数。

第4章
DC-AC变换——逆变器

本章主要介绍逆变电路的工作原理及控制技术。首先，介绍了逆变电路的分类、控制方式及换流方式；其次，介绍了单相逆变电路（电压型与电流型）的工作原理；在此基础之上，对逆变电路典型的控制方式——PWM控制技术进行详细的介绍，包括PWM技术的基本原理、调制法生成SPWM波形、规则采样法、SPWM跟踪控制技术及空间矢量PWM控制技术；接着介绍了三相逆变电路（电压型与电流型）的工作原理；最后，简要介绍了逆变电路的典型应用。

4.1 逆变电路概述

与整流相对应，逆变是指把直流电变成交流电的过程。当交流侧接电网时，即交流侧接有电源，称为有源逆变。当交流侧直接和负载连接时，称为无源逆变。在不加说明时，逆变电路一般多指无源逆变电路，本章主要针对无源逆变电路展开介绍。

逆变电路经常和变频的概念联系在一起。变频电路有AC-AC变频和AC-DC-AC变频两种形式。AC-DC-AC变频电路由AC-DC变换电路和DC-AC变换电路两部分组成，前一部分属整流电路，后一部分就是本章所要介绍的逆变电路。由于AC-DC-AC变频电路的整流电路部分常常采用最简单的二极管整流电路，因此AC-DC-AC变频电路的核心部分就是逆变电路。正因为如此，常把AC-DC-AC变频器称为逆变器。逆变电路的应用非常广泛，在已有的各种电源中，蓄电池、干电池、太阳能电池等都是直流电源，当需要这些电源向交流负载供电时，就需要逆变电路。另外，交流电动机调速用变频器、不间断电源、感应加热电源等电力电子装置使用非常广泛，其电路的核心部分都是逆变电路。

4.1.1 逆变电路的分类

逆变电路应用广泛，电路结构繁多，从不同角度出发有不同的分类方法。

1）依据直流电源的类型，逆变电路可分为电压型逆变电路和电流型逆变电路。图4-1a中的电容 C_d 很大，使逆变电路供电近似具有电压源特性。逆变电路将输入的直流电压逆变为交流电压输出，故称为电压源型逆变电路（Voltage Source Inverter，VSI）。图4-1b中的电感 L_d 很大，使逆变电路供电近似具有电流源特性，逆变电路将输入的直流电流逆变为交流电流输出，因此称为电流源型逆变电路（Current Source Inverter，CSI）。

实际应用中，绝大多数逆变器是电压源型，特别是在中小功率应用场合，几乎无一例外是电压源型。因为电容的储能密度远远大于电感，所以同样容量的电压源型逆变器体积、重量比电流源型小。其次，电流源型逆变器需要能承受反向电压的单向导

82

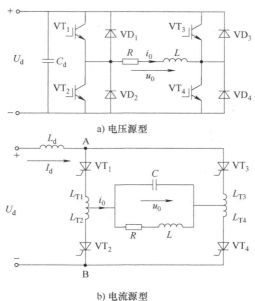

a) 电压源型

b) 电流源型

图 4-1　逆变电路

电开关器件，常用的全控型器件（如 IGBT、MOSFET）需要串联二极管才能满足要求，因此需要的器件数量多，通态电压降大。

2）依据输出交流电压的性质，逆变电路可分为正弦波逆变电路和方波逆变电路，以及变频变压逆变电路和高频脉冲电压（电流）逆变电路。

3）依据逆变电路的结构，逆变电路可分为单相半桥、单相全桥、推挽式、三相桥式逆变电路。

4）依据开关器件及其关断（换流）方式的不同，逆变电路可分为采用全控型开关的自关断换流逆变电路和采用晶闸管半控型开关的强迫关断（换流）晶闸管逆变电路。晶闸管逆变电路也可利用负载侧交流电源电压换流、负载反电动势换流或负载谐振换流。逆变电路的输出可以做成任意多相，不过实际应用中大都采用单相或三相。早期，中大功率逆变电路采用晶闸管开关器件，晶闸管一旦导通就不能自行关断，关断晶闸管需要设置强迫关断（换流）电路。强迫关断电路增加了逆变器的重量、体积和成本，同时降低了可靠性，也限制了开关频率。现今，绝大多数逆变电路都采用全控型电力半导体开关器件小功率 P-MOSFET，中等功率多用 IGBT，大功率以 IGCT、GTO 为主，故本章将只讨论全控型器件构成的逆变电路。

4.1.2　逆变电路的控制方式

1. 180°和120°导通型逆变电路

三相桥式电路六个开关在每个周期中各通断一次，因此也称为六脉波逆变电路或六逆变电路，其输出三相电压或电流波形为阶梯波。180°和120°导通型逆变电路开关的通断频率较低，常用于晶闸管为开关器件的逆变电路。因为晶闸管不能自关断，因此还需要辅助的关断电路，使逆变电

逆变电路的
控制方式

83

路的结构变得很复杂，并且输出阶梯波的低次谐波分量较大，目前已经使用不多。但是 180°和 120°导通的概念在 PWM 控制中还在使用，这是指在 180°或 120°区间里，开关器件按 PWM 控制。

2. 移相控制逆变电路

在阻感负载时，还可以采用移相的方式来调节逆变电路的输出电压，称为移相调压。移相调压实际上就是调节输出电压脉冲的宽度。

3. PWM 调制逆变电路

脉宽调制（PWM）逆变电路是目前使用和研究最多的逆变电路。通过脉冲宽度的控制，可以调节逆变电路的输出电压和电流，减少输出波形的谐波，或消除某些特定次谐波。脉宽调制的方法很多，主要有等宽脉冲调制、正弦脉宽调制和空间矢量脉宽调制等。

4.1.3 换流方式

电流从一个支路向另一个支路转移的过程称为换流，换流也常称为换相。在换流过程中，有的支路要从通态转移到断态，有的支路要从断态转移到通态。从断态向通态转移时，无论支路是由全控型还是半控型电力电子器件组成，只要给门极适当的驱动信号，就可以使其开通。但从通态向断态转移的情况就不同。全控型器件可以通过对门极的控制使其关断，而对于半控型器件的晶闸管来说，就不能通过对门极的控制使其关断，必须利用外部条件或采取其他措施才能使其关断。一般来说，要在晶闸管电流过零后再施加一定时间的反向电压，才能使其关断。因为使器件关断（主要是使晶闸管关断）要比使其开通复杂得多，因此，研究换流方式主要是研究如何使器件关断。

应该指出，换流并不是只在逆变电路中才有的概念，在前面介绍的 DC-DC 变换电路以及后面将要介绍的整流电路和 AC-AC 变换电路中都涉及换流问题。但在逆变电路中，换流及换流方式问题反映得最为全面和集中。

一般来说，换流方式可分为以下几种：

1. 器件换流

利用全控型器件的自关断能力进行换流称为器件换流（Device Commutation）。在采用 IGBT、电力 MOSFET、GTO、GTR 等全控型器件的电路中，其换流方式即为器件换流。

2. 电网换流

由电网提供换流电压称为电网换流（Line Commutation）。相控整流电路，无论其工作在整流状态还是有源逆变状态，都是借助于电网电压实现换流，都属于电网换流。三相交流调压电路和采用移相控制方式的交-交变频电路中的换流方式也都是电网换流。在换流时，只要把负的电网电压施加在欲关断的晶闸管上即可使其关断。这种换流方式不需要器件具有门极关断能力，也不需要为换流附加任何元器件，但是不适用于没有交流电网的无源逆变电路。

3. 负载换流

由负载提供换流电压称为负载换流（Load Commutation）。凡是负载电流的相位超前于负载电压的场合，都可以实现负载换流。当负载为电容性负载时，即可实现负载换流。另外，当负载为同步电动机时，由于可以控制励磁电流使负载呈容性，因而也可以实现负载换流。

图 4-2a 为基本的负载换流逆变电路，四个桥臂均由晶闸管组成。其负载为电阻、电感串联后再和电容并联，整个负载工作在接近并联谐振状态而略呈容性。在实际电路中，电容往往是为改善负载功率因数，使其略呈容性而接入的。由于在直流侧串联了一个很大的电感 L_d，因而在工作过程中可以认为 i_d 基本没有脉动。

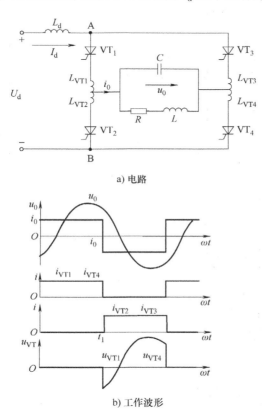

a) 电路

b) 工作波形

图 4-2　负载换流逆变电路及工作波形

图 4-2a 电路的工作波形如图 4-2b 所示。因为直流电流近似为恒值，四个桥臂开关的切换仅使电流流通路径改变，所以负载电流基本呈矩形波。因为负载工作在对基波电流接近并联谐振的状态，故对基波的阻抗很大而对谐波的阻抗很小，因此负载电压 u_0 的波形接近正弦波。设在 t_1 时刻前 VT_1、VT_4 为通态，VT_2、VT_3 为断态，u_0、i_0 均为正，VT_2、VT_3 上施加的电压即为 u_0。在 t_1 时刻触发 VT_2、VT_3 使其开通，负载电压 u_0 通过 VT_2、VT_3 分别加到 VT_4、VT_1 上，使其承受反向电压而关断，电流从 VT_1、VT_4 转移到 VT_2、VT_3，触发 VT_2、VT_3 的时刻 t_1 必须在 u_0 过零前并留有足够的裕量，才能使换流顺利完成。从 VT_2、VT_3 到 VT_4、VT_1 的换流过程和上述情况类似。

4. 强迫换流

通过设置附加的换流电路，给欲关断的晶闸管强迫施加反向电压或反向电流的换流方式称为强迫换流（Forced Commutation）。强迫换流通常利用附加电容上储存的能量来实现，因此也称为电容换流。

在强迫换流方式中，由换流电路内电容直接提供换流电压的方式称为直接耦合式强迫换流，如图 4-3 所示。在晶闸管 VT 处于通态时，预先给电容 C 按图中所示极性充电。合上开关 S，就可以使晶闸管被施加反向电压而关断。

如果通过换流电路内的电容和电感的耦合来提供换流电压或换流电流，则称为电感耦合式强迫换流。图 4-4a、b 是两种不同的电感耦合式强迫换流电路。图 4-4a 中晶闸管在 LC 振荡第一个半周期内关断，图 4-4b 中晶闸管在 LC 振荡第二个半周期内关断。因为在晶闸管导通期间，两图中电容充电的电压极性不同。在图 4-4a 中，接通开关 S 后，LC 振荡电流将反向流过晶闸管 VT，与 VT 的负载电流相减，直到 VT 的合成正向电流减至零后再流过二极管 VD。在图 4-4b 中，接通 S 后，LC 振荡电流先正向流过 VT 并和 VT 中原有负载电流叠加，经半个振荡周期 $\pi\sqrt{LC}$ 后，振荡电流反向流过 VT，直到 VT 的合成正向电流减至零后再流过二极管 VD。在这两种情况下，晶闸管都是在正向电流减至零且二极管开始流过电流时关断。二极管上的管压降就是加在晶闸管上的反向电压。

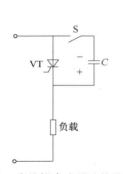

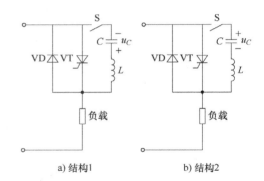

a) 结构1　　　　b) 结构2

图 4-3　直接耦合式强迫换流电路　　　　图 4-4　电感耦合式强迫换流电路

图 4-3 给晶闸管加上反向电压使其关断的换流又称为电压换流，图 4-4 使晶闸管电流减为零，然后通过反并联二极管使其加上反向电压的换流又称为电流换流。

上述四种换流方式中，器件换流只适用于全控型器件，其余三种换流方式主要是针对晶闸管而言。器件换流和强迫换流都是因为器件或变流器自身的原因而实现换流，二者都属于自换流；电网换流和负载换流不是依靠变流器内部的原因，而是借助于外部手段（电网电压或负载电压）实现换流，属于外部换流。采用自换流方式的逆变电路称为自换流逆变电路，采用外部换流方式的逆变电路称为外部换流逆变电路。

当电流不是从一个支路向另一个支路转移，而是在支路内部终止流通变为零，则称为熄灭。

4.2　单相逆变电路的工作原理

以图 4-5a 所示的单相桥式逆变电路为例说明单相逆变电路最基本的工作原理。图中 $S_1 \sim S_4$ 是桥式电路的四个桥臂，它们由电力电子器件及其辅助电路组成。当开关 S_1、

S_4 闭合，S_2、S_3 断开时，负载电压 u_0 为正；当开关 S_1、S_4 断开，S_2、S_3 闭合时，u_0 为负，其波形如图 4-5b 所示。这样，就把直流电变成了交流电，改变两组开关的切换频率，即可改变输出交流电的频率，这就是逆变电路最基本的工作原理。

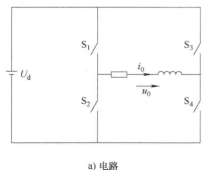
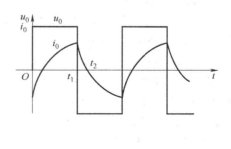

a) 电路   b) 波形图

图 4-5 单相桥式逆变电路及波形图

当负载为电阻时，负载电流 i_0 和电压 u_0 的波形形状相同，相位也相同。当负载为阻感负载时，i_0 的基波相位滞后于 u_0 的基波，两者波形的形状也不同，图 4-5b 给出的就是阻感负载时 i_0 的波形。设 t_1 时刻以前 S_1、S_4 导通，u_0 和 i_0 均为正。在 t_1 时刻断开 S_1、S_4，同时合上 S_2、S_3，则 u_0 的极性立刻变为负。但是，因为负载中有电感，其电流极性不能立刻改变而仍维持原方向。这时负载电流从直流电源负极流出，经 S_2、负载和 S_3 流回正极，负载电感中储存的能量向直流电源反馈，负载电流逐渐减小，到 t_2 时刻降为零，之后 i_0 才反向并逐渐增大。S_2、S_3 断开，S_1、S_4 闭合时的情况类似。上述为 $S_1 \sim S_4$ 均为理想开关时的分析，实际电路的工作过程要复杂一些。

4.2.1 电压源型单相逆变电路

逆变电路根据直流侧电源性质的不同可分为电压源型逆变电路和电流源型逆变电路。下面主要介绍各种电压源型逆变电路的基本构成、工作原理和特性。

图 4-6 是电压源型逆变电路的一个例子，它是图 4-5 电路的具体实现。电压源型逆变电路具有以下主要特点：

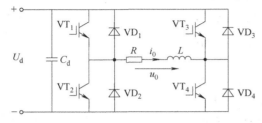

图 4-6 电压源型逆变电路举例（全桥逆变电路）

1）直流侧为电压源，或并联有大电容，相当于电压源。直流侧电压基本无脉动，直流回路呈现低阻抗。

2）由于直流电压源的钳位作用，交流侧输出电压波形为矩形波，并且与负载阻抗

87

角无关。而交流侧输出电流波形和相位因负载阻抗情况的不同而不同。

3）当交流侧为阻感负载时需要提供无功功率，直流侧电容起缓冲无功能量的作用。为了给交流侧向直流侧反馈的无功能量提供通道，各桥臂都并联了反馈二极管。

对上述有些特点的理解要在后面内容的学习中才能加深。下面分别就半桥电压源型逆变和全桥电压源型逆变电路进行讨论。

1. 电压源型单相半桥逆变电路

半桥逆变电路如图 4-7a 所示，它有两个桥臂，每个桥臂由一个可控器件和一个反并联二极管组成。在直流侧接有两个相互串联的足够大的电容，两个电容的连接点便成为直流电源的中点。负载连接在直流电源中点和两个桥臂连接点之间。

单相半桥电压
源型逆变电路及
其工作波形

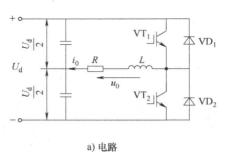

a) 电路　　　　　　　　b) 波形

图 4-7　电压源型单相半桥逆变电路及其波形

设开关器件 VT_1 和 VT_2 的栅极信号在一个周期内各有半周正偏、半周反偏，且二者互补。当负载为感性时，其波形如图 4-7b 所示。输出电压 u_0 为矩形波，其幅值为 $U_m = U_d/2$。输出电流 i_0 的波形随负载情况而异。设 t_2 时刻以前 VT_1 为通态、VT_2 为断态。t_2 时刻给 VT_1 关断信号、给 VT_2 开通信号，则 VT_1 关断，但感性负载中的电流 i_0 不能立即改变方向，于是 VD_2 导通续流。当 t_3 时刻 i_0 降为零时，VD_2 截止、VT_2 开通，i_0 开始反向。同样，在 t_4 时刻给 VT_2 关断信号，给 VT_1 开通信号后，VT_2 关断，VD_1 先导通续流，t_5 时刻 VT_1 才开通。各段时间内导通器件的名称标于图 4-7b 的下部。

当 VT_1 或 VT_2 为通态时，负载电流和电压同方向，直流侧向负载提供能量；而当 VD_1 或 VD_2 为通态时，负载电流和电压反向，负载电感中储存的能量向直流侧反馈，即负载电感将其吸收的无功能量反馈回直流侧。反馈回的能量暂时储存在直流侧电容中，直流侧电容起着缓冲这种无功能量的作用。因为二极管 VD_1、VD_2 是负载向直流侧反馈能量的通道，故称为反馈二极管；又因为 VD_1、VD_2 起着使负载电流连续的作用，因此又称为续流二极管。当可控器件是不具有门极关断能力的晶闸管时，必须附加强迫换流电路才能正常工作。

半桥逆变电路的优点是简单、使用器件少；缺点是输出交流电压的幅值 U_m 仅为 $U_d/2$，且直流侧需要两个电容串联，工作时还要控制两个电容电压的均衡。因此，半桥逆变电路常用于几千瓦以下的小功率逆变电源。

2. 电压源型单相全桥逆变电路（方波+移相控制）

电压源型全桥逆变电路见图 4-6，它共有四个桥臂，可以看成由两个半桥电路组合而成。把桥臂1和4作为一对、桥臂2和3作为另一对，成对的两个桥臂同时导通，两对交替各导通180°。其输出电压 u_0 的波形和图4-7b半桥电路 u_0 的波形形状相同，也是矩形波，但其幅值高出一倍，即 $U_m = U_d$。在直流电压和负载都相同的情况下，其输出电流 i_0 的波形也和图4-7b中 i_0 的波形形状相同，仅幅值增加一倍。图4-7a中的 VD_1、VT_1、VD_2、VT_2 相继导通的区间，分别对应于图4-6中的 VD_1 和 VD_4、VT_1 和 VT_4、VD_2 和 VD_3、VT_2 和 VT_3 相继导通的区间。关于无功能量的交换，对于半桥逆变电路的分析也完全适用于全桥逆变电路。

全桥逆变电路是单相逆变电路中应用最多的。下面对其电压波形进行定量分析。把幅值为 U_d 的矩形波 u_0 展开成傅里叶级数，可得

$$u_0 = \frac{4U_d}{\pi}\left(\sin\omega t + \frac{1}{3}\sin3\omega t + \frac{1}{5}\sin5\omega t + \cdots\right) \tag{4-1}$$

其中，基波幅值 U_{01m} 和基波有效值 U_{01} 分别为

$$U_{01m} = \frac{4U_d}{\pi} = 1.27U_d \tag{4-2}$$

$$U_{01} = \frac{2\sqrt{2}U_d}{\pi} = 0.9U_d \tag{4-3}$$

式（4-1）~式（4-3）对于半桥逆变电路也适用，只是其中的 U_d 要换成 $U_d/2$。

前面分析的都是 u_0 为正、负电压各为180°的脉冲时的情况。在这种情况下，要改变输出交流电压的有效值只能通过改变直流电压 U_d 来实现。

在阻感负载时，还可以采用移相调压的方式来调节逆变电路的输出电压。移相调压实际上就是调节输出电压脉冲的宽度。在图4-8a的单相全桥逆变电路中，各IGBT的栅极信号仍为180°正偏、180°反偏，并且 VT_1 和 VT_2 的栅极信号互补、VT_3 和 VT_4 的栅极信号互补，但 VT_3 的基极信号不是比 VT_1 落后180°，而是只落后 θ（$0° < \theta < 180°$）。也就是说，VT_3、VT_4 的栅极信号不是分别和 VT_2、VT_1 的栅极信号同相位，而是前移了 $180° - \theta$。这样，输出电压 u_0 就不再是正、负各为180°的脉冲，而是正、负各为 θ 的脉冲，各IGBT的栅极信号 $u_{G1} \sim u_{G4}$ 及输出电压 u_0、输出电流 i_0 的波形如图4-8b所示。下面对其工作过程进行具体分析。

设在 t_1 时刻前 VT_1 和 VT_4 导通，输出电压 u_0 为 U_d，t_1 时刻 VT_3 和 VT_4 栅极信号反向，VT_4 截止，而因负载电感中的电流 i_0 不能突变，VT_3 不能立刻导通，VD_3 导通续流。因为 VT_1 和 VD_3 同时导通，所以输出电压为零。到 t_2 时刻 VT_1 和 VT_2 栅极信号反向，VT_1 截止，而 VT_2 不能立刻导通，VD_2 导通续流，和 VD_3 构成电流通道，输出电压为 $-U_d$。到负载电流过零并开始反向时，VD_2 和 VD_3 截止，VT_2 和 VT_3 开始导通，u_0 仍为 $-U_d$。t_3 时刻 VT_3 和 VT_4 栅极信号再次反向，VT_3 截止，而 VT_4 不能立刻导通，VD_4 导通续流，u_0 再次为零。以后的过程和前面类似。这样，输出电压 u_0 的正、负脉冲宽度就各为 θ，改变 θ 就可以调节输出电压。

在纯电阻负载时，采用上述移相调压方式也可以得到相同的结果，只是 $VD_1 \sim VD_4$ 不再导通，不起续流作用。在 u_0 为零的期间，四个桥臂均不导通，负载也没有电流。

显然，上述移相调压方式并不适用于半桥逆变电路。不过在纯电阻负载时，仍可采用改变正、负脉冲宽度的方法来调节半桥逆变电路的输出电压。这时，上、下两桥

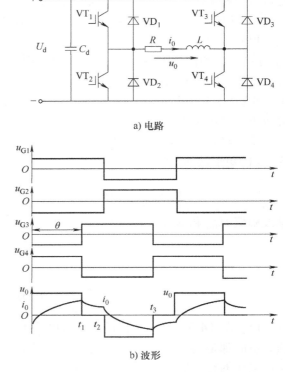

a) 电路

b) 波形

单相全桥逆变电路
的移相调压方式

图 4-8　单相全桥逆变电路的移相调压方式

臂的栅极信号不再是各 180°正偏、180°反偏并且互补，而是正偏的宽度为 θ、反偏的宽度为 180°$-\theta$，二者相位差为 180°。这时输出电压 u_0 也是正、负脉冲的宽度各为 θ。

4.2.2　电流源型单相逆变电路

图 4-9 是一种单相桥式电流源型逆变电路。电流源型逆变电路具有以下主要特点：

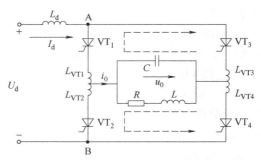

单相桥式电流源
型逆变电路

图 4-9　单相桥式电流源型逆变电路（并联谐振式）

1）直流侧串联大电感相当于电流源，直流侧电流基本无脉动，直流回路呈现高阻抗。

2）电路中开关器件的作用仅是改变直流电流的流通路径，因此交流侧输出电流为矩形波，与负载阻抗角无关，而交流侧输出电压波形和相位则因负载阻抗情况的不同而不同。

3）阻感负载时需提供无功功率。直流侧电感起缓冲无功能量的作用，因为反馈无功能量时直流电流并不反向，因此无须给开关器件反并联二极管。

电路由四个桥臂构成，每个桥臂的晶闸管各串联一个电抗器 L_{VT}。L_{VT} 用来限制晶闸管开通时的 di/dt，各桥臂的 L_{VT} 之间不存在互感。使桥臂1、4 和桥臂2、3 以 $1000\sim2500Hz$ 的中频轮流导通，就可以在负载上得到中频交流电。

图 4-9 电路采用负载换相方式工作，要求负载电流略超前于负载电压，即负载略呈容性。实际负载一般是电磁感应线圈，图中 R 和 L 串联即为电磁感应线圈的等效电路。因为功率因数很低，故并联补偿电容器 C。电容 C 和 L、R 构成并联谐振电路，故这种逆变电路也称并联谐振式逆变电路。负载换流方式要求负载电流超前于电压，因此补偿电容应使负载过补偿，使负载电路总体上工作在容性并略失谐的情况下。

因为是电流源型逆变电路，故其交流输出电流波形接近矩形波，其中包含基波和各奇次谐波，且谐波幅值远小于基波。因基波频率接近负载电路谐振频率，故负载电路对基波呈现高阻抗，而对谐波呈低阻抗，谐波在负载电路上产生的电压降很小，因此负载电压的波形接近正弦波。

图 4-10 为图 4-9 逆变电路的工作波形。在交流电流的一个周期内，有两个稳定导通阶段和两个换流阶段。

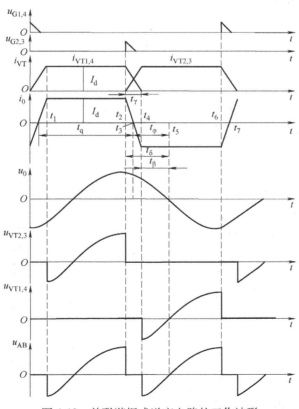

图 4-10　并联谐振式逆变电路的工作波形

$t_1 \sim t_2$ 之间为晶闸管 VT_1 和 VT_4 的稳定导通阶段，负载电流 $i_0 = I_d$，近似为恒值，t_2 时刻之前在电容 C 上，即负载上建立了左正、右负的电压。在 t_2 时刻触发晶闸管 VT_2 和 VT_3，因在 t_2 前 VT_2 和 VT_3 的阳极电压等于负载电压，为正值，故 VT_2 和 VT_3 导通，开始进入换流阶段。由于每个晶闸管都串联有换流电抗器 L_{VT}，故 VT_1 和 VT_4 在 t_2 时刻不能立刻关断，其电流有一个减小的过程。同样，VT_2 和 VT_3 的电流也有一个增大的过程。t_2 时刻后，四个晶闸管全部导通，负载电容电压经两个并联的放电回路同时放电。其中一个回路是经 L_{VT1}、VT_1、VT_3、L_{VT3} 回到电容 C；另一个回路是经 L_{VT2}、VT_2、VT_4、L_{VT4} 回到电容 C，如图 4-9 中虚线所示。在这个过程中，VT_1、VT_4 的电流逐渐减小，VT_2、VT_3 的电流逐渐增大。当 $t = t_4$ 时，VT_1、VT_4 电流减至零而关断，直流侧电流 I_d 全部从 VT_1、VT_4 转移到 VT_2、VT_3，换流阶段结束。$t_4 - t_2 = t_\gamma$ 称为换流时间。因为负载电流 $i_0 = i_{VT1} = i_{VT2}$，所以 i_0 在 t_3 时刻，即 $i_{VT1} = i_{VT2}$ 时刻过零，t_3 时刻大致位于 t_2 和 t_4 的中点。

晶闸管在电流减小到零后，尚需一段时间才能恢复正向阻断能力。因此，在 t_4 时刻换流结束后，还要使 VT_1、VT_4 承受一段反压时间 t_β 才能保证其可靠关断。$t_\beta = t_5 - t_4$ 应大于晶闸管的关断时间 t_q。如果 VT_1、VT_4 尚未恢复阻断能力就被加上正向电压，将会重新导通，使逆变失败。

为了保证可靠换流，应在负载电压 u_0 过零前 $t_\delta = t_5 - t_2$ 时刻去触发 VT_2、VT_3。t_δ 称为触发前时间，由图 4-10 可得

$$t_\delta = t_\gamma + t_\beta \tag{4-4}$$

由图 4-10 还可以看出，负载电流 i_0 超前于负载电压 u_0 的时间 t_φ 为

$$t_\varphi = \frac{t_\gamma}{2} + t_\beta \tag{4-5}$$

将 t_φ 表示为电角度 φ（弧度）可得

$$\varphi = \omega\left(\frac{t_\gamma}{2} + t_\beta\right) = \frac{\gamma}{2} + \beta \tag{4-6}$$

式中，ω 为电路工作的角频率；γ、β 分别是 t_γ、t_β 对应的电角度；φ 为负载的功率因数角。

图 4-10 中，$t_4 \sim t_6$ 之间是 VT_2、VT_3 的稳定导通阶段。t_6 以后又进入从 VT_2、VT_3 导通向 VT_1、VT_4 导通的换流阶段，其过程和前面的分析类似。

晶闸管的触发脉冲 $u_{G1} \sim u_{G4}$、晶闸管承受的电压 $u_{VT1} \sim u_{VT4}$ 以及 A、B 间的电压 u_{AB} 也都示于图 4-10 中。在换流过程中，上、下桥臂的 L_T 上的电压极性相反，如果不考虑晶闸管电压降，则 $u_{AB} = 0$。可以看出，u_{AB} 的脉动频率为交流输出电压频率的 2 倍。在 u_{AB} 为负的部分，逆变电路从直流电源吸收的能量为负，即补偿电容 C 的能量向直流电源反馈。这实际上反映了负载和直流电源之间无功能量的交换。在直流侧，L_d 起到缓冲这种无功能量的作用。

如果忽略换流过程，i_0 可近似看成矩形波，展开成傅里叶级数可得

$$i_0 = \frac{4I_d}{\pi}\left(\sin\omega t + \frac{1}{3}\sin 3\omega t + \frac{1}{5}\sin 5\omega t + \cdots\right) \tag{4-7}$$

基波电流有效值 I_{01} 为

$$I_{01} = \frac{4I_d}{\sqrt{2}\pi} = 0.9I_d \tag{4-8}$$

下面再来看负载电压有效值 U_0 和直流电压 U_d 的关系。如果忽略电抗器 L_d 的损耗，则 u_{AB} 的平均值应等于 U_d。再忽略晶闸管电压降，则由图 4-10 u_{AB} 的波形可得

$$
\begin{aligned}
U_d &= \frac{1}{\pi}\int_{-\beta}^{\pi-(\gamma+\beta)} u_{AB}\mathrm{d}\omega t \\
&= \frac{1}{\pi}\int_{-\beta}^{\pi-(\gamma+\beta)} \sqrt{2}U_0\sin\omega t\mathrm{d}\omega t \\
&= \frac{\sqrt{2}U_0}{\pi}\left[\cos(\beta+\gamma)+\cos\beta\right] \\
&= \frac{2\sqrt{2}U_0}{\pi}\cos\left(\beta+\frac{\gamma}{2}\right)\cos\frac{\gamma}{2}
\end{aligned}
\tag{4-9}
$$

一般情况下 γ 值较小，可近似认为 $\cos(\gamma/2) \approx 1$，再考虑到式（4-6）可得

$$U_d = \frac{2\sqrt{2}}{\pi}U_0\cos\varphi$$

或

$$U_0 = \frac{\pi U_d}{2\sqrt{2}\cos\varphi} = 1.11\frac{U_d}{\cos\varphi} \tag{4-10}$$

在上述讨论中，为简化分析，认为负载参数不变，逆变电路的工作频率也是固定的。

实际应用中，感应线圈的参数是随时间而变化的，固定的工作频率无法保证晶闸管的反压时间 t_β 大于关断时间 t_q，可能导致逆变失败。为了保证电路正常工作，必须使工作频率能适应负载的变化而自动调整。这种控制方式称为自励方式，即逆变电路的触发信号取自负载端，其工作频率受负载谐振频率的控制而比后者高一个适当的值。与自励方式相对应，固定工作频率的控制方式称为他励方式。自励方式存在着起动的问题，因为在系统未投入运行时，负载端没有输出，无法取出信号。解决这一问题的方法之一是先用他励方式，系统开始工作后再转入自励方式。另一种方法是附加预充电起动电路，即预先给电容器充电，起动时将电容能量释放到负载上，形成衰减振荡，检测出振荡信号实现自励。

4.3　PWM 控制技术

逆变电路在方波控制方式下输出的交流电压是只有正、负两种电平的方波，与理想正弦交流电波形相差很大，说明逆变后的交流电中含有大量的谐波成分，而谐波的存在会引起设备附加损耗增加、效率降低，易造成用电设备短路等故障，并且会严重影响电网的供电质量。在移相调压控制方式下，单相逆变电路输出矩形波，谐波成分更大；对于三相逆变电路，输出相电压波形呈阶梯式，波形中的高次谐波含量明显减少，初具正弦波的形态，但是谐波含量仍然不容忽视。那么有没有一种控制方式可以

让逆变电压的波形近似于正弦交流电的形式呢？答案是肯定的，这就是逆变电路的第三种控制方式——PWM 控制方式。

PWM（Pulse Width Modulation）控制技术，就是控制器件在开、关周期时间（T_S）一定时，改变器件的通（t_{on}）与断时间，即调制脉冲宽度（从 t_{on} 变为 t'_{on}），获得等效的所需要的波形形状和幅值的控制技术。如图 4-11 所示，PWM 调制后波形的幅值不变，但宽度发生了改变。

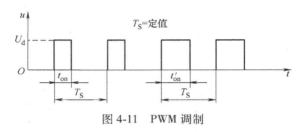

图 4-11　PWM 调制

4.3.1　PWM 控制的基本原理

1. PWM 技术的基本原理

在采样控制理论中有一个重要的结论：冲量相等而形状不同的窄脉冲加在具有惯性的环节上时，其效果基本相同。冲量即指窄脉冲的面积。这里所说的效果基本相同，是指环节的输出响应波形基本相同。如果把各输出波形用傅里叶变换分析，则其低频段非常接近，仅在高频段略有差异。如图 4-12 所示的三个窄脉冲形状不同，其中图 4-12a 为矩形脉冲，图 4-12b 为三角形脉冲，图 4-12c 为正弦半波脉冲，但它们的面积（即冲量）都等于 1，那么，当它们分别加在具有惯性的同一个环节上时，其输出响应基本相同。当窄脉冲变为图 4-12d 的单位脉冲函数 $\delta(t)$ 时，环节的响应即为该环节的脉冲过渡函数。

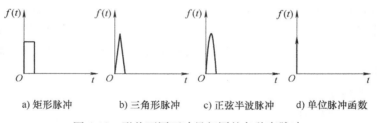

a) 矩形脉冲　　　b) 三角形脉冲　　　c) 正弦半波脉冲　　　d) 单位脉冲函数

图 4-12　形状不同而冲量相同的各种窄脉冲

图 4-13a 所示的电路是一个具体的例子。图中 $e(t)$ 电压为窄脉冲，其形状和面积分别如图 4-12a~d 所示，为电路的输入。该输入加在可以看成惯性环节的 RL 电路上，设其电流 $i(t)$ 为电路的输出。图 4-13b 给出了图 4-12a~d 输入对应的 $i(t)$ 的响应波形（直线 a~c、曲线 d）。从波形可以看出，在 $i(t)$ 的上升段，脉冲形状不同时 $i(t)$ 的形状也略有不同，但其下降段则几乎完全相同。脉冲越窄，各 $i(t)$ 波形的差异也越小。如果周期性地施加上述脉冲，则响应 $i(t)$ 也是周期性的。用傅里叶级数分解后将可以看出，各 $i(t)$ 在低频段的特性将非常接近，仅在高频段有所不同。

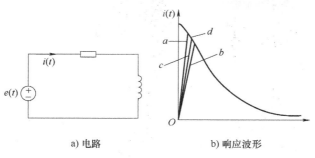

图 4-13　冲量相同的各种窄脉冲的响应波形

PWM 的基本原理为：通过控制逆变电路开关器件的通断，使输出端得到一系列幅值相等但宽度不一致的脉冲，用这些脉冲来代替正弦波或所需要的波形。按一定的规则对各脉冲的宽度进行调制，既可改变逆变电路输出电压的大小，也可改变输出频率。

将图 4-14 正弦半波分成 N 等份，就可以把正弦半波看成是由 N 个彼此相连的脉冲序列所组成的波形。这些脉冲宽度相等，但幅值不等，且脉冲顶部不是水平直线，而是曲线，各脉冲的幅值按正弦规律变化。如果把上述脉冲序列用相同数量的等幅而不等宽的矩形脉冲代替，使矩形脉冲的中点和相应正弦波部分的中点重合，且使矩形脉冲和相应的正弦波部分面积（冲量）相等，就得到如图 4-14 所示的脉冲序列，这就是 PWM 波形。

可以看出，各脉冲的幅值相等，而宽度按正弦规律变化。根据面积等效原理，PWM 波形和正弦半波是等效的。对于正弦波的负半周，也可以用同样的方法得到 PWM 波形，如图 4-15 所示。

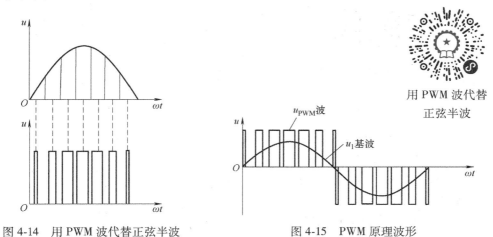

用 PWM 波代替正弦半波

图 4-14　用 PWM 波代替正弦半波　　　　图 4-15　PWM 原理波形

2. 正弦脉宽调制（SPWM）原理

若 PWM 波形宽度按正弦波规律变化，则称该波形为正弦脉宽调制（Sinusoidal PWM，SPWM）波。欲改变正弦波的有效值，只要改变 PWM 有序等幅不等宽脉冲列的宽度即可。

SPWM 波不仅有 PWM 电压波，还有 PWM 电流波。如电流源型逆变电路的直流侧是大电感电流源，对其进行 PWM 控制所得到的 PWM 波就是 SPWM 电流波。PWM 波形还可等效为直流波形。总之，PWM 波形可以等效成所需要的波形，包括非正弦交流波形等。所以 PWM 控制技术应用十分广泛。

PWM 波形可分为等幅 PWM 波和不等幅 PWM 波两种。由直流电源产生的 PWM 波通常是等幅 PWM 波。如直流斩波电路及本章主要介绍的 PWM 逆变电路，其 PWM 波都是由直流电源产生，由于直流电源电压幅值基本恒定，因此 PWM 波是等幅的。不管是等幅 PWM 波还是不等幅 PWM 波，都是基于面积等效原理来进行控制的，因此其本质是相同的。

4.3.2 调制法生成 SPWM 波形

SPWM 波形可分为单极性和双极性两种类型。单极性 SPWM 波是在正弦波任何半个周期内，波形始终为一个极性的 SPWM 波形。双极性 SPWM 波是在正弦波任何半个周期内，波形始终有正、负两种极性的 SPWM 波形。

生成 SPWM 波形的方法分为调制法和计算法。可由模拟电子电路和数字电子电路或专用集成电路芯片等硬件生成 SPWM 波形；也可以用微处理器，通过软件生成 SPWM 波形，如 DSP 内部就有专用 PWM 模块，可输出六路 PWM 波形。

只要给出正弦波半个周期的幅值和脉冲数，通过计算法就能计算出脉冲宽度和间隔时间，即可得到 SPWM 波形。但这种方法太烦琐，而且正弦波频率、幅值或相位发生变化时，计算结果就要发生变化。如果引用通信技术中"调制"的概念，以所期望的波形（这里是正弦波）作为调制波，以接收这个调制波的信号作为载波，利用二者的交点来确定 SPWM 各段波形的宽度与间隔，就可以得到与正弦波等效面积的 PWM 波形。这种方法称为调制法生成 SPWM 波形。

1. 单极性 SPWM 波形的生成

图 4-16 是采用 IGBT 作为开关器件的单相桥式 PWM 逆变电路。设负载为阻感负载，工作时 VT_1 和 VT_2 的通断状态互补，VT_3 和 VT_4 的通断状态也互补。具体的控制规律为：在输出电压 u_0 的正半周，使 VT_1 保持通态、VT_2 保持断态，VT_3 和 VT_4 交替通断。

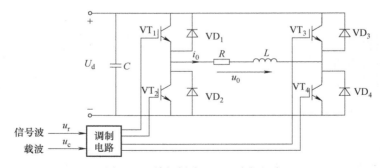

图 4-16 单相桥式 PWM 逆变电路

控制 VT_3 和 VT_4 通断的方法如图 4-17 所示。调制信号 u_r 为正弦波，载波 u_c 在 u_r 的正半周为正极性的三角波，在 u_r 的负半周为负极性的三角波。在 u_r 和 u_c 的交点时刻控制 IGBT 的通断。在 u_r 的正半周，VT_1 保持通态，VT_2 保持断态，当 $u_r > u_c$ 时 VT_4 导通、VT_3 关断，$u_0 = U_d$；当 $u_r < u_c$ 时，VT_4 关断、VT_3 导通，$u_0 = 0$。在 u_r 的负半周，VT_1 保持断态，VT_2 保持通态，当 $u_r < u_c$ 时，VT_3 导通、VT_4 关断，$u_0 = -U_d$；当 $u_r > u_c$ 时，VT_3 关断、VT_4 导通，$u_0 = 0$。这样，u_0 总可以得到 U_d 和零两种电平。同样，在 u_0 负半周，使 VT_2 保持通态、VT_1 保持断态，VT_3 和 VT_4 交替通断，负载电压 u_0 可以得到 $-U_d$ 和零两种电平。

这样，就得到了 SPWM 波形 u_0。图 4-17 中的虚线 u_{0f} 表示 u_0 中的基波分量。像这种在 u_r 的半个周期内三角波载波只在正极性或负极性一种极性范围内变化，所得到的 PWM 波形也只在单个极性范围变化的控制方式称为单极性 PWM 控制方式。

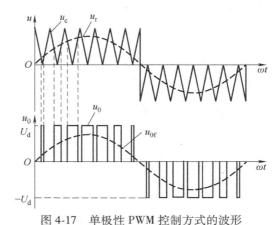

单极性 PWM 控制
方式波形

图 4-17　单极性 PWM 控制方式的波形

2. 双极性 SPWM 波形的生成

与单极性 PWM 控制方式相对应的是双极性控制方式。图 4-16 单相桥式 PWM 逆变电路在采用双极性控制方式时的波形如图 4-18 所示。采用双极性控制方式时，在 u_r 的半个周期内，三角波载波不再是单极性的，而是有正有负，所得的 PWM 波也是有正有负。在 u_r 的一个周期内，输出的 PWM 波只有 $\pm U_d$ 两种电平，而不像单极性控制时还有零电平。仍然在调制信号 u_r 和载波信号 u_c 的交点时刻控制各开关器件的通断。在 u_r 的正、负半周，对各开关器件的控制规律相同。即当 $u_r > u_c$ 时，给 VT_1 和 VT_4 导通信号、给 VT_2 和 VT_3 关断信号，这时如果 $i_0 > 0$，则 VT_1 和 VT_4 导通，如果 $i_0 < 0$，则 VD_1 和 VD_4 导通，不管哪种情况都是输出电压 $u_0 = U_d$。当 $u_r < u_c$ 时，给 VT_2 和 VT_3 导通信号、给 VT_1 和 VT_4 以关断信号，这时如果 $i_0 < 0$，则 VT_2 和 VT_3 导通，如果 $i_0 > 0$，则 VD_2 和 VD_3 导通，不管哪种情况都是输出电压 $u_0 = -U_d$。

可以看出，单相桥式逆变电路既可采取单极性调制，也可采取双极性调制，由于对开关器件通断控制规律的不同，它们的输出波形也有较大的差别。

3. 同步调制和异步调制

调制法是用正弦波来调制等腰三角形载波，从而获得一系列等幅不等宽的 PWM 矩形波，按照面积相等的原则，这样的 PWM 波形与期望的正弦波等效，即 4.3.1 节介绍的正弦脉宽调制（SPWM）。

双极性 PWM
控制方式波形

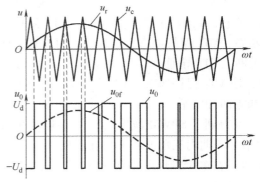

图 4-18　双极性 PWM 控制方式的波形

（1）同步调制和异步调制

在 SPWM 逆变器中，定义载波频率 f_c 与调制频率 f_r 之比为载波比 N，即

$$N = f_c / f_r \tag{4-11}$$

根据调制波与载波的频率之比是否固定，SPWM 控制方式可以分为同步调制和异步调制。

1）同步调制的载波比 N 为常数，变频时三角形载波的频率与正弦调制波的频率同比变化。

f_r 变化时载波比 N 不变，信号波一个周期内输出的脉冲数是固定的，脉冲相位也是固定的。在三相 PWM 逆变电路中，通常共用一个三角波载波，为了使三相输出波形严格对称以及单相 PWM 波正、负半周镜像对称，取 N 为 3 的整数倍且为奇数。当逆变电路输出频率很低时，同步调制时的 f_c 也很低，f_c 过低时由调制带来的谐波不易滤除，当负载为电动机时也会带来较大的转矩脉动和噪声；当逆变电路输出频率很高时，同步调制时的 f_c 会过高，使开关器件难以承受。

2）异步调制是在逆变器的整个变频范围内，$N \neq$ 常数，载波信号与调制信号不保持同比关系。

通常保持载波频率 f_c 固定不变，因而当信号波频率 f_r 变化时，载波比 N 是变化的。在信号波的半个周期内，PWM 波的脉冲个数不固定，相位也不固定，正、负半周期的脉冲不对称，半周期内前、后 1/4 周期的脉冲也不对称。当 f_r 较低时，N 较大，一周期内脉冲数较多，脉冲不对称产生的不利影响较小，PWM 波形接近正弦波。当 f_r 增高时，N 减小，一周期内的脉冲数减少，PWM 脉冲不对称的影响就变大，输出 PWM 波和正弦波的差异变大。对于三相 PWM 逆变电路来说，三相输出的对称性也变差。在采用异步调制方式时，希望采用较高的载波频率，以使在信号波频率较高时仍能保持较大的载波比。

图 4-19 为两种不同调制方式时变频器的输出电压波形。上行表示高频（$f_r = f_N$ 为额定频率）和高压输出，下行表示低频（$f_r = f_N/2$）和低压输出。图 4-19a 为同步调制方式，其三角波与正弦波频率之比为常数，即频率变化时逆变器输出电压半波内矩形脉冲数是固定不变的。可以看出，这种调制随着输出频率的降低，其相邻两脉冲间的

间距增大，谐波会显著增加，对电动机负载将产生转矩脉动和噪声等恶劣影响；图4-19b为异步调制方式，其整个变频范围内三角波频率恒定，因此低频时变频器输出电压半波内的矩形脉冲数增加，提高了低频时的载波比，这样可以减少负载电动机的转矩脉动与噪声，改善低频工作特性；但是由于载波比是变化的，势必使变频器输出电压波形中正、负半周脉冲数及其相位都发生变化，很难保持三相输出间的对称关系，因而会引起电动机工作的不平稳，甚至出现偶次谐波。

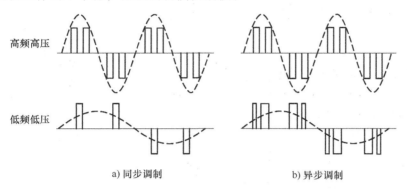

a) 同步调制   b) 异步调制

图4-19 同步调制和异步调制时变频器的输出电压波形

为了克服上述两种控制方式的不足，扬长避短，可将同步和异步两种调制方式结合起来，采用分段同步的调制方式，即在一定频率范围内，采用同步调制，保持输出波形对称的优点；当频率降低较多时，使载波比分段有级的增加，采纳异步调制的长处。具体地说，就是把变频器整个频率范围划分成若干频段，在每个频段内都维持载波比 N 恒定；对不同频段，则取不同的 N 值。各频段载波频率的变化范围基本一致，以满足功率开关器件对开关频率的限制。图4-20所示为分段同步调制时载波频率 f_c 与调制波频率 f_r 的关系曲线。

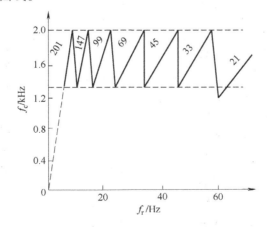

图4-20 分段同步调制时的 f_c 与 f_r 的关系曲线

（2）调制比的控制

在 SPWM 控制中，正弦调制波的幅值 u_{rm} 与三角载波的幅值 u_{cm} 之比称为调制度（或称幅值比） α，$\alpha = u_{rm}/u_{cm} < 1$。

u_{rm} 的大小决定 SPWM 控制的脉冲宽度,即功率器件导通时间。u_{rm} 越大,脉宽越宽,功率器件导通时间越长,变流装置输出正弦值越大。改变调制波的幅值 u_{rm} 的大小,可改变变流装置输出正弦值的大小。

SPWM 控制中,调制度 $\alpha \in (0 \sim 1)$。因为 u_{rm} 接近三角波载波幅值 u_{cm} 时,在三角波载波幅值附近的脉冲关断时间会很小,导致关断速度较慢的功率器件来不及关断,从而使相邻脉冲相连,失去控制,谐波增大。

4. PWM 逆变电路的谐波分析

PWM 逆变电路可以使输出电压、电流的波形接近正弦波,但由于使用载波对正弦信号波调制,也产生了和载波有关的谐波分量。这些谐波分量的频率和幅值是衡量 PWM 逆变电路性能的重要指标之一,因此有必要对 PWM 波形进行谐波分析。这里主要分析常用的双极性 SPWM 波形。

同步调制可以看成是异步调制的特殊情况,因此只分析异步调制方式即可。采用异步调制时,不同信号波周期的 PWM 波形是不相同的,因此无法直接以信号波周期为基准进行傅里叶分析。以载波周期为基础,再利用贝塞尔函数可以推导出 PWM 波的傅里叶级数表达式,但这种分析过程相当复杂,而其结论却是很简单而直观的。因此,这里只给出典型分析结果的频谱图,从中可以对其谐波分布情况有一个基本的认识。

图 4-21 给出了不同调制度 α 时,单相桥式 PWM 逆变电路在双极性调制方式下输出线电压的频谱图。其中所包含的谐波角频率为

$$n\omega_c \pm k\omega_r \tag{4-12}$$

式中,$n = 1,3,5,\cdots$ 时,$k = 0,2,4,\cdots$;$n = 2,4,6,\cdots$ 时,$k = 1,3,5,\cdots$。

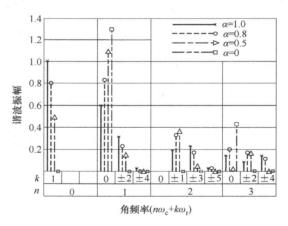

图 4-21 单相桥式 PWM 逆变电路在双极性调制方式下输出线电压的频谱图

可以看出,其 PWM 波中不含有低次谐波,只含有角频率为 ω_c 及其附近的谐波,以及 $2\omega_c$、$3\omega_c$ 等及其附近的谐波。在上述谐波中,幅值最高、影响最大的是角频率为 ω_c 的谐波分量。

三相桥式 PWM 逆变电路可以每相各有一个载波信号,也可以三相共用一个载波信号。这里只分析应用较多的共用载波信号时的情况。在其输出线电压中,所包含的谐波角频率为

$$n\omega_c \pm k\omega_r \qquad\qquad (4-13)$$

式中，$n = 1, 3, 5, \cdots$ 时，$k = 3(2m-1) \pm 1$，$m = 1, 2, \cdots$；$n = 2, 4, 6, \cdots$ 时，$k =$
$$\begin{cases} 6m+1 & m = 0, 1, \cdots \\ 6m-1 & m = 1, 2, \cdots \end{cases}。$$

图 4-22 给出了不同调制度 α 时，三相桥式 PWM 逆变电路输出线电压的频谱图。与图 4-21 单相电路时的情况相比较，共同点是都不含低次谐波，一个较显著的区别是载波角频率 ω_c 整数倍的谐波没有了，谐波中幅值较高的是 $\omega_c \pm 2\omega_r$ 和 $2\omega_c \pm \omega_r$。

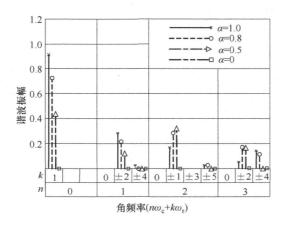

图 4-22　三相桥式 PWM 逆变电路输出线电压的频谱图

上述分析都是在理想条件下进行的。在实际电路中，由于采样时刻的误差以及为避免同一相上、下桥臂直通而设置的死区的影响，谐波的分布情况将更为复杂。一般来说，实际电路中的谐波含量比理想条件下要多一些，甚至还会出现少量的低次谐波。

从上述分析中可以看出，SPWM 波形中所含的谐波主要是角频率为 ω_c、$2\omega_c$ 及其附近的谐波。一般情况下 $\omega_c \gg \omega_r$，所以 PWM 波形中所含的主要谐波的频率要比基波频率高得多，是很容易滤除的。载波频率越高，SPWM 波形中的谐波频率就越高，所需滤波器的体积就越小。另外，一般的滤波器都有一定的带宽，如按载波频率设计滤波器，载波附近的谐波也可滤除。若滤波器设计为低通滤波器，且按载波角频率 ω_c 来设计，那么角频率为 $2\omega_c$、$3\omega_c$ 及其附近的谐波可同时被滤除。当调制信号波不是正弦波而是其他波形时，上述分析也有很大的参考价值。在这种情况下，对生成的 PWM 波形进行谐波分析后，可发现其谐波由两部分组成。一部分是对信号波本身进行谐波分析所得的结果，另一部分是由于信号波对载波的调制而产生的谐波。后者的谐波分布情况和前面对 SPWM 波所进行的谐波分析是一致的。

4.3.3　规则采样法

随着数字技术的迅速发展和计算机性能的提高，计算法以其方便、灵活的特点成为 PWM 常用的实现方法。采用计算法实现 PWM 波，按照每个载波周期内与调制波交点的采样方式，可以分为自然采样法和规则采样法。

自然采样法是最基本的采样方法，得到的 SPWM 波形也很接近正弦波。它是按照

SPWM 控制的基本原理，在正弦波和三角波的交点时刻控制功率开关器件的通断，但该方法需要求解复杂的超越方程，计算量大，难以实现实时控制，所以应用不多。

规则采样法是一种实时生成 PWM 波的方法。规则采样法是在自然采样法的基础上得出的。比起自然采样法，规则采样法的计算非常简单，计算量大大减少，而效果接近自然采样法，得到的 SPWM 波形仍然很接近正弦波，克服了自然采样法难以实现实时控制中的在线计算问题，因此在工程中广泛应用。

规则采样法如图 4-23 所示。图中，由三角载波负峰点时刻 t_e 向上作直线交于正弦调制波 E 点，再过 E 点作一水平直线分别交三角波载波于 A 点和 B 点，用 A 点的时刻 t_A 控制功率器件的开通，用 B 点时刻 t_B 控制功率器件的关断。由图 4-23 可知，AB 不是弧线，而是水平直线，且在正弦波两侧，由三角波载波负峰点作用可得脉宽时间 $t_2 = t_2' + t_2'' = 2t_2' = 2t_2''$，即 $t_2' = t_2''$，这是规则采样法的主要特征。

图 4-23　规则采样法生成 SPWM 波形

依相似直角三角形的关系可得脉宽时间为

$$t_2 = \frac{T_c}{2}(1 + M\sin\omega t_c) \qquad (4\text{-}14)$$

T_c 两边与脉宽时间 t_2 两边的间隙时间 t_3 与 t_1 也是相等的，且

$$t_1 = t_3 = \frac{1}{2}(T_c - t_2) \qquad (4\text{-}15)$$

规则采样法
生成 SPWM 波形

从上述分析可见，规律采样法计算量比自然采样法计算量少多了。

4.3.4　跟踪型 SPWM 控制技术

跟踪型 SPWM 不是用载波对正弦波进行调制，而是把希望输出的电流或电压作为给定信号，与实际电流或电压信号进行比较，由此来决定逆变电路功率开关器件的通断，使实际输出跟踪给定信号。

跟踪型 SPWM 逆变电路中，电流跟踪控制应用较多，称为电流滞环跟踪 SPWM。电流跟踪有许多类型，主要有电流滞环控制型和固定开关频率型。

图 4-24a 为采用滞环比较的电流控制原理框图。正弦给定电流 i_r 与实际电流检测信号 i_a 相比较，其偏差为 i_e。经过具有滞环特性的比较器，一路直接，一路倒相，产生互补信号去控制逆变电路上、下两个功率开关 S_1、S_2。当 $i_r > i_a$，且偏差达到 ΔI 时，S_1 导通、S_2 关断，电流增加；反之，S_1 关断、S_2 导通，电流减小。如此上、下两管反复导通、关断，迫使实际电流以锯齿状不断跟踪给定电流变化，并将偏差限制在允许范围内。与此同时，逆变器输出的电压为 SPWM 波，电流波形如图 4-24b 所示。图 4-24a 中 TA 为电流检测元件，它必须有很宽的通频带，如用高灵敏度的霍尔电流传感器。不

难看出，滞环的宽度 $2\Delta I$ 对跟踪性能有很大的影响。滞环环宽过宽，可降低开关频率和开关损耗，但跟踪误差增大；滞环环宽过窄，跟踪误差减小，但开关频率和开关损耗增加，会受到开关器件允许工作频率的限制。另外，滞环电流控制不能使输出电流幅值达到很低，因为当给定电流太低、处于滞环之内时，将失去调制作用。

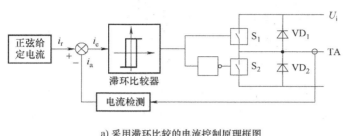

a) 采用滞环比较的电流控制原理框图

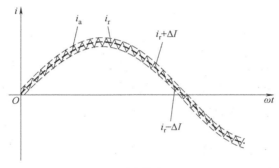

b) 跟踪电流波形

图 4-24　电流滞环控制型 SPWM 逆变器

图 4-25 为一种常用的固定开关频率型电流跟踪 SPWM 逆变器原理框图。它将给定正弦波电流信号 i_r 与实测电流信号 i_a 的误差，经电流控制器处理后，再与一个固定频率的三角波载波信号比较。本质上，经电流控制器处理后的电流误差信号 i_e' 就是正弦波调制信号，而三角波信号就是载波信号。因此，这种控制就称为正弦波/三角波异步控制。如果给定电流信号比实测电流信号大，误差信号为正，经过正弦波与三角波调制后，使上桥臂开关器件导通，实际电流增加；反之，则实际电流减小。

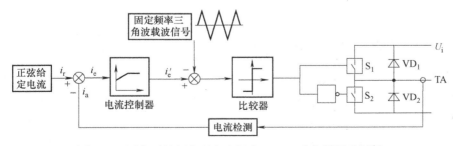

图 4-25　固定开关频率型电流跟踪 SPWM 逆变器原理框图

由以上分析可以看出，电流跟踪型 SPWM 实际上是一个电压源型 SPWM 逆变器加一个电流闭环构成的继电控制系统，它可以提供一个瞬时值电流可控的交流电源。用此电流源馈电给交流电动机,电动机定子电阻和漏抗的作用被消去,大大简化了交流电动机的控制且动态响应快,还可防止逆变器的过电流,很适合高性能的交流电动机调速系统和伺服系统。

总之,PWM控制是逆变器中的关键技术之一,而且仍是在不断深入研究的重要课题。

4.3.5 空间矢量PWM控制

1. 空间矢量的定义

交流电动机绕组的电压、电流、磁链等物理量都是随时间变化的,分析时常用时间相量来表示,但如果考虑到它们所在绕组的空间位置,也可以表示为如图4-26所示,定义为电压空间矢量 u_A、u_B、u_C。

1)定子电压空间矢量: u_A、u_B、u_C 的方向始终处于各相绕组的轴线上,而大小则随时间按正弦规律脉动,时间相位互相错开的角度也是120°。

2)合成电压空间矢量:由三相定子电压空间矢量相加合成的电压空间矢量 u_S 是一个旋转的空间矢量,它的幅值不变,为每相电压值的3/2倍。

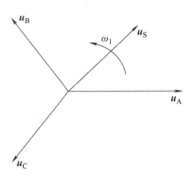

图4-26　电压空间矢量

2. 电压与磁链关系

电压空间矢量是按照电压所加在绕组的空间位置来定义的,三个相电压空间矢量相加所形成的一个合成电压空间矢量 $u = u_A + u_B + u_C$,同样也可以定义三相电流和磁链的空间矢量 I 和 ψ,因此有 $u = RI + d\psi/dt$。当电动机转速不是很低时,定子电阻 R 的电压降所占成分很小,可以忽略不计,则定子合成电压空间矢量与合成磁链空间矢量的近似关系为: $u = d\psi/dt$ 或 $\psi = \int u dt$。

又因为定子磁链旋转矢量可表示为: $\psi = \varphi e^{j\omega t}$,其中 φ 为磁链 ψ 的幅值,ω 为其旋转角速度,整理可得

$$u = \frac{d}{dt}(\varphi e^{j\omega t}) = j\omega e^{j\omega t} = \omega\varphi e^{\left(j\omega t + \frac{\pi}{2}\right)} \qquad (4-16)$$

式(4-16)说明,当磁链幅值 φ 一定时,u 的大小与 ω 成正比,或者说供电电压与频率 f 成正比,其方向是磁链圆轨迹的切线方向,如图4-27所示。当磁链空间矢量在空间旋转一周时,电压空间矢量也连续地按磁链圆的切线方向运动 2π 弧度,其运动轨迹与磁链圆重合。这样,电动机旋转磁场的形状问题就可以转化为电压空间矢量运动轨迹的形状问题来讨论。

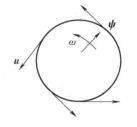

图4-27　旋转磁场与电压空间矢量的运动轨迹

3. 三相逆变电路SVPWM控制原理

图4-28是一个典型的三相电压源型PWM逆变器。利用这种逆变器功率开关管的开关状态和顺序组合以及开关时间的调整,以保证电压空间矢量圆形运动轨迹为目标,就可以产生谐波较少且直流电源电压利用率较高的输出。

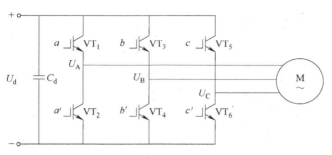

图 4-28 三相电压源型 PWM 逆变器

图 4-28 中，$VT_1 \sim VT_6$ 是六个功率开关管，a、b、c 分别代表 3 个桥臂的开关状态。规定：当上桥臂开关管为开通状态时（此时下桥臂开关管为关断状态），开关状态为 1；当下桥臂开关管为开通状态时（此时上桥臂开关管为关断状态），开关状态为 0。3 个桥臂只有 1 和 0 两种状态，因此 a、b、c 形成 000、001、010、011、100、101、110、111 共 8 种（$2^3 = 8$）开关模式。其中 000 和 111 开关模式使逆变器输出电压为零，所以这两种开关模式为零状态。当零矢量作用于电动机时不形成磁链矢量；而当非零矢量作用于电动机时，会在电动机中形成相应的磁链矢量。

开关变量矢量 $[a, b, c]^T$ 和相电压输出矢量 $[u_A, u_B, u_C]^T$ 之间的关系为

$$\begin{bmatrix} u_A \\ u_B \\ u_C \end{bmatrix} = \frac{1}{3} U_d \begin{bmatrix} 2 & -1 & -1 \\ -1 & 2 & -1 \\ -1 & -1 & 2 \end{bmatrix} \begin{bmatrix} a \\ b \\ c \end{bmatrix} \tag{4-17}$$

式中，U_d 为直流母线电压。为了计算方便，本电动机控制系统中需要用到的量是在两相静止坐标系下的，因此需要将其转换到 $\alpha\beta$ 坐标系中。根据 Clarke 变换原理与式（4-17），可得开关状态 a、b、c 相对应的相电压转换到 $\alpha\beta$ 坐标系中的分量，转换结果见表 4-1。

表 4-1 开关状态与相电压在 $\alpha\beta$ 坐标系中的分量的对应关系

a	b	c	$u_{s\alpha}$	$u_{s\beta}$	u	矢量符号
0	0	0	0	0	0	O_{000}
1	0	0	$\sqrt{2/3}\,U_{dc}$	0	$\sqrt{2/3}\,U_{dc}$	U_0
1	1	0	$\sqrt{1/6}\,U_{dc}$	$\sqrt{1/2}\,U_{dc}$	$\sqrt{2/3}\,U_{dc}\,e^{\pi j/3}$	U_{60}
0	1	0	$-\sqrt{1/6}\,U_{dc}$	$\sqrt{1/2}\,U_{dc}$	$\sqrt{2/3}\,U_{dc}\,e^{2\pi j/3}$	U_{120}
0	1	1	$-\sqrt{2/3}\,U_{dc}$	0	$-\sqrt{2/3}\,U_{dc}$	U_{180}
0	0	1	$-\sqrt{1/6}\,U_{dc}$	$-\sqrt{1/2}\,U_{dc}$	$\sqrt{2/3}\,U_{dc}\,e^{4\pi j/3}$	U_{240}
1	0	1	$\sqrt{1/6}\,U_{dc}$	$-\sqrt{1/2}\,U_{dc}$	$\sqrt{2/3}\,U_{dc}\,e^{5\pi j/3}$	U_{300}
1	1	1	0	0	0	O_{111}

根据表 4-1，得出的 8 个矢量就称为基本电压空间矢量。根据其相位角的特点将 8

个电压矢量分别命名为 O_{000}、U_0、U_{60}、U_{120}、U_{180}、U_{240}、U_{300}、O_{111}。图 4-29 给出了 8 个基本电压空间矢量在 $\alpha\beta$ 坐标系中的分布情况，其中 O_{000} 和 O_{111} 为零矢量，位于中心；其他 6 个非零矢量的幅值相同，皆为 $\sqrt{2/3}\,U_{dc}$，相邻的非零矢量间隔 60°。定义 U_0、U_{60} 之间为区间 Ⅰ，定义 U_{60}、U_{120} 之间为区间 Ⅱ，定义 U_{120}、U_{180} 的之间为区间 Ⅲ，定义 U_{180}、U_{240} 之间为区间 Ⅳ，定义 U_{240}、U_{300} 之间为区间 Ⅴ，定义 U_{300}、U_0 之间为区间 Ⅵ。

空间矢量 PWM（SVPWM）技术实质上就是通过适当的组合基本空间矢量的开关状态来近似输出的参考电压矢量 U_{out}。在一个 PWM 周期内，对于任意输出的参考电压矢量 U_{out}，都可以由 8 个基本电压矢量来合成。如图 4-29 所示，当电压空间矢量 U_{out} 在区间 Ⅰ 时，U_{out} 就可以由 U_0、U_{60} 来合成，它等于 T_1/T_{PWM} 倍的 U_0 和 T_2/T_{PWM} 倍的 U_{60} 的矢量和，其中 T_1 和 T_2 分别是 U_0 和 U_{60} 的作用时间。按照这种方式，在下一个 T_{PWM} 周期内，仍然使用 U_0 和 U_{60} 的线性时间组合，但作用的时间由 T_1 和 T_2 变为 T_1' 和 T_2'，

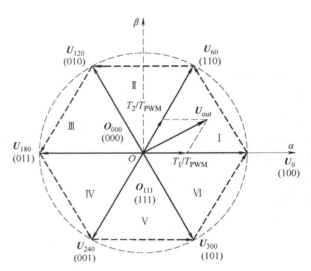

图 4-29　基本电压空间矢量图

它们必须保证所合成的新的空间电压矢量 U_{out}' 的幅值不变。这样，在每一个 T_{PWM} 周期内，改变相邻基本电压空间矢量的作用时间，并保证所合成的电压空间矢量的幅值都相等，当 T_{PWM} 足够小时，电压空间矢量的轨迹是一个近似的圆。因此，开关管的开关状态的线性组合可以合成平面上的任意电压空间矢量。

4. 三相逆变电路 SVPWM 算法实现

当绕组通以三相正弦对称电压时，电压空间矢量在复数平面上将以不变的长度恒速旋转，其运动轨迹是一个圆，即磁链圆，这一矢量的转速就是电动机的同步转速。反之，只要使得磁链电压空间矢量以不变的长度在复平面上恒速旋转，那么就可以确保产生这一磁链电压空间矢量的三相电压是正弦波而且是对称的。这个磁链电压空间矢量的模代表相电压的幅值，它的角速度代表正弦波的角频率。

图 4-30 为任意电压矢量的线性分解图，T_{PWM} 为 PWM 周期，T_1 和 T_2 分别为基本电压矢量 U_x 和 $U_{x+60°}$ 的作用时间，T_0 为矢量 O_{000} 和 O_{111} 的作用时间。则有

$$T_{PWM} = T_1 + T_2 + T_0 \qquad (4\text{-}18)$$

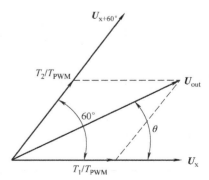

图 4-30　任意电压矢量的线性分解图

线性时间组合的电压空间矢量 U_{out} 是 $\dfrac{T_1}{T_{PWM}}$ 倍的 U_x 和 $\dfrac{T_2}{T_{PWM}}$ 倍的 $U_{x+60°}$ 的矢量和，即

$$U_{out} = \frac{T_1}{T_{PWM}}U_x + \frac{T_2}{T_{PWM}}U_{x+60°} \tag{4-19}$$

图 4-30 扇区的基本电压矢量可表示为

$$\begin{cases} U_x = \sqrt{\dfrac{2}{3}}\,U_{dc}\,e^{j\theta_i} \\[3mm] U_{x+60°} = \sqrt{\dfrac{2}{3}}\,U_{dc}\,e^{j(\theta_i+\pi/3)} \end{cases} \tag{4-20}$$

式中，$\theta_i = \dfrac{\pi}{3}(i-1)\,(i=1,\cdots,6)$。这里以 $i=0$ 时，也就是电压空间矢量 U_{out} 在区间 I 为例，计算相对应的扇区作用时间。由图 4-20，根据式（4-19）和式（4-20）可得

$$\begin{cases} \sqrt{\dfrac{2}{3}}\,U_{dc}T_1 + \sqrt{\dfrac{2}{3}}\,U_{dc}T_2\cos\dfrac{\pi}{3} = U_{out}T_{PWM}\cos\theta \\[3mm] \sqrt{\dfrac{2}{3}}\,U_{dc}T_2\sin\dfrac{\pi}{3} = U_{out}T_{PWM}\sin\theta \end{cases} \tag{4-21}$$

进一步整理得

$$\begin{cases} T_1 = \dfrac{\sqrt{2}\,U_{out}}{U_{dc}}T_{PWM}\sin\left(\dfrac{\pi}{3}-\theta\right) \\[3mm] T_2 = \dfrac{\sqrt{2}\,U_{out}}{U_{dc}}T_{PWM}\sin\theta \end{cases} \tag{4-22}$$

当逆变器单独输出零矢量时，电动机的定子磁链矢量不发生变化。

根据这个特点，在 T_{PWM} 期间插入零矢量作用的时间 T_0，使其满足式（4-18）。通过这种方法可以调整角频率 ω，从而达到变频的目的。但是在实际应用中，通常是得到给定电压矢量 U 在静止坐标系中的两个分量表示形式，即 $U = u_{s\alpha} + ju_{s\beta} = U_{out}\cos\theta + jU_{out}\sin\theta$，代入式（4-22）并化简得到基本电压空间矢量工作时间 T_1 和 T_2 的表达式为

$$\begin{cases} T_1 = \dfrac{\sqrt{2}\,U_{out}}{U_{dc}}T_{PWM}\sin\left(\dfrac{\pi}{3}-\theta\right) \\[3mm] T_2 = \dfrac{\sqrt{2}\,U_{out}}{U_{dc}}T_{PWM}\sin\theta \end{cases} \tag{4-23}$$

在计算 T_1 和 T_2 时引入三个通用变量 X、Y、Z，其表达式为

$$\begin{cases} X = \dfrac{\sqrt{2}}{U_{dc}}T_{PWM}u_{s\beta} \\[3mm] Y = \dfrac{\sqrt{2}}{U_{dc}}T_{PWM}\left(\dfrac{\sqrt{3}}{2}u_{s\alpha} + \dfrac{1}{2}u_{s\beta}\right) \\[3mm] Z = \dfrac{\sqrt{2}}{U_{dc}}T_{PWM}\left(-\dfrac{\sqrt{3}}{2}u_{s\alpha} + \dfrac{1}{2}u_{s\beta}\right) \end{cases} \tag{4-24}$$

则 U_{out} 扇区处于区间 I 时，有 $T_1 = -Z$，$T_2 = X$。由 $\theta_i = \dfrac{\pi}{3}(i-1)(i=1,\cdots,6)$，也就是当 U_{out} 处于不同的区间时，其相邻两个基本空间矢量作用的时间和不一样，可用上述方法求得其他五个扇区的作用时间，结合式（4-24）可得表 4-2。另外，还需要判断 T_1+T_2 是否大于 1，如果 $T_1+T_2>1$，则 $T_1 = T_1 T_{\text{PWM}}/(T_1+T_2)$，$T_2 = T_2 T_{\text{PWM}}/(T_1+T_2)$，如果 $T_1+T_2 \leqslant 1$，则 T_1、T_2 原样输出。

表 4-2　不同扇区相对应的作用时间

扇区号	I	II	III	IV	V	VI
T_1	$-Z$	Z	X	$-X$	$-Y$	Y
T_2	X	Y	Y	Z	$-Z$	$-X$

1）电压空间矢量所在的扇区的确定。基本电压空间矢量一共组成六个扇区（见图 4-29）。只有确定要实现的电压矢量位于哪个扇区，才能知道用哪一对相邻的基本电压空间矢量去合成它。先定义 A、B、C 三个变量为

$$\begin{cases} A = u_{s\beta} \\ B = \dfrac{\sqrt{3}}{2}u_{s\alpha} - \dfrac{1}{2}u_{s\beta} \\ C = -\dfrac{\sqrt{3}}{2}u_{s\alpha} + \dfrac{1}{2}u_{s\beta} \end{cases} \tag{4-25}$$

并设定如下规则：如果 $A>0$，则 $A=1$，否则 $A=0$；如果 $B>0$，则 $B=1$，否则 $B=0$；如果 $C>0$，则 $C=1$，否则 $C=0$。计算 N 值为

$$N = 4C + 2B + A \tag{4-26}$$

N 值与扇区号的对应关系见表 4-3。

表 4-3　N 值与扇区号的对应关系

N	1	2	3	4	5	6
扇区号	II	VI	I	IV	III	V

2）六路 PWM 波的开关切换时间。本书中 PWM 波形采用七段式电压空间矢量 PWM 波形。波形是由 3 段零矢量和 4 段相邻的两个非零矢量组成，3 段零矢量分别位于 PWM 波的开始、中间和结尾，组成对称的 PWM 波。图 4-31 为扇区 I 中的 PWM 波示意图及各电压矢量的作用时间。

设 PWM1、2 的开关切换时间为 T_{cm1}，PWM3、4 的开关切换时间为 T_{cm2}，PWM5、6 的开关切换时间为 T_{cm3}。在计算 PWM 波的开关切换时间时，令

$$\begin{cases} T_a = \dfrac{T_{\text{PWM}} - T_1 - T_2}{4} \\ T_b = T_a + \dfrac{T_1}{2} \\ T_c = T_b + \dfrac{T_2}{2} \end{cases} \tag{4-27}$$

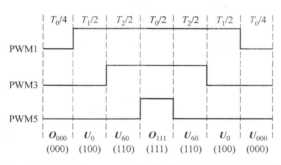

图 4-31　扇区 I 中的 PWM 波示意图及各电压矢量的作用时间

由图 4-31 可知，扇区 I 的电压空间矢量开关切换时间为：$T_{cm1} = T_a$，$T_{cm2} = T_b$，$T_{cm3} = T_c$。同理可整理出其他扇区 PWM 波的开关切换时间，见表 4-4。

表 4-4　不同扇区 PWM 波的开关切换时间

N	1	2	3	4	5	6
扇区号	II	VI	I	IV	III	V
T_{cm1}	T_b	T_a	T_a	T_c	T_c	T_b
T_{cm2}	T_a	T_c	T_b	T_b	T_a	T_c
T_{cm3}	T_c	T_b	T_c	T_a	T_b	T_a

4.4　三相逆变电路的工作原理

4.4.1　电压源型三相逆变电路

三相交流负载需要三相逆变器供电，可由三个单相逆变器构成三相逆变器。如图 4-32a 所示，每个单相逆变器可以是半桥式，也可以是全桥式电路。三个单相逆变器的开关管驱动信号之间互差 120°，三相输出电压 u_A、u_B、u_C 大小相等，基波互差 120°，构成一个对称的 3 相交流电源。通常变压器的二次绕组都接成星形以便消除负载端的 3 倍基波频率的谐波（$n = 3, 6, 9, \cdots$）。图 4-32b 中每相采用一个全桥式电路构成，需要的元器件比较多，适合用于高压大容量的场合。

图 4-33a 为应用非常广泛的三相桥式逆变电路。如果以直流电源中点 0 为参考电位，该电路可以看作是由三个单相半桥式逆变器组合而成的三相逆变器。同一桥臂的上、下两个开关管互补通、断。如 A 相桥臂上管 VT_1 导通时，下管 VT_4 截止；VT_4 导通时，VT_1 截止。当 $VT_1(VD_1)$ 导通时，节点 A 接于直流电源正端 P，$u_{AD} = U_d/2$；当 $VT_4(VD_4)$ 导通时，节点 A 接于直流电源负端 Q，$u_{AD} = -U_d/2$。同理，B 点和 C 点也是根据上、下管导通情况决定其电位。需要注意的是，图 4-33a 三相桥式逆变电路 A、B、C 各相的输出电压，只可能是 $\pm U_d/2$ 而不可能为电源中点 0 的电位，即输出相电压波形只能是两电平。如图 4-33b 所示，对每个桥臂按 180° 导电方式且相位互差 120° 进行驱动，则在任何时刻都有三个开关管同时导通，导通顺序为 $(1、2、3) \rightarrow (2、3、4) \rightarrow (3、4、5) \rightarrow (4、5、6) \rightarrow (5、6、1) \rightarrow (6、1、2) \cdots$，如此

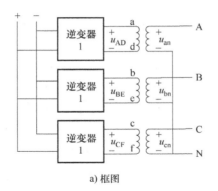

a) 框图

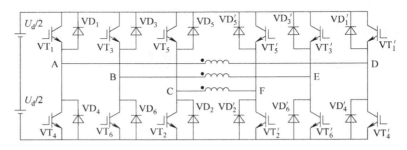

b) 电路图

图 4-32 三个单相逆变器构成的三相逆变器

循环。桥臂之间的线电压为

$$\begin{cases} u_{AB} = u_{A0} - u_{B0} \\ u_{BC} = u_{B0} - u_{C0} \\ u_{CA} = u_{C0} - u_{A0} \end{cases} \tag{4-28}$$

由式（4-28）可获得如图 4-33b 所示脉冲宽度为 120°、幅值为 U_d、彼此互差 120° 的输出线电压 u_{AB}、u_{CB}、u_{CA} 的波形。这种波形通常也称为 120°方波。

逆变器的三相负载可按星形或三角形联结。当负载为如图 4-33c 所示三角形联结时，负载相电压等于线电压，很容易求得相电流 $i_{AB} = u_{AB}/R$，也可以根据 $i_A = i_{AB} - i_{CA}$ 求出逆变器的输出电流。当负载为如图 4-33d 所示星形联结时，必须先求出负载的相电压 u_{AN}，才能求出逆变器输出电流 $i_A = u_A/R$。下面以电阻负载接成星形（图 4-33d）为例进行说明。

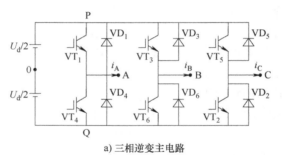

a) 三相逆变主电路

图 4-33 电压源型三相桥式逆变电路及其波形

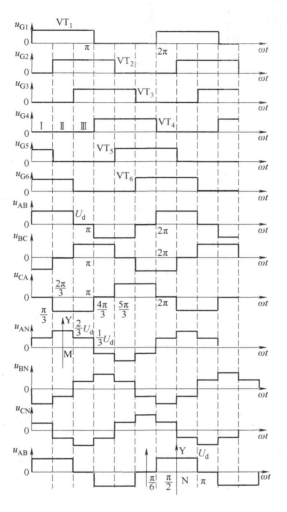

b) 180°导电波形

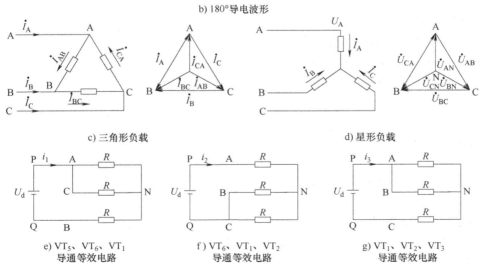

c) 三角形负载　　　　　　　　　　　　　d) 星形负载

e) VT₅、VT₆、VT₁
导通等效电路

f) VT₆、VT₁、VT₂
导通等效电路

g) VT₁、VT₂、VT₃
导通等效电路

图4-33　电压源型三相桥式逆变电路及其波形（续）

由图 4-33b 波形图可知，在输出半周内逆变器有以下三种工作模式（开关状态）：

1）模式 1：$0 \leqslant \omega t < \pi/3$ 期间，给 VT_5、VT_6、VT_1 施加驱动信号。三相桥式逆变器的 A、C 两点接正端 P，B 点接负端 Q。

由图 4-33e 可得，等效电路参数计算公式为

$$\begin{cases} R_E = R + \dfrac{R}{2} = \dfrac{3}{2}R \\[2mm] i_1 = \dfrac{U_d}{R_E} = \dfrac{2U_d}{3R} \\[2mm] u_{AN} = u_{CN} = U_d/3 \\[2mm] u_{BN} = -i_1 R = -2U_d/3 \end{cases} \tag{4-29}$$

2）模式 2：$\pi/3 \leqslant \omega t < 2\pi/3$ 期间，给 VT_6、VT_1、VT_2 施加驱动信号。A 点接正端 P，B、C 接负端 Q。由图 4-33f 可得，等效电路参数计算公式为

$$\begin{cases} R_E = R + \dfrac{R}{2} = \dfrac{3}{2}R \\[2mm] i_2 = \dfrac{U_d}{R_E} = \dfrac{2U_d}{3R} \\[2mm] u_{AN} = i_2 R = \dfrac{2U_d}{3} \\[2mm] u_{BN} = u_{CN} = \dfrac{-i_2 R}{2} = \dfrac{-U_d}{3} \end{cases} \tag{4-30}$$

3）模式 3：$2\pi/3 \leqslant \omega t < \pi$ 期间，给 VT_1、VT_2、VT_3 施加驱动信号。A、B 点接正端 P，C 点接负端 Q。由图 4-33g 可得，等效电路参数计算公式为

$$\begin{cases} R_E = R + \dfrac{R}{2} = \dfrac{3}{2}R \\[2mm] i_2 = \dfrac{U_d}{R_E} = \dfrac{2U_d}{3R} \\[2mm] u_{AN} = u_{BN} = \dfrac{i_3 R}{2} = \dfrac{2U_d}{3} \\[2mm] u_{CN} = i_3 R = \dfrac{-2U_d}{3} \end{cases} \tag{4-31}$$

根据上述分析，星形负载电阻上的相电压 u_{AN}、u_{BN}、u_{CN} 的波形是如图 4-33b 所示的阶梯波。如果时间坐标起点取在阶梯波的起点，利用傅里叶分析，可得图 4-33 中 A 相负载电压 u_{AN} 的瞬时值为

$$u_{AN} = \frac{2}{\pi} U_d \left(\sin\omega t + \frac{1}{5}\sin 5\omega t + \frac{1}{7}\sin 7\omega t + \frac{1}{11}\sin 11\omega t + \frac{1}{13}\sin 13\omega t - \cdots \right) \tag{4-32}$$

式（4-32）中无 3 次谐波，只含 5、7、11、13 次等高阶奇次谐波，n 次谐波幅值为基波幅值的 $1/n$。

如图 4-33b 所示，线电压为宽 120°、幅值为 U_d 的方波。如果线电压 u_{AB} 时间坐标的零点取在 N 点，纵坐标为 NY，则傅里叶分析结果为

$$u_{AB}=\frac{2\sqrt{3}}{\pi}U_d\left(\sin\omega t-\frac{1}{5}\sin5\omega t-\frac{1}{7}\sin7\omega t+\frac{1}{11}\sin11\omega t+\frac{1}{13}\sin13\omega t-\cdots\right) \tag{4-33}$$

线电压基波的幅值为

$$u_{1m}=\frac{2\sqrt{3}}{\pi}U_d=1.1U_d \tag{4-34}$$

线电压基波有效值为

$$u_1=\frac{\sqrt{6}}{\pi}U_d=0.78U_d \tag{4-35}$$

线电压中无 3 次谐波，仅有 5、7、11、13 次等奇次谐波，n 次谐波的幅值为基波幅值的 $1/n$。

4.4.2 电流源型三相逆变电路

图 4-34a 为电流源型三相桥式逆变电路，逆变器的供电电源是电流源（图中的电感 L_d 很大，使直流侧电源近似恒流，故称为电流源型逆变器），各桥臂的晶闸管和二极管串联（又称串联二极管式晶闸管逆变电路），主要用于中大功率交流电动机调速系统。图 4-34b 为图 4-34a 电路对应的工作波形图，电路基本工作方式为 120° 导电方式，即每个臂一周期内导电 120°，每时刻上、下桥臂组各有一个臂导通，为横向换流。

图 4-34a 电路中，各桥臂的晶闸管和二极管串联使用，各桥臂之间换流采用强迫换流方式，连接于各臂之间的电容 $C_1\sim C_6$ 即为换流电容。对于共阳极晶闸管，与导通晶闸管相连一端极性为正，另一端为负，不与导通晶闸管相连的电容器电压为零。共阴极晶闸管与共阳极晶闸管情况类似，只是电容器电压极性相反。例如，分析从 VT_1 向 VT_3 换流时，C_{13} 就是 C_3 与 C_5 串联后再与 C_1 并联的等效换流电容。设 $C_1\sim C_6$ 的电容量均为 C，则 $C_{13}=3C/2$。

下面以 VT_1 向 VT_3 换流的过程为例介绍电路的工作过程，各阶段电路如图 4-35 所示。

1）阶段一：换流前 VT_1 和 VT_2 导通，C_{13} 电压左正右负。换流过程可分为恒流放电和二极管换流两个阶段。

2）阶段二：恒流放电阶段。t_1 时刻触发 VT_3 导通，VT_1 被施以反向电压而关断。I_d 从 VT_1 换到 VT_3，C_{13} 通过 VD_1、U 相负载、W 相负载、VD_2、VT_2、直流电源和 VT_3 放电，放电电流恒为 I_d，故称为恒流放电阶段。u_{C13} 下降到零之前，VT_1 承受反向电压，反向电压时间大于 t_q 就能保证关断。

3）阶段三：二极管换流阶段。t_2 时刻 u_{C13} 降到零，之后 C_{13} 反向充电。忽略负载电阻电压降，则二极管 VD_3 导通，电流为 i_V，VD_1 电流为 $i_U=I_d-i_V$，VD_1 和 VD_3 同时通，进入二极管换流阶段。随着 C_{13} 的电压增高，充电电流渐小，i_V 渐大，t_3 时刻 i_U 减到零，$i_V=I_d$，VD_1 承受反向电压而关断，二极管换流阶段结束。

4）阶段四：t_3 以后，电路进入 VT_2、VT_3 稳定导通阶段。

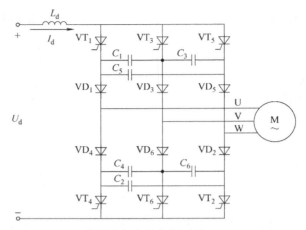

a) 电流源型三相桥式逆变电路

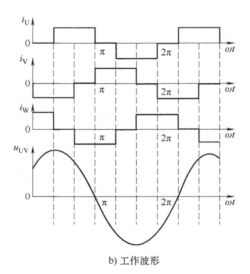

b) 工作波形

图 4-34　电流源型三相桥式逆变电路及其工作波形

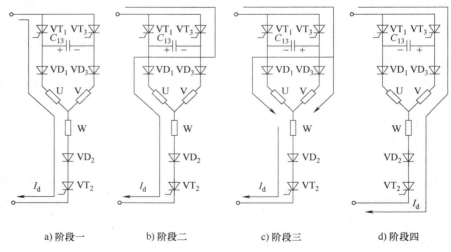

a) 阶段一　　　　b) 阶段二　　　　c) 阶段三　　　　d) 阶段四

图 4-35　VT_1 向 VT_3 换流过程电路

4.4.3 三相逆变电路 PWM 控制原理

前述电压源型三相逆变器每个开关器件在一个开关周期中通、断状态仅转换一次，输出线电压每半周中仅一个脉波电压（120°方波），负载星形联结时，负载相电压为阶梯波，逆变器输出电压中的基波仅取决于直流电压的大小而不能调节控制，最低谐波次数为 5 次且谐波含量大，这种情况相当于单相逆变器的单脉波脉宽为 120°导电方式。

对于三相逆变器，同样可以采用 SPWM 控制方式，如图 4-36a 所示。在输出电压的每一个周期中，各开关器件通、断转换多次，实现既可调节、控制输出电压的大小，又可消除低次谐波，改善输出电压波形。

图 4-36b 和图 4-36c 中三角形高频载波 u_c 幅值为 U_{cm}，频率为 f_c，三相调制参考信号 u_{ar}、u_{br}、u_{cr} 是三相对称的正弦波。u_{ar}、u_{br}、u_{cr} 与频率为 f_c、幅值为 U_{cm} 的双极性三角形载波电压相比较，按双极性自然采样 SPWM 规律产生驱动信号 u_{G1}、u_{G4}、u_{G3}、u_{G6}、u_{G5}、u_{G2}，控制六个全控型开关器件 VT_1、VT_4、VT_3、VT_6、VT_5、VT_2 的通、断状态，从而控制逆变器输出的三相交流相电压（各相输出端对直流电源中点 0 的电压）$u_{A0}(t)$、$u_{B0}(t)$、$u_{C0}(t)$ 的瞬时值。例如，当 $u_{ar} > u_c$ 时，$u_{G1} > 0$，$u_{G4} < 0$，VT_1 导通、VT_4 截止，图 4-36a 中 $u_{A0} = U_d/2$，为正脉波电压；当 $u_{ar} < u_c$ 时，$u_{G1} < 0$，$u_{G4} > 0$，VT_1 截止、VT_4 导通，$u_{A0} = -U_d/2$，为负脉波电压。因此逆变电路输出的相电压与驱动信号波形相同，如图 4-36c 所示。u_{A0} 是一个与驱动信号 u_{G1} 波形相同的双极性脉冲电压。同理可知，u_{B0} 和 u_{C0} 波形分别比 u_{A0} 滞后 120°和 240°。

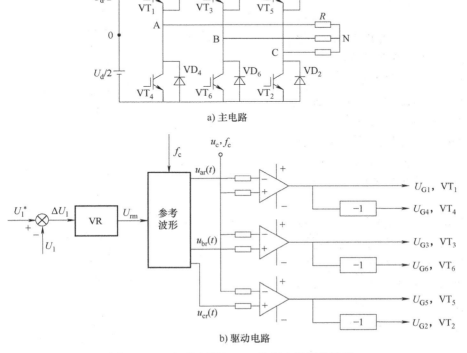

a) 主电路

b) 驱动电路

图 4-36 三相逆变器 SPWM 控制电路及其波形

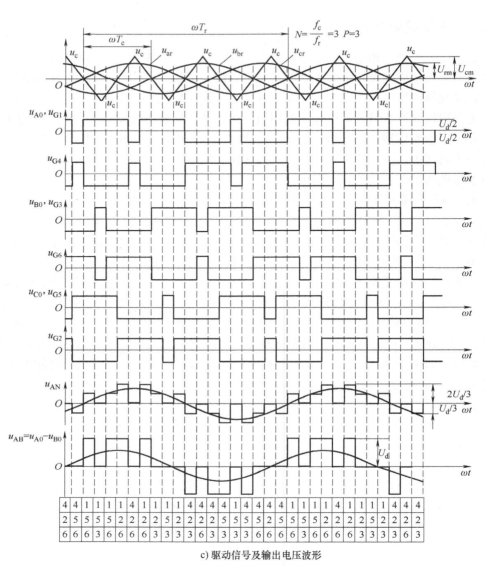

c) 驱动信号及输出电压波形

图 4-36 三相逆变器 SPWM 控制电路及其波形（续）

三相电压源型逆变电路任何时刻一个桥臂只有一个开关管（如 A 桥臂的 VT_1 或 VT_4）被驱动导通，上、下开关管驱动信号互补。因此，三相桥式电压源型逆变器任何时刻都有三个开关管同时被驱动导通，根据图 4-36c 六个驱动信号的波形可以列出三相逆变电路六个开关管中处于同时导通状态的三个开关管序号，如图 4-36c 中的数字表所示，由此可画出线电压波形。采用前文的分析方法，也可以求出负载星形联结时负载相电压 u_{AN} 的波形。至于 u_{BC}、u_{CA} 以及 u_{BN}、u_{CN} 只是分别比 u_{AB} 和 u_{AN} 滞后 120°、240°，波形相同。

根据 SPWM 控制的特性可知，输出相电压 u_{A0} 的基波幅值为

$$U_{A01m} = M \frac{1}{2} U_d \tag{4-36}$$

116

输出线电压 u_{AB} 的基波幅值为

$$U_{AB1m}=\sqrt{3}\,U_{A01m}=\frac{\sqrt{3}}{2}MU_d=0.866MU_d \tag{4-37}$$

输出线电压 u_{AB} 的基波有效值为

$$U_{AB}=\frac{1}{\sqrt{2}}U_{AB1m}=0.612MU_d \tag{4-38}$$

假设 A 相调制波为 $u_{ar}=\cos\omega_r t$，B 相调制波为 $u_{br}=\cos(\omega_r t-2\pi/3)$，C 相调制波为 $u_{cr}=\cos(\omega_r t+2\pi/3)$，各桥臂采用双极性自然采样 SPWM 控制，此时线电压 u_{ab} 的解析表达式为

$$u_{ab}(t)=\sqrt{3}\,U_d M\cos\left(\omega_r t+\frac{\pi}{6}\right)+$$

$$\frac{4U_d}{\pi}\sum_{m=1}^{\infty}\sum_{n=-\infty}^{\infty}\frac{1}{m}J_n\left(m\,\frac{\pi}{2}M\right)\sin\left[(m+n)\frac{\pi}{2}\right]\sin n\,\frac{\pi}{3}\cos\left[m\omega_c t+n\left(\omega_r t-\frac{\pi}{3}\right)+\frac{\pi}{2}\right] \tag{4-39}$$

式 (4-39) 表明：

1) 由 $\sin[(m+n)\pi/2]$ 项为零的条件可知，线电压奇次载波倍频（含载波频率）两侧仅含偶次边带谐波，而偶次载波倍频两侧仅含奇次边带谐波。

2) $n=0$ 时，$\sin n\pi/3=0$，所以线电压不含载波频率和载波倍频谐波。

3) 由于 $\sin n\pi/3$ 在 n 为 3 的倍数时为零，所以线电压在载波倍频（含载波频率）两侧的边带谐波中不再含有 3 倍频的边带谐波，即没有频率为 $mf_c\pm 3kf_r$（m、k 为正整数）的谐波。过去通常认为只有载波比 n 为 3 的奇数倍时才有这一特点，但事实上这一前提条件并非是必要的。需要特别指出的是，尽管线电压波形也是单极性，而且实现了脉冲数加倍，三相逆变器 SPWM 控制的线电压仅仅抵消了奇次载波频率处的谐波，并不能像单级倍频 SPWM 那样可以完全抵消奇次载波倍频两侧的边带谐波簇，所以其线电压最低次谐波频率仍然在载波频率 f_c 附近，而不像单极倍频 SPWM 那样在 $2f_c$ 附近。当 n 较大时，$(n-2)/f_r$ 是主要低次谐波。

由于直流电压变化、负载效应等外部扰动，输出电压会发生改变，图 4-36b 为引入逆变器输出基波电压反馈的闭环稳压控制系统。U_1^* 为输出基波电压的指令值，U_1 为输出基波电压的实测反馈值。电压偏差 $\Delta U_1=U_1^*-U_1$，经电压调节器（VR）输出正弦调制参考电压波的幅值以稳定输出电压。例如，当直流电压下降导致输出电压降低时，可通过反馈调节、提高 U_{rm} 来增加调制比 α，使输出电压最终稳定在指令要求的大小。

图 4-36b 所示的控制原理及驱动信号的形成既可由专用集成电路芯片硬件实现，也可采用通用微处理器或数字信号处理器实现。

4.5　逆变电路的典型应用

在电力电子变换和控制领域中，逆变电路的应用非常广泛，变频变压、变速传动的交流电动机，以及恒频恒压交流负载等都需要逆变器供电。很多直流电源变换系统中，如通信系统中广泛应用的直流开关电源（见第 3 章内容），其中间变换环节通常都

电力电子技术基础

用到高频逆变器。在风力发电、太阳能电池、燃料电池、超导磁体储能等新能源系统以及直流输电系统中，逆变器都是其中的重要环节。下面以光伏发电系统的关键环节光伏并网逆变器为例进行简要介绍。

太阳能光伏发电原理是利用太阳能电池的光生伏特效应，将太阳能辐射的能量直接通过硅电池板转变成电能的一种可再生发电系统。太阳能光伏发电系统一般由太阳能电池板阵列、充电蓄电池、逆变器和控制器等部分组成。

图 4-37 为一个典型的两级式无隔离变压器的电压源型光伏逆变器拓扑电路，太阳能电池板输出的额定直流电压为 60～140V，前级 DC-DC 斩波电路变换器需将此输入电压升至 400V 以上才能实现两级式无隔离变压器直接并网。Boost 斩波电路为升压直流环节，结构简单，因为输入电流是连续的，对电源电磁干扰影响相对较小，开关管发射极接地，驱动电路相对简单，是光伏并网系统最大功率点跟踪（MPPT）控制的理想选择。由于光伏最大功率点跟踪电压低于交流侧的峰值电压，因此 Boost 电路使光伏电池阵列配置比较灵活，可实现光伏发电系统较宽范围的电压输入，提高了光伏发电系统的经济性能。同时 Boost 升压斩波电路具有相对较高的效率，电路结构中的二极管具有防止电网侧能量反送给光伏阵列的作用，从而提高了光伏发电系统的整体工作效率。后级的 DC-AC 逆变器采用单相全桥式逆变电路，将 DC-Link 直流电转换成 220V/50Hz 正弦交流电，实现了并网输送功率。控制电路的核心芯片采用高精度数字信号处理器，处理速度快、精度高、能够在线实时监测。整个系统保证了并网逆变器输出的正弦电流与电网侧相电压同频同相。

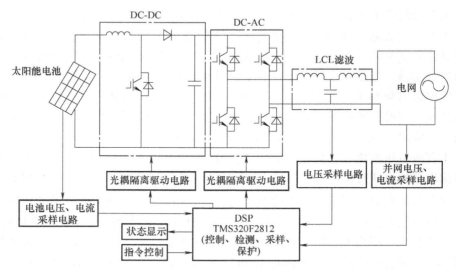

图 4-37 两级式无隔离变压器的电压源型光伏逆变器拓扑电路

本章小结

本章主要介绍逆变电路及其典型控制方式。逆变电路按照直流侧电源属性可分成电压源型逆变电路和电流源型逆变电路。电压源型逆变电路应用更为广泛，因此，本章主要介绍电压源型逆变电路的基本原理及控制方法。典型的控制方式包括180°方波控制、移相调压控制、PWM控制、PWM跟踪控制及SVPWM控制，详细分析了不同控制方式下电路的工作原理、输出波形及参数计算。

习题和思考题

1. 画出电压源型逆变电路的基本原理图并阐述其原理。

2. 无源逆变电路和有源逆变电路有何不同？

3. 换流方式有哪几种？各有什么特点？

4. 什么是电压源型逆变电路？什么是电流源型逆变电路？二者各有什么特点？

5. 电压源型逆变电路中反馈二极管的作用是什么？为什么电流源型逆变电路中没有反馈二极管？

6. 试说明PWM控制的基本原理。

7. 单极性和双极性PWM调制有什么区别？

8. 什么是异步调制？什么是同步调制？分段同步调制有什么优点？

9. 什么是SPWM波形的规则化采样法？与自然采样法比规则采样法有什么优点？

10. 绘制带控制信号的单相全桥式逆变电路，采用双极性SPWM控制，说明该控制方式下逆变电路如何工作？设载波比$n=8$，绘制一个调制信号波周期内的调制波与载波的波形以及输出PWM电压u_0的波形。

11. 同上题电路，采用单极性SPWM控制，说明该控制方式下逆变电路如何工作？设载波比$n=10$，绘制一个调制信号波周期内的调制波与载波的波形，以及输出PWM电压u_0的波形。

实 践 题

拆解一个荧光灯电子镇流器，分析其工作原理及特点，并查阅资料，了解节能灯与荧光灯的区别。

第5章

AC-DC变换——整流器

本章首先讨论了最基本、最常用的几种可控整流电路,分析和研究其工作原理、基本数量关系,以及负载性质对整流电路的影响,分析了变压器漏抗对整流电路的影响。然后介绍了整流电路的谐波和功率因数,详细讨论了对目前应用极其广泛的整流电路的有源逆变工作状态,介绍了整流电路相位控制的实现。PWM整流作为整流技术最新的研究领域之一,相比相控整流有很多优势,本章也进行了介绍。最后介绍了目前整流器的一些典型应用。

5.1 整流电路概述

整流电路(Rectifier)的作用是将交流电能变为直流电能供给直流用电设备。整流电路的主要分类方法有:按组成的器件可分为不可控、半控、全控三种;按电路结构可分为桥式电路和零式电路;按交流输入相数分为单相电路和多相电路;按变压器二次电流的方向是单向或双向,又分为单拍电路和双拍电路。

整流电路概述1

通过对晶闸管导通时刻的控制,即相位角或触发延迟角的控制,将交流电变换为大小可调的直流电的整流电路称为相位控制整流电路。由于晶闸管相位控制电路简单、控制方便、性能稳定、技术成熟,得到了广泛应用。如直流电动机调速、同步机励磁、电解电源、通信系统电源等。

整流电路概述2

学习整流电路的工作原理时,要根据电路中开关器件的通、断状态、交流电源电压波形和负载的性质,分析其输出电压、电路中各元器件的电压和电流波形。在重点掌握各种整流电路中波形分析方法的基础上,得到整流输出电压与移相触发延迟角之间的关系。

近些年来,我国在能源利用效率方面有了巨大提升,尽管如此,我国的能源利用效率仍然不高,单位GDP能耗远高于发达国家。另外,节能减排已成为一种国际趋势,我国正在加大推进各地节能减排工作的力度。而在各种变流电路中,整流电路消耗的电能占总发电量的比例最高,因此学习基于电力电子器件的整流电路具有很强的现实意义。

可控整流电路可分为基于晶闸管的相位控制(简称相控)整流电路和基于全控性器件的PWM控制整流电路。本章主要介绍相控整流电路。

5.2 单相整流电路

典型的单相可控整流电路主要包括单相半波可控整流电路、单相桥式整流电路、单相全波可控整流电路及单相桥式半控整流电路等。单相可控整流电路的交流侧接单相电源。本节介绍几种典型的单相可控整流电路，包括其工作原理、定量计算等，重点介绍不同负载对电路工作的影响。

在设计、安装、调试和维修晶闸管整流装置时，都需要掌握可控整流电路的工作原理、波形分析和参数计算等基本知识。在分析晶闸管整流电路的工作原理、波形时，常把晶闸管和整流二极管看成理想器件，即将导通时的正向管电压降和关断时的漏电流均忽略不计，且导通和关断都是瞬时完成的。

单相整流电路

5.2.1　单相半波可控整流电路

1. 电阻性负载的工作情况

电炉、白炽灯和电焊机等均属于电阻性负载。电阻性负载的特点是负载两端的电压波形和流过的电流波形相同、相位相同，电流可突变。

图5-1为单相半波可控整流（Single Phase Half Wave Controlled Rectifier）电路及带电阻负载时的工作波形。图5-1a电路由单相整流变压器 T、晶闸管 VT 和负载电阻 R 组成。变压器 T 起变换电压和隔离的作用，其一次电压和二次电压瞬时值分别用 u_1 和 u_2 表示，有效值分别用 U_1 和 U_2 表示，其中 U_2 的大小根据需要的直流输出电压 u_d 的平均值 U_d 确定。

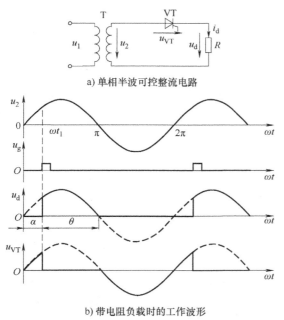

a) 单相半波可控整流电路

b) 带电阻负载时的工作波形

图5-1　单相半波可控整流电路及带电阻负载时的工作波形

单相半波可控
整流电路及波形

（1）工作原理

在晶闸管 VT 处于断态时，电路中无电流，负载电阻两端电压为零，u_2 全部施加于 VT 两端。如在 u_2 正半周 VT 承受正向阳极电压期间的 ωt_1 时刻给 VT 门极加触发脉冲，如图5-1b 中 u_g 波形所示，则 VT 开通。忽略晶闸管通态电压，则直流输出电压瞬时值 u_d

与 u_2 相等。至 $\omega t = \pi$ 即 u_2 降为零时，电路中电流亦降至零，VT 关断，之后 u_d、i_d 均为零。图 5-1b 分别给出了 u_d 和晶闸管两端电压 u_{VT} 的波形。i_d 的波形与 u_d 波形相同。

改变触发时刻，u_d 和 i_d 波形随之改变，直流输出电压 u_d 为极性不变但瞬时值变化的脉动直流，其波形只在 u_2 正半周内出现，故称半波整流。加之电路中采用了可控器件——晶闸管，且交流输入为单相，故该电路称为单相半波可控整流电路。整流电压 u_d 波形在一个电源周期中只脉动一次，故该电路为单脉波整流电路。

（2）数量关系

从晶闸管开始承受正向阳极电压起，到施加触发脉冲止的电角度称为触发延迟角，用 α 表示。晶闸管在一个电源周期中处于通态的电角度称为导通角，用 θ 表示，$\theta = \pi - \alpha$。直流输出电压平均值为

$$U_d = \frac{1}{2\pi} \int_{\alpha}^{\pi} \sqrt{2} U_2 \sin \omega t \, \mathrm{d}(\omega t) = \frac{\sqrt{2} U_2}{2\pi}(1 + \cos\alpha) = 0.45 U_2 \frac{1 + \cos\alpha}{2} \tag{5-1}$$

由式（5-1）可知，当 $\alpha = 0$ 时，整流输出电压平均值为最大，用 U_d 表示，$U_d = U_{d0} = 0.45 U_2$。随着 α 增大，U_d 减小，当 $\alpha = \pi$ 时，$U_d = 0$，电路中 VT 的 α 移相范围为 $0° \sim 180°$。可见，调节 α 即可控制 U_d 的大小。这种通过控制触发脉冲的相位来控制直流输出电压大小的方式称为相位控制方式，简称相控方式。

2. 阻感性负载的工作情况

在生产实践中，除了电阻性负载外，还经常遇到在一个负载中既有电阻又有电感的情况。当负载中的感抗 ωL 与电阻 R 的数值相比不可忽略时，这种负载称为阻感性负载。如电机的励磁绕组、整流电路串入的平波电抗器等，其电阻和电感是不可分割的整体。为了便于分析和计算，在电路图中将电阻负载和电感分开表示。

电感对电流变化有抗拒作用。流过电感器件的电流变化时，将在其两端产生感应电动势 $L \mathrm{d}i / \mathrm{d}t$。其极性是阻止电流变化的，当电流增加时，它的极性阻止电流增加；当电流减小时，它的极性阻止电流减小。这使得流过电感的电流不能发生突变，这是阻感性负载的特点，也是理解整流电路带阻感性负载工作情况的关键之一。

图 5-2 为带阻感性负载的单相半波可控整流电路及其波形。

当晶闸管 VT 处于断态时，电路中电流 $i_d = 0$，负载上电压为零，u_2 全部加在 VT 两端。在 ωt_1 时刻，即触发延迟角 α 处，触发 VT 使其开通，u_2 加于负载两端，因电感 L 的存在使 i_d 不能突变，i_d 从零开始增加，如图 5-2b 中的 i_d 波形所示，同时 L 的感应电动势试图阻止 i_d 增加。这时，交流电源一方面供给电阻 R 消耗的能量，另一方面供给电感 L 吸收的磁场能量。至 u_2 由正变负的过零点处，i_d 已经处于减小的过程中，但尚未降到零，因此 VT 仍处于通态。此后，L 中储存的能量逐渐释放，一方面供给电阻消耗的能量，另一方面供给变压器二次绕组吸收的能量，从而维持 i_d 流动。至 ωt_2 时刻，电感能量释放完毕，i_d 降至零，VT 关断并立即承受反向电压，如图 5-2b 中晶闸管 VT 两端的电压 u_{VT} 波形所示。由图 5-2b 中的 u_d 波形还可以看出，由于电感的存在延迟了 VT 的关断时刻，使 u_d 波形出现负的部分，与带电阻性负载时的工作情况相比，其平均值 U_d 下降。

当负载阻抗角 ϕ 或触发延迟角 α 不同时，晶闸管的导通角 θ 也不同。若 ϕ 为定值，

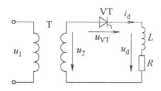

a) 带阻感性负载的单相半波可控整流电路

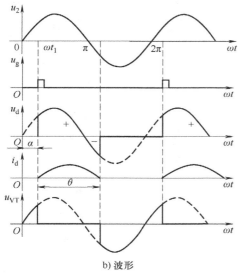

b) 波形

图 5-2 带阻感性负载的单相半波可控整流电路及其波形

阻感负载的单相半波
可控整流电路及其波形

α 越大，在 u_2 正半周电感 L 储能越少，维持导电的能力就越弱，θ 越小。若 α 为定值，ϕ 越大，则 L 储能越多，θ 越大，且 ϕ 越大，在 u_2 负半周 L 维持晶闸管导通的时间就越接近晶闸管在 u_2 正半周导通的时间，u_d 中负的部分越接近正的部分，平均值 U_d 越接近零，输出的直流电流平均值越小。

为解决上述矛盾，在整流电路的负载两端并联一个二极管，称为续流二极管，用 VD_R 表示，如图 5-3a 所示。图 5-3b 是该电路的典型工作波形。

与没有续流二极管时的情况相比，在 u_2 正半周时两者的工作情况一样。当 u_2 过零变负时，VD_R 导通，u_d 为零。此时为负的 u_2 通过 VD_R 向 VT 施加反向电压使其关断，L 储存的能量保证了电流 i_d 在 L—R—VD_R 回路中流通，此过程通常称为续流。若忽略二极管的通态电压，则在续流期间 u_d 为零，u_d 中不再出现负的部分，这与电阻负载时基本相同。但与电阻负载时相比，i_d 的波形是不一样的。若 L 足够大，$\omega L \gg R$，即负载为电感负载，在 VT 关断期间，VD_R 可持续导通，使 i_d 连续，且 i_d 波形接近一条水平线。在一个周期中，即 $\omega t = \alpha \sim \pi$ 期间，VT 导通，其导通角为 $\pi - \alpha$，i_d 流过 VT，晶闸管电流 i_{VT} 的波形如图 5-3 所示，其余时间 i_d 流过 VD_R，即续流二极管电流 i_{VD_R}，VD_R 的导通角为 $\pi + \alpha$。若近似认为 i_d 为一条水平线，恒为 I_d，则流过晶闸管的电流平均值 I_{dVT} 和有效值 I_{VT} 分别为

$$I_{dVT} = \frac{\pi - \alpha}{2\pi} I_d \qquad (5\text{-}2)$$

123

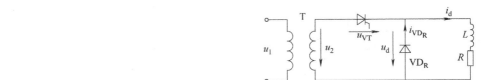

a) 带阻感和续流二极管负载的单相半波可控整流电路

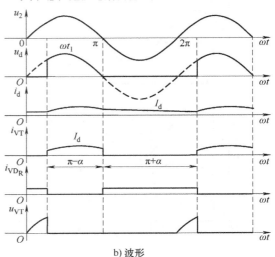

b) 波形

带阻感和续流二极管
负载的单相半波可控
整流电路及其波形

图 5-3 带阻感和续流二极管负载的单相半波可控整流电路及其波形

$$I_{VT} = \sqrt{\frac{1}{2\pi}\int_{\alpha}^{\pi} I_d^2 d(\omega t)} = \sqrt{\frac{\pi-\alpha}{2\pi}} I_d \tag{5-3}$$

从图 5-3b 波形可以看出，晶闸管在一个周期中，导通时间为从 α 到 π，导通的电角度就是 $\pi-\alpha$，$\dfrac{\pi-\alpha}{2\pi}$ 就是晶闸管在一个周期内的占空比。因此，当 I_d 为一条直线时，流过晶闸管的电流平均值就等于其占空比，即 $\dfrac{\pi-\alpha}{2\pi} I_d$，有效值为 $\sqrt{\dfrac{\pi-\alpha}{2\pi}} I_d$。类似的，续流二极管的导通时间为从 π 到 $2\pi+\alpha$，导通的电角度就是 $\pi+\alpha$，其占空比为 $(\pi+\alpha)/(2\pi)$，因此，续流二极管的电流平均值 I_{dVD_R} 和有效值 I_{VD_R} 分别为

$$I_{dVD_R} = \frac{\pi+\alpha}{2\pi} I_d \tag{5-4}$$

$$I_{VD_R} = \sqrt{\frac{1}{2\pi}\int_{\pi}^{2\pi+\alpha} I_d^2 d(\omega t)} = \sqrt{\frac{\pi+\alpha}{2\pi}} I_d \tag{5-5}$$

晶闸管两端的电压波形 u_{VT} 如图 5-3 所示，其移相范围为 $0° \sim 180°$，其承受的最大正反向电压均为 u_2 的峰值即 $\sqrt{2} U_2$。续流二极管承受的电压为 $-u_d$，其最大反向电压为 $\sqrt{2} U_2$，亦为 u_2 的峰值。

例 5-1 单相半波可控整流电路中，电阻性负载接交流电源 220V，要求输出的直流平均电压为 50V，最大输出直流平均电流为 20A，计算晶闸管的触发延迟角 α、电流有

效值 I_2 及电路的功率因数，并选择晶闸管。

解：

1）计算触发延迟角 α。由式（5-1）可得

$$\cos\alpha = \frac{2U_d}{0.45U_2} - 1 = \frac{2\times50V}{0.45\times220V} - 1 \approx 0$$

所以
$$\alpha = 90°$$

2）计算电流有效值 I_2、功率因数 $\cos\varphi$。

查表可得，当 $\alpha = 90°$ 时，$I_2/I_d = 2.22$，则

$$I_2 = 2.22I_d = 2.22\times20A = 44.4A$$

$$\cos\varphi = \frac{P}{S} = \frac{I_2^2 R_d}{I_2 U_2} = \frac{I_2 R_d}{U_2} = \frac{(44.4\times50/20)V}{220V} = 0.505$$

3）选择晶闸管。

① 额定通态平均电流 $I_{T(AV)}$ 的选择。

因
$$I_{T(AV)} = (1.5\sim2)I_T/1.57$$

而
$$I_T = I_2 = 44.4A$$

所以
$$I_{T(AV)} = [(1.5\sim2)\times44.4/1.57]A = (42.4\sim56.56)A$$

实选
$$I_{T(AV)} = 50A$$

② 额定电压 U_N 的选择。

因
$$U_N = (2\sim3)U_{RRM}$$

又因为
$$U_{RRM} = \sqrt{2}U_2 = \sqrt{2}\times220V = 310V$$

所以
$$U_N = (2\sim3)\times310V = (620\sim930)V$$

实取
$$U_N = 700V$$

故选用 KP50-7 型晶闸管。

单相半波可控整流电路的特点是简单，但输出脉动大，变压器二次电流中含直流分量，造成变压器铁心直流磁化。为使变压器铁心不饱和，需增大铁心截面积，从而增大了设备的容量，因此实际上很少应用此种电路。分析该电路的主要目的在于利用其简单易学的特点，建立起整流电路的基本概念。

5.2.2　单相桥式全控整流电路

单相整流电路中应用较多的是单相桥式全控整流（Single Phase Bridge Controlled Rectifier）电路。

1. 带电阻负载的工作情况

带电阻负载的单相桥式全控整流电路如图 5-4a 所示。晶闸管 VT_1 和 VT_4 组成一对桥臂，VT_2 和 VT_3 组成另一对桥臂。在 u_2 正半周（即 a 点电位高于 b 点电位），若四个晶闸管均不导通，负载电流 i_d 为零，u_d 也为零，VT_1、VT_4 串联承受电压 u_2，设 VT_1 和 VT_4 的漏电阻相等，则两个晶闸管各承受电压 u_2 的一半。若在触发延迟角 α 处给 VT_1 和 VT_4 加触发脉冲，VT_1 和 VT_4 即导通，电流从电源 a 端经 VT_1、R、VT_4 流回电源 b 端。当 u_2 过零时，流经晶闸管的电流也降到零，VT_1 和 VT_4 关断。

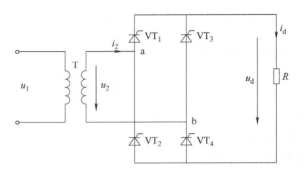

a) 带电阻负载的单相桥式全控整流电路

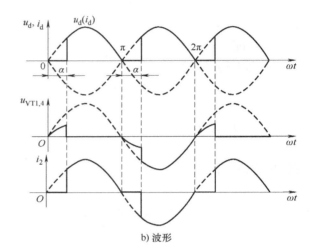

b) 波形

带电阻负载的
单相桥式全控
整流电路及其波形

图 5-4　带电阻负载的单相桥式全控整流电路及其波形

在 u_2 负半周，仍在触发延迟角 α 处触发 VT_2 和 VT_3（VT_2 和 VT_3 的 $\alpha = 0°$ 处为 $\omega t = \pi$），VT_2 和 VT_3 导通，电流从电源 b 端流出，经 VT_3、R、VT_2 流回电源 a 端。至 u_2 过零时，电流又降为零，VT_2 和 VT_3 关断。此后又是 VT_1 和 VT_4 导通，如此循环地工作下去，整流电压 u_d 和晶闸管 VT_1、VT_4 两端的电压波形分别如图 5-4b 中的 u_d 和 $u_{VT1,4}$ 波形所示。晶闸管承受的最大正向电压和反向电压分别为 $\frac{\sqrt{2}}{2}U_2$ 和 $\sqrt{2}U_2$。

由于在交流电源的正、负半周都有整流输出电流流过负载，故该电路为全波整流。在 u_2 的一个周期内，整流电压波形脉动 2 次，脉动次数多于半波整流电路，该电路属于双脉波整流电路。变压器二次绕组中，正、负两个半周电流方向相反且波形对称，平均值为零，即直流分量为零，如图 5-4b 中的 i_2 波形所示，不存在变压器直流磁化问题，变压器绕组的利用率也高。

整流电压平均值为

$$U_d = \frac{1}{\pi}\int_{\alpha}^{\pi}\sqrt{2}\,U_2\sin\omega t\,\mathrm{d}(\omega t) = \frac{2\sqrt{2}\,U_2}{\pi}\frac{1+\cos\alpha}{2} = 0.9U_2\frac{1+\cos\alpha}{2} \tag{5-6}$$

当 $\alpha = 0°$ 时，$U_d = U_{d0} = 0.9U_2$；当 $\alpha = 180°$ 时，$U_d = 0$。晶闸管的移相范围为

$0°\sim 180°$。

向负载输出的直流电流平均值为

$$I_d = \frac{U_d}{R} = \frac{2\sqrt{2}\,U_2}{\pi R}\cdot\frac{1+\cos\alpha}{2} = 0.9\frac{U_2}{R}\cdot\frac{1+\cos\alpha}{2} \tag{5-7}$$

晶闸管 VT_1、VT_4 和 VT_2、VT_3 轮流导电，流过晶闸管的电流平均值只有输出直流电流平均值的一半，即

$$I_{dVT} = \frac{1}{2}I_d = 0.45\frac{U_2}{R}\cdot\frac{1+\cos\alpha}{2} \tag{5-8}$$

为选择晶闸管、变压器容量、导线截面积等定额，需考虑发热问题，因此需计算电流有效值。流过晶闸管的电流有效值为

$$I_{VT} = \sqrt{\frac{1}{2\pi}\int_{\alpha}^{\pi}\left(\frac{\sqrt{2}\,U_2}{R}\sin\omega t\right)^2 d(\omega t)} = \frac{U_2}{\sqrt{2}\,R}\sqrt{\frac{1}{2\pi}\sin 2\alpha + \frac{\pi-\alpha}{\pi}} \tag{5-9}$$

变压器二次电流有效值 I_2 与输出直流电流有效值 I 相等，即

$$I = I_2 = \sqrt{\frac{1}{\pi}\int_{\alpha}^{\pi}\left(\frac{\sqrt{2}\,U_2}{R}\sin\omega t\right)^2 d(\omega t)} = \frac{U_2}{R}\sqrt{\frac{1}{2\pi}\sin 2\alpha + \frac{\pi-\alpha}{\pi}} \tag{5-10}$$

由式（5-9）和式（5-10）可得

$$I_{VT} = \frac{1}{\sqrt{2}}I \tag{5-11}$$

不考虑变压器的损耗时，要求变压器的容量为 $S = U_2 I_2$。

2. 带阻感负载的工作情况

带阻感负载的单相桥式全控整流电路如图 5-5a 所示。为便于讨论，假设电路已工作于稳态，I_d 的平均值达到稳定值。

u_2 的波形如图 5-5b 所示，在 u_2 的正半周期，在触发延迟角 α 处晶闸管 VT_1 和 VT_4 加触发脉冲使其开通，$u_d = u_2$。负载中有电感存在使负载电流不能突变，电感对负载电流起平波作用，假设负载电感很大，则负载电流 i_d 连续且波形近似为一水平线，其波形如图 5-5b 所示。u_2 过零变负时，由于电感的作用晶闸管 VT_1 和 VT_4 中仍流过电流 i_d，并不关断。至 $\omega t = \pi + \alpha$ 时刻，给 VT_2 和 VT_3 加触发脉冲，因 VT_2 和 VT_3 本已承受正电压，故两管导通。VT_2 和 VT_3 导通后，u_2 通过 VT_2 和 VT_3 分别向 VT_1 和 VT_4 施加反向电压使 VT_1 和 VT_4 关断，流过 VT_1 和 VT_4 的电流迅速转移到 VT_2 和 VT_3 上，此过程称为换相，亦称换流。至下一周期重复上述过程，如此循环下去，u_d 的波形如图 5-5b 所示，其平均值为

$$U_d = \frac{1}{\pi}\int_{\alpha}^{\pi+\alpha}\sqrt{2}\,U_2\sin\omega t\,d(\omega t) = \frac{2\sqrt{2}}{\pi}U_2\cos\alpha = 0.9U_2\cos\alpha \tag{5-12}$$

当 $\alpha = 0°$ 时，$U_{d0} = 0.9U_2$；当 $\alpha = 90°$ 时，$U_d = 0$。晶闸管的移相范围为 $0°\sim 90°$。

单相桥式全控整流电路带阻感负载时，晶闸管 VT_1 和 VT_4 的电压波形如图 5-5b 中的 $u_{VT1,4}$ 波形所示，晶闸管承受的最大正、反向电压均为 $\sqrt{2}\,U_2$。

晶闸管导通角 θ 与 α 无关，均为 $180°$，其电流波形如图 5-5b 中的 $i_{VT1,4}$ 和 $i_{VT2,3}$ 波

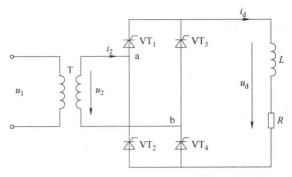

a) 带阻感负载的单相桥式全控整流电路

带阻感负载的单相
桥式全控整流
电路及其波形

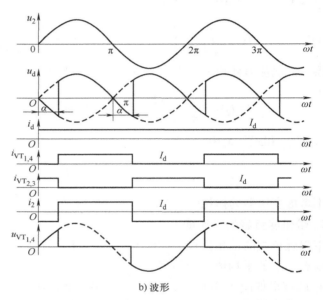

b) 波形

图 5-5 带阻感负载的单相桥式全控整流电路及其波形

形所示，平均值和有效值分别为 $I_{dVT} = \dfrac{1}{2}I_d$ 和 $I_{VT} = \dfrac{1}{\sqrt{2}}I_d = 0.707I_d$，这一结论，也可由晶闸管导通的占空比得到。

变压器二次电流 i_2 的波形为正、负各 180° 的矩形波，如图 5-5b 中的 $u_{VT1,4}$ 波形所示，其相位由 α 决定，有效值 $i_2 = i_d$。

3. 带反电动势负载的工作情况

当负载为蓄电池、直流电动机的电枢（忽略其中的电感）等时，负载可看成是一个直流电压源，对于整流电路，它们就是反电动势负载，如图 5-6a 所示。下面分析带反电动势+电阻负载的单相桥式全控整流电路的情况。

当忽略主电路各部分的电感时，只有在 u_2 瞬时值的绝对值大于反电动势，即 $\left| u_2 \right| > E$ 时，才有晶闸管承受正电压，有导通的可能。晶闸管导通之后，$u_2 = u_d$，$i_d = (u_d - E)/R$，直至 $\left| u_2 \right| = E$，i_d 即降至零使得晶闸管关断，此后 $u_d = E$。与带电阻负载

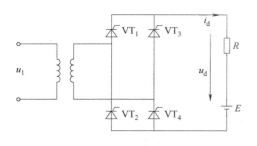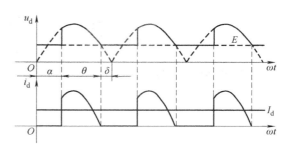

a) 带反电动势+电阻负载的单相桥式全控整流电路　　　　　　　　　b) 波形

图 5-6　带反电动势+电阻负载的单相桥式全控整流电路及其波形

时相比，晶闸管提前电角度 δ 停止导电，如图 5-6b 所示，δ 称为
停止导电角，且

$$\delta = \arcsin \frac{E}{\sqrt{2}\,U_2} \qquad\qquad (5\text{-}13)$$

在 α 角相同时，整流输出电压比电阻负载时大。

带反电势+电阻负载
的单相桥式全控
整流电路及其波形

如图 5-6b 所示，i_d 波形在一个周期内有部分时间为零的情
况，称为电流断续。与此对应，i_d 波形不出现为零的点的情况，
称为电流连续。当 $\alpha < \delta$，触发脉冲到来时，晶闸管承受负电压，不可能导通。为了使晶
闸管可靠导通，要求触发脉冲有足够的宽度，保证当 $\omega t = \delta$ 时刻有晶闸管开始承受正电
压时，触发脉冲仍然存在。这样，相当于触发延迟角 α 被推迟为 δ。

负载为直流电动机时，如果出现电流断续，则电动机的机械特性很软。从图 5-6b
可以看出，导通角 θ 越小，则电流波形的底部就越窄。电流平均值与电流波形的面积
成比例，因而为了增大电流平均值，必须增大电流峰值，这要求较多地降低反电动势。
因此，当电流断续时，随着 i_d 的增大，转速 n（与反电动势成比例）降落较大，机械
特性较软，相当于整流电源的内阻增大。较大的电流峰值在电动机换向时容易产生火
花。同时，对于相等的电流平均值，电流波形底部越窄，则其有效值越大，要求电源
的容量也越大。

为了克服以上缺点，一般在主电路的直流输出侧串联一个平波电抗器，用来减少电
流的脉动和延长晶闸管导通的时间。有了电感，当 $u_2 < E$ 时，甚至 u_2 值变负时，晶闸管
仍可导通。只要电感量足够大，就能使电流连续，晶闸管每次导通 180°，这时整流电压
u_d 的波形和负载电流 i_d 的波形与电感负载电流连续时的波形相同，u_d 的计算公式亦
一样。

例 5-2　单相桥式全控整流电路，$U_2 = 100\text{V}$，负载中 $R = 2\Omega$，L 值极大，反电动势
$E = 60\text{V}$，当 $\alpha = 30°$ 时，要求：

1）画出 u_d、i_d 和 i_2 的波形。

2）求整流输出平均电压 U_d、电流 I_d 及变压器二次电流有效值 I_2。

3）考虑安全裕量，确定晶闸管的额定电压和额定电流。

解：1）u_d、i_d 和 i_2 的波形如图 5-7 所示。

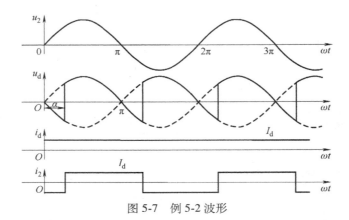

图 5-7　例 5-2 波形

2）整流输出平均电压 U_d、电流 I_d、变压器二次电流有效值 I_2 分别为

$$U_d = 0.9U_2\cos\alpha = 0.9 \times 100 \times \cos30°\,\mathrm{V} = 77.97\mathrm{V}$$

$$I_d = (U_d - E)/R = (77.97 - 60)/2\mathrm{A} = 9\mathrm{A}$$

$$I_2 = I_d = 9\mathrm{A}$$

3）晶闸管承受的最大反向电压为

$$\sqrt{2}\,U_2 = 100\sqrt{2}\,\mathrm{V} = 141.1\mathrm{V}$$

流过每个晶闸管的电流的有效值为

$$I_{VT} = I_d/\sqrt{2}\,0.707 \times 9\mathrm{A} = 6.36\mathrm{A}$$

故晶闸管的额定电压为

$$U_N = (2 \sim 3) \times 141.1\mathrm{V} = 283 \sim 424\mathrm{V}$$

晶闸管的额定电流为

$$I_N = (1.5 \sim 2) \times 6.36\mathrm{A}/1.57 = 6 \sim 8\mathrm{A}$$

晶闸管额定电压和额定电流的具体数值可按晶闸管产品系列参数选取。

5.2.3　单相全波可控整流电路

单相全波可控整流（Single Phase Full Wave Controlled Rectifier）电路也是一种实用的单相可控整流电路，又称单相双半波可控整流电路。其带电阻负载时的电路如图 5-8a 所示。

图 5-8a 中，变压器 T 带中心抽头，在 u_2 正半周，VT_1 工作，变压器二次绕组上半部分流过电流；在 u_2 负半周，VT_2 工作，变压器二次绕组下半部分流过反方向的电流。图 5-8b 给出了 u_d 和变压器一次电流 i_1 的波形。由波形可知，单相全波可控整流电路的 u_d 波形与单相桥式全控整流电路的 u_d 波形一样，交流输入端电流波形一样，变压器也不存在直流磁化的问题。当图 5-8a 电路接其他负载时，有相同的结论。因此，单相全波可控整流电路与单相桥式全控整流电路从直流输出端或从交流输入端看均是基本一致的。两者的区别在于：

1）单相全波可控整流电路中变压器为二次绕组带中心抽头，结构较复杂，绕组及铁心对铜、铁等材料的消耗比单相桥式全控整流电路多，在如今有色金属资源有限的情况下，这是不利的。

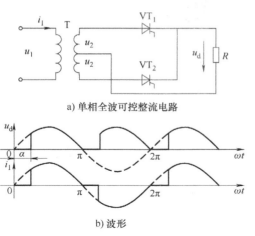

a) 单相全波可控整流电路

b) 波形

图 5-8　单相全波可控整流电路及其波形

单相全波可控
整流电路及其波形

2）单相全波可控整流电路中只用两个晶闸管，比单相桥式全控整流电路少两个，相应地，晶闸管的门极驱动电路也少两个。但是在单相全波可控整流电路中，晶闸管承受的最大电压为 $2\sqrt{2}\,U_2$，是单相桥式全控整流电路的 2 倍。

3）单相全波可控整流电路中，每个导电回路只含一个晶闸管，比单相桥式全控整流电路少一个，因而管电压降也少一个。

从上述 2）、3）考虑，单相全波可控整流电路有利于在低输出电压的场合应用。

5.2.4　单相桥式半控整流电路

在单相桥式全控整流电路中，每一个导电回路中有两个晶闸管，即用两个晶闸管同时导通以控制导电的回路。实际上为了对每个导电回路进行控制，只需一个晶闸管就可以了，另一个晶闸管可以用二极管代替，从而简化整个电路。把图 5-5a 中的晶闸管 VT_2、VT_4 换成二极管 VD_2、VD_4，即成为图 5-9a 所示的单相桥式半控整流电路（先不考虑 VD_R）。

半控电路与全控电路在电阻负载时的工作情况相同，无须讨论。以下针对电感负载进行讨论。

与全控桥时相似，假设负载中电感很大且电路已工作于稳态。在 u_2 正半周，在触发延迟角 α 处给晶闸管 VT_1 加触发脉冲，u_2 经 VT_1 和 VD_4 向负载供电。至 u_2 过零变负时，因电感作用使电流连续，VT_1 继续导通。但因 a 点电位低于 b 点电位，使得电流从 VD_4 转移至 VD_2，VD_4 关断，电流不再流经变压器二次绕组，而是由 VT_1 和 VD_2 续流。此阶段，忽略器件的通态电压降，则 $u_d = 0$，不像全控桥电路那样出现 u_d 为负的情况。

在 u_2 负半周的触发延迟角 α 时刻触发 VT_3，VT_3 导通，则 VT_1 加反向电压之关断，u_2 经 VT_3 和 VD_2 向负载供电。至 u_2 过零变正时，VD_4 导通，VD_2 关断。VT_3 和 VD_4 续流，u_d 又为零。此后重复以上过程。

单相桥式半控整流电路在实际应用中需加设续流二极管 VD_R，以避免可能发生的

131

電力電子技術基礎

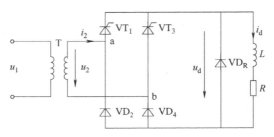

a) 单相桥式半控整流电路

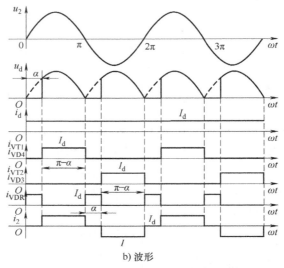

b) 波形

图 5-9　单相桥式半控整流电路及其波形

失控现象。实际运行中，若无续流二极管，则当 α 突然增大至 180°或触发脉冲丢失时，会发生一个晶闸管持续导通而两个二极管轮流导通的情况，这使 u_d 成为正弦半波，即半周期 u_d 为正弦，另外半周期 u_d 为零，其平均值保持恒定，相当于单相半波不可控整流电路时的波形，称为失控。例如，当 VT_1 导通时切断触发电路，则当 u_2 变负时，由于电感的作用，负载电流由 VT_1 和 VD_2 续流，当 u_2 又为正时，因 VT_1 是导通的，u_2 又经 VT_1 和 VD_4 向负载供电，出现失控现象。

单相桥式半控整流电路中有续流二极管 VD_R 时，续流过程由 VD_R 完成，在续流阶段晶闸管关断，这就避免了某个晶闸管持续导通从而导致失控的现象。同时，续流期间导电回路中只有一个管电压降，少了一个管电压降，有利于降低损耗。有续流二极管时电路中各部分的波形如图 5-9b 所示。

5.3　三相整流电路

当整流负载容量较大，或要求直流电压脉动较小、易滤波时，应采用三相整流电路，其交流侧由三相电源供电。三相可控整流电路中，最基本的是三相半波可控整流电路，应用最为广泛的是三相桥式全控整流电路、双反星形可控整流电路以及十二脉波可控整流电路等，均可在三相半波可控整流电路的基础上进行分析。

5.3.1　三相半波可控整流电路

1. 带电阻负载的工作情况

三相半波可控整流电路如图 5-10a 所示。为得到零线，变压器二次侧必须接成星形，而一次侧接成三角形，以避免 3 次谐波流入电网。三个晶闸管分别接入 a、b、c 三相电源，它们的阴极连接在一起，称为共阴极接法，这种接法使触发电路有公共端，连线方便。

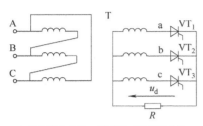

a) 带电阻负载的三相半波可控整流电路

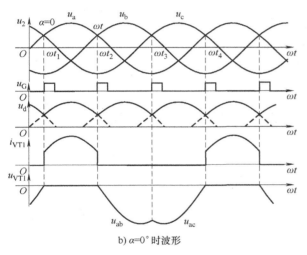

b) α=0° 时波形

带电阻负载的
三相半波可控整流
电路及波形

图 5-10　带电阻负载的三相半波可控整流电路及 α=0°时波形

假设将电路中的晶闸管换作二极管，并用 VD 表示，该电路就成为三相半波不可控整流电路，以下首先分析其工作情况。此时，三个二极管对应的相电压中哪一个的值最大，则该相所对应的二极管导通，并使另两相的二极管承受反向电压关断，输出整流电压即为该相的相电压，其波形如图 5-10b 中的 u_d 波形所示。在一个周期中，器件工作情况如下：在 $\omega t_1 \sim \omega t_2$ 期间，a 相电压最高，VD_1 导通，$u_d = u_a$；在 $\omega t_2 \sim \omega t_3$ 期间，b 相电压最高，VD_2 导通，$u_d = u_b$；在 $\omega t_3 \sim \omega t_4$ 期间，c 相电压最高，VD_3 导通，$u_d = u_c$。此后，在下一周期相当于 ωt_1 的位置即 ωt_4 时刻，VD_1 又导通，重复前一周期的工作情况。如此，一个周期中 VD_1、VD_2、VD_3 轮流导通，每管各导通 120°。u_d 波形为三个相电压在正半周期的包络线。

在相电压的交点 ωt_1、ωt_2、ωt_3 处，均出现了二极管换相，即电流由一个二极管向另一个二极管转移，称这些交点为自然换相点。自然换相点是各相晶闸管能触发导通的最早时刻，将其作为计算各晶闸管触发延迟角 α 的起点，即 $\alpha=0°$，要改变触发延迟角只能是在此基础上增大它，即沿时间坐标轴向右移。若在自然换相点处触发相应的晶闸管导通，则电路的工作情况与以上分析的二极管整流时的工作情况一样。回顾 5.2.1 节的单相半波可控整流电路可知，各种单相可控整流电路的自然换相点是变压器二次电压 u_2 的过零点。

当 $\alpha=0°$ 时，变压器二次侧 a 相绕组和晶闸管 VT_1 的电流波形如图 5-10b 中的 i_{VT1} 波形所示，另两相电流波形形状相同，相位依次滞后 120°，可见变压器二次绕组电流有直流分量。

图 5-10b 中 u_{VT1} 是 VT_1 的电压波形，由三段组成：①VT_1 导通期间，为 VT_1 的管电压降，可近似为 $u_{VT1}=0$；②VT_1 关断、VT_2 导通期间，$u_{VT1}=u_a-u_b=u_{ab}$，为一段线电压；③VT_3 导通期间，$u_{VT1}=u_a-u_c=u_{ac}$，为另一段线电压，即晶闸管电压由一段管电压降和两段线电压组成。可见，当 $\alpha=0°$ 时，晶闸管承受的两段线电压均为负值，随着 α 增大，晶闸管承受的电压中正的部分逐渐增多。其他两管上电压波形形状相同，相位依次相差 120°。

增大 α 值，将脉冲后移，三相半波可控整流电路的工作情况将相应地发生变化。图 5-11 为 $\alpha=30°$ 时的波形。从输出电压、电流的波形可以看出，这时负载电流处于连续和断续的临界状态，各相仍导电 120°。

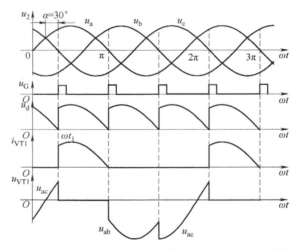

图 5-11　带电阻负载的三相半波可控整流电路 $\alpha=30°$ 时的波形

如果 $\alpha>30°$，如 $\alpha=60°$ 时，三相半波可控整流电路的波形如图 5-12 所示。当导通一相的相电压过零变负时，该相晶闸管关断。此时下一相晶闸管虽承受正电压，但它的触发脉冲还未到，不会导通，因此输出电压、电流均为零，直到触发脉冲出现为止。这种情况下，负载电流断续，各晶闸管导通角为 90°，小于 120°。

若 α 继续增大，整流电压将越来越小，当 $\alpha=150°$ 时，整流输出电压为零。故电阻负载时晶闸管的移相范围为 0°~150°。

整流电压平均值的计算分两种情况：

1）$\alpha\leqslant30°$ 时，负载电流连续，有

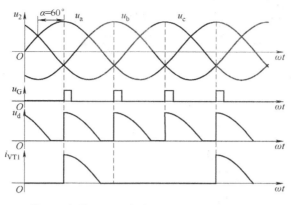

图 5-12　带电阻负载的三相半波可控整流电路 $\alpha=60°$ 时的波形

$$U_d = \frac{1}{2\pi/3}\int_{\frac{\pi}{6}+\alpha}^{\frac{5\pi}{6}+\alpha}\sqrt{2}\,U_2\sin\omega t\,\mathrm{d}(\omega t) = \frac{3\sqrt{6}}{2\pi}U_2\cos\alpha = 1.17U_2\cos\alpha$$

$$(5\text{-}14)$$

三相半波可
控整流电路

当 $\alpha=0°$ 时，U_d 最大，为 $U_d = U_{d0} = 1.17U_2$。

2）$\alpha>30°$ 时，负载电流断续，晶闸管导通角减小，此时有

$$U_d = \frac{1}{2\pi/3}\int_{\frac{\pi}{6}+\alpha}^{\pi}\sqrt{2}\,U_2\sin\omega t\,\mathrm{d}(\omega t) = \frac{3\sqrt{2}}{2\pi}U_2\left[1+\cos\left(\frac{\pi}{6}+\alpha\right)\right] = 0.675U_2\left[1+\cos\left(\frac{\pi}{6}+\alpha\right)\right]$$

$$(5\text{-}15)$$

负载电流平均值为

$$I_d = \frac{U_d}{R}$$

$$(5\text{-}16)$$

由图 5-10 不难看出，晶闸管承受的最大反向电压为变压器二次线电压峰值，即

$$U_{RM} = \sqrt{2}\times\sqrt{3}\,U_2 = \sqrt{6}\,U_2 = 2.45U_2$$

$$(5\text{-}17)$$

由于晶闸管阴极与零点间的电压即为整流输出电压，其最小值为零，而晶闸管阳极与零点间的最高电压等于变压器二次相电压的峰值，因此晶闸管阳极与阴极间的最大电压等于变压器二次相电压的峰值，即

$$U_{FM} = \sqrt{2}\,U_2$$

$$(5\text{-}18)$$

2. 带阻感负载的工作情况

如果负载为阻感负载且 L 值很大，如图 5-13 所示，整流电流 i_d 的波形基本是平直的，流过晶闸管的电流接近矩形波。

当 $\alpha\leqslant30°$ 时，带阻感负载的三相半波可控整流电压波形与带电阻负载时的波形相同，这是因为在两种负载情况下，负载电流均连续。

当 $\alpha>30°$ 时，如 $\alpha=60°$ 时的波形如图 5-13b 所示。当 u_2 过零时，由于电感的存在会阻止电流下降，因而 VT_1 继续导通，直到下一相晶闸管 VT_2 的触发脉冲到来才发生换流，由 VT_2 导通向负载供电，同时向 VT_1 施加反向电压使其关断。这种情况下 u_d 波形中将出现负的部分，若 α 增大，u_d 波形中负的部分将增多，至 $\alpha=90°$ 时，u_d 波形中正、负面积相等，u_d 的平均值为零。可见，阻感负载时晶闸管的移相范围为 $0°\sim90°$。

135

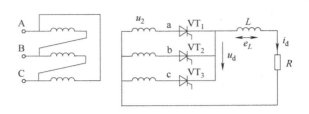

a) 带阻感负载的三相半波可控整流电路

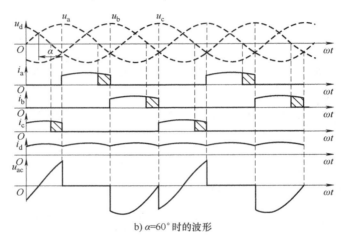

b) $\alpha=60°$ 时的波形

图 5-13 带阻感负载的三相半波可控整流电路及 $\alpha=60°$ 时的波形

由于负载电流连续，U_d 可由式（5-12）求出，即

$$U_d = 1.17U_2\cos\alpha$$

变压器二次电流即晶闸管电流的有效值为

$$I_2 = I_{VT} = \frac{1}{\sqrt{3}}I_d = 0.577I_d \qquad (5\text{-}19)$$

由此可求出晶闸管的额定电流为

$$I_{VT(AV)} = \frac{I_{VT}}{1.57} = 0.368I_d \qquad (5\text{-}20)$$

晶闸管两端的电压波形如图 5-13b 所示，由于负载电流连续，晶闸管最大正、反向电压峰值均为变压器二次线电压峰值，即

$$U_{FM} = U_{RM} = 2.45U_2 \qquad (5\text{-}21)$$

图 5-13b 中的 i_d 波形有一定的脉动，与分析单相整流电路阻感负载时图 5-5b 中的 i_d 波形有所不同。这是电路工作的实际情况，因为负载中电感量不可能也不必非常大，往往只要能保证负载电流连续即可，这样 i_d 实际上是有波动的，不是完全平直的水平线。通常，为简化分析及定量计算，可以将 i_d 近似为一条水平线，这样的近似对分析和计算的准确性并不会产生很大影响。

三相半波可控整流电路的主要缺点在于其变压器二次电流中含有直流分量，因此应用较少。

5.3.2　三相桥式全控整流电路

目前在各种整流电路中，应用最为广泛的是三相桥式全控整流电路，如图 5-14 所示。习惯将其中阴极连接在一起的三个晶闸管（VT_1、VT_3、VT_5）称为共阴极组；阳极连接在一起的三个晶闸管（VT_4、VT_6、VT_2）称为共阳极组。此外，习惯上希望晶闸管按 1~6 的顺序导通，为此将晶闸管按图示的顺序编号，即共阴极组中与 a、b、c 三相电源相接的三个晶闸管分别为 VT_1、VT_3、VT_5，共阳极组中与 a、b、c 三相电源相接的三个晶闸管分别为 VT_4、VT_6、VT_2。从后面的分析可知，按此编号，晶闸管的导通顺序为 VT_1—VT_2—VT_3—VT_4—VT_5—VT_6。下面首先分析带电阻负载时三相桥式全控整流电路的工作情况。

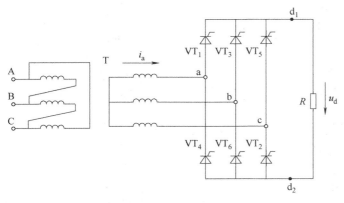

图 5-14　带电阻负载的三相桥式全控整流电路

带电阻性负载的
三相桥式全控
整流电路

1. 带电阻负载的工作情况

可以采用与分析三相半波可控整流电路时类似的方法，假设将电路中的晶闸管换作二极管，这种情况也就相当于晶闸管触发延迟角 $\alpha=0°$ 时的情况。此时，对于共阴极组的三个晶闸管，阳极所接交流电压值最大的一个晶闸管导通。而对于共阳极组的三个晶闸管，则是阴极所接交流电压值最小（或者说负得最多）的一个晶闸管导通。这样，任意时刻共阳极组和共阴极组中各有一个晶闸管处于导通状态，施加在负载上的电压为某一线电压。此时电路波形如图 5-15 所示。

当 $\alpha=0°$ 时，各晶闸管均在自然换相点处换相。由图 5-15 中变压器二次绕组相电压与线电压波形的对应关系可以看出，各自然换相点既是相电压的交点，同时也是线电压的交点。在分析 u_d 的波形时，既可从相电压波形分析，也可以从线电压波形分析。

从相电压波形看，共阴极组晶闸管导通时，以变压器二次侧的中性点 n 为参考点，整流输出电压 u_{d1} 为相电压在正半周的包络线；共阳极组晶闸管导通时，整流输出电压 u_{d2} 为相电压在负半周的包络线，总的整流输出电压 $u_d=u_{d1}-u_{d2}$，是两条包络线间的差值，将其对应到线电压波形上，即为线电压在正半周的包络线。

直接从线电压波形看，由于共阴极组中处于通态的晶闸管对应的是最大（正得最多）的相电压，而共阳极组中处于通态的晶闸管对应的是最小（负得最多）的相电压，输出整流电压 u_d 为这两个相电压相减，是线电压中最大的一个，因此输出整流电压 u_d

137

三相桥式全控整流电路带电阻性负载时的波形 1

三相桥式全控整流电路带电阻性负载时的波形 2

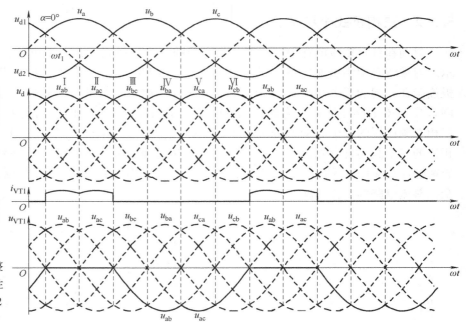

三相桥式全控整流电路带电阻性负载时的波形 3

图 5-15　带电阻负载的三相桥式全控整流电路 α=0°时的波形

的波形为线电压在正半周的包络线。

为了说明各晶闸管的工作情况,将波形中的一个周期等分为六段,每段为 60°,如图 5-15 所示,每一段中导通的晶闸管及输出整流电压的情况见表 5-1。由表 5-1 可见,六个晶闸管的导通顺序为 VT_1—VT_2—VT_3—VT_4—VT_5—VT_6。

表 5-1　带电阻负载的三相桥式全控整流电路 α=0°时晶闸管的工作情况

时　段	I	II	III	IV	V	VI
共阴极组中导通的晶闸管	VT_1	VT_1	VT_3	VT_3	VT_5	VT_5
共阳极组中导通的晶闸管	VT_6	VT_2	VT_2	VT_4	VT_4	VT_6
整流输出电压 u_d	$u_a-u_b=u_{ab}$	$u_a-u_c=u_{ac}$	$u_b-u_c=u_{bc}$	$u_b-u_a=u_{ba}$	$u_c-u_a=u_{ca}$	$u_c-u_b=u_{cb}$

从触发延迟角 α=0°时的情况可以总结出三相桥式全控整流电路的特点如下:

1) 每个时刻均需两个晶闸管同时导通,形成向负载供电的回路,其中一个晶闸管是共阴极组的,另一个是共阳极组的,并且不能为同一相的晶闸管。

2) 对触发脉冲的要求:六个晶闸管的脉冲按

三相桥式可控整流电路 1

三相桥式可控整流电路 2

VT_1—VT_2—VT_3—VT_4—VT_5—VT_6 的顺序导通,相位依次差 60°;共阴极组 VT_1、VT_3、VT_5 的脉冲依次差 120°,共阳极组 VT_4、VT_6、VT_2 也依次差 120°;同一相的上、下两个桥臂,即 VT_1 与 VT_4、VT_3 与 VT_6、VT_5 与 VT_2 脉冲相差 180°。

3）整流输出电压 u_d 一个周期脉动六次，每次脉动的波形都一样，故该电路为六脉波整流电路。

4）在整流电路合闸启动过程中或电流断续时，为确保电路正常工作，需保证同时导通的两个晶闸管均有脉冲。为此，可采用两种方法：一种是使脉冲宽度大于 $60°$（一般取 $80°\sim100°$），称为宽脉冲触发；另一种方法是在触发某个晶闸管的同时，给前一个晶闸管补发脉冲，即用两个窄脉冲代替宽脉冲，两个窄脉冲的前沿相差 $60°$，脉宽一般为 $20°\sim30°$，称为双脉冲触发。双脉冲电路较复杂，但要求的触发电路输出功率小。宽脉冲触发电路虽可少输出一半脉冲，但为了不使脉冲变压器饱和，需将铁心体积做得较大、绕组匝数做得较多，导致漏感增大、脉冲前沿不够陡，对于晶闸管串联使用不利。虽可用去磁绕组改善这种情况，但又使触发电路复杂化。因此，常用的是双脉冲触发。

5）$\alpha=0°$ 时晶闸管承受的电压波形如图 5-15 所示。图中仅给出 VT_1 的电压波形。将此波形与三相半波可控整流时图 5-10b 中的 VT_1 电压波形比较可见，两者是相同的，晶闸管承受最大正、反向电压的关系也与三相半波可控整流时一样。

图 5-15 还给出了流过晶闸管 VT_1 的电流 i_{VT1} 的波形，可以看出，晶闸管一个周期中有 $120°$ 处于通态、$240°$ 处于断态，由于负载为电阻，故晶闸管处于通态时的电流波形与相应时段的 u_d 波形相同。

当触发延迟角 α 改变时，电路的工作情况将发生变化。图 5-16 为带电阻负载的三相桥式全控整流电路 $\alpha=30°$ 时的波形。从 ωt_1 角开始把一个周期等分为六段，每段为 $60°$。与 $\alpha=0°$ 时的情况相比，一个周期中 u_d 的波形仍由六段线电压构成，每一段导通晶闸管的编号等仍符合表 5-1 的规律。区别在于，晶闸管起始导通时刻推迟了 $30°$，组成 u_d 的每一段线电压因此推迟了 $30°$，u_d 平均值降低，晶闸管电压波形也相应发生了

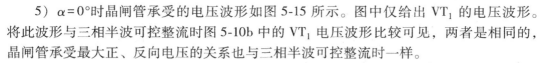
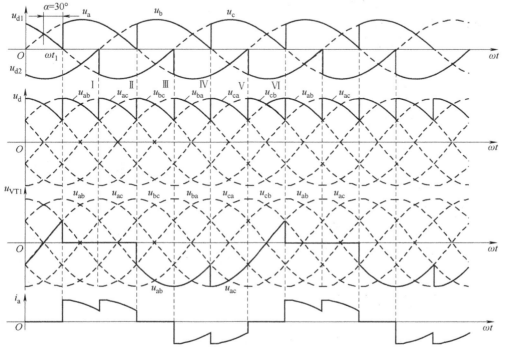

图 5-16　带电阻负载的三相桥式全控整流电路 $\alpha=30°$ 时的波形

变化。图 5-16 中同时给出了变压器二次侧 a 相电流 i_a 的波形，其特点是在 VT_1 处于通态的 120° 期间，i_a 为正，i_a 波形的形状与同时段的 u_d 波形相同，在 VT_4 处于通态的 120° 期间，i_a 波形的形状也与同时段的 u_d 波形相同，但为负值。

图 5-17 为带电阻负载的三相桥式全控整流电路 $\alpha = 60°$ 时的波形，电路工作情况仍可对照表 5-1 分析。u_d 波形中每段线电压的波形继续向后移，u_d 平均值继续降低。$\alpha = 60°$ 时 u_d 出现了为零的点。

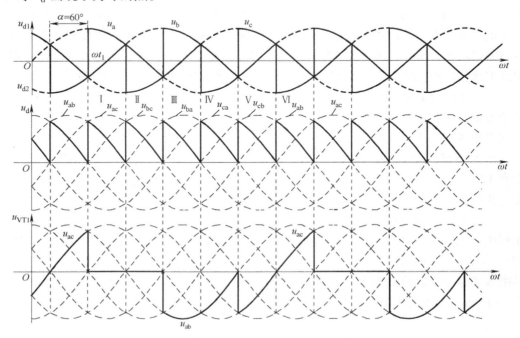

图 5-17　带电阻负载的三相桥式全控整流电路 $\alpha = 60°$ 时的波形

由以上分析可见，当 $\alpha \leqslant 60°$ 时，u_d 波形均连续，对于电阻负载，i_a 波形与 u_d 波形的形状一致，也连续。

当 $\alpha > 60°$ 时，如 $\alpha = 90°$ 时带电阻负载的三相桥式全控整流电路的波形如图 5-18 所示，此时 u_d 波形每 60° 中有 30° 为零，这是因为电阻负载时 i_a 波形与 u_d 波形一致，一旦 u_d 降至零，i_a 也降至零，流过晶闸管的电流即降至零，晶闸管关断，输出整流电压 u_d 为零，因此 u_d 波形不能出现负值。图 5-18 还给出了晶闸管电流 i_{VT1} 和变压器二次侧电流 i_a 的波形。

如果 α 继续增大至 120°，整流输出电压 u_d 的波形将全为零，其平均值也为零。可见，带电阻负载时三相桥式全控整流电路晶闸管的移相范围是 0°~120°。

2. 带阻感负载时的工作情况

三相桥式全控整流电路大多用于向阻感负载和反电动势+阻感负载供电（即用于直流电动机传动）。下面主要分析带阻感负载时三相桥式全控整流电路的工作情况，对于带反电动势+阻感负载的情况，只需在阻感负载的基础上掌握其特点，即可分析其工作情况。

当 $\alpha \leqslant 60°$ 时，u_d 波形连续，电路的工作情况与带电阻负载时十分相似，各晶闸管的通断情况、输出整流电压 u_d 波形、晶闸管承受的电压波形等都一样。区别在于由于

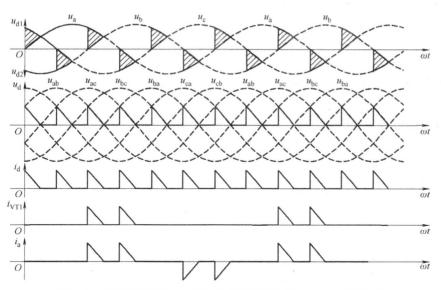

图 5-18　带电阻负载的三相桥式全控整流电路 $\alpha = 90°$时的波形

负载不同，同样的整流输出电压加到负载上，得到的负载电流 i_d 的波形不同，电阻负载时 i_d 波形与 u_d 波形形状一致。而阻感负载时，由于电感的作用，使得负载电流波形变得平直，当电感足够大时，负载电流的波形可近似为一条水平线。图 5-19 和图 5-20 分别为带阻感负载的三相桥式全控整流电路 $\alpha = 0°$ 和 $\alpha = 30°$时的波形。

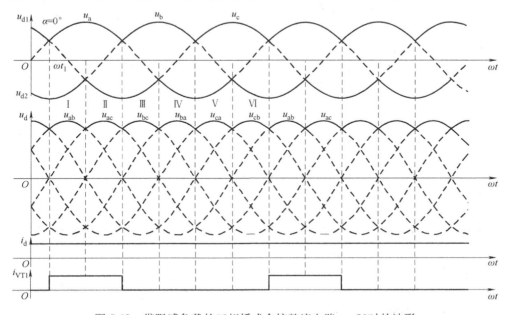

图 5-19　带阻感负载的三相桥式全控整流电路 $\alpha = 0°$时的波形

图 5-19 中除给出了 u_d 波形和 i_d 波形外，还给出了流过晶闸管 VT_1 的电流 i_{VT1} 的波形。与图 5-15 带电阻负载时的情况进行比较可见，在晶闸管 VT_1 导通段，i_{VT1} 的波形由负载电流 i_d 的波形决定。

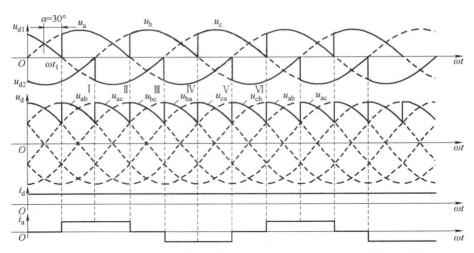

图 5-20　带阻感负载的三相桥式全控整流电路 $\alpha = 30°$ 时的波形

图 5-20 中除给出了 u_d 波形和 i_d 波形外，还给出了变压器二次侧 a 相电流 i_a 的波形。可与图 5-16 带电阻负载时的情况进行比较。

当 $\alpha > 60°$ 时，阻感负载时的工作情况与电阻负载时不同。电阻负载时 u_d 波形不会出现负的部分，而阻感负载时由于电感 L 的作用，u_d 波形会出现负的部分。图 5-21 为 $\alpha = 90°$ 时的波形。若电感 L 值足够大，u_d 中正、负面积将基本相等，u_d 平均值近似为零。这表明，三相桥式全控整流电路带阻感负载时晶闸管的移相范围为 $0° \sim 90°$。

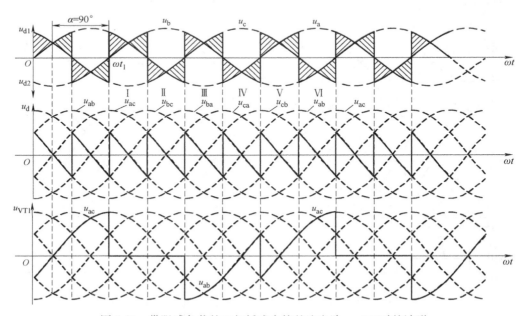

图 5-21　带阻感负载的三相桥式全控整流电路 $\alpha = 90°$ 时的波形

3. 定量分析

在以上分析中已经说明，整流输出电压 u_d 的波形在一个周期内脉动六次，且每次脉动的波形相同，因此在计算其平均值时，只需对一个脉波（即1/6周期）进行计算即可。此外，以线电压的过零点为时间坐标的零点，可得到当整流输出电压连续时（即带阻感负载时，或带电阻负载 $\alpha \leqslant 60°$ 时）的平均值为

$$U_\mathrm{d} = \frac{1}{\frac{\pi}{3}} \int_{\frac{\pi}{3}+\alpha}^{\frac{2\pi}{3}+\alpha} \sqrt{6}\, U_2 \sin\omega t \mathrm{d}(\omega t) = 2.34 U_2 \cos\alpha \tag{5-22}$$

带电阻负载且 $\alpha > 60°$ 时，整流电压的平均值为

$$U_\mathrm{d} = \frac{3}{\pi} \int_{\frac{\pi}{3}+\alpha}^{\pi} \sqrt{6}\, U_2 \sin\omega t \mathrm{d}(\omega t) = 2.34 U_2 \left[1 + \cos\left(\frac{\pi}{3}+\alpha\right) \right] \tag{5-23}$$

输出电流平均值为 $I_\mathrm{d} = U_\mathrm{d}/R$。

当整流变压器为如图5-14所示采用星形联结且带阻感负载时，变压器二次电流波形如图5-20所示，为正、负半周各宽120°、前沿相差180°的矩形波，其有效值为

$$I_2 = \sqrt{\frac{1}{2\pi} \left[I_\mathrm{d}^2 \times \frac{2}{3}\pi + (-I_\mathrm{d})^2 \times \frac{2}{3}\pi \right]} = \sqrt{\frac{2}{3}} I_\mathrm{d} = 0.816 I_\mathrm{d} \tag{5-24}$$

晶闸管电压、电流等的定量分析与三相半波可控整流时一致。

三相桥式全控整流电路带反电动势+阻感负载时，在负载电感足够大、足以使负载电流连续的情况下，电路工作情况与电感性负载时相似，电路中各处电压、电流波形均相同，仅在计算 I_d 时有所不同，带反电动势+阻感负载时的 I_d 为

$$I_\mathrm{d} = \frac{U_\mathrm{d} - E}{R} \tag{5-25}$$

式中，R 和 E 分别为负载中的电阻值和反电动势值。

5.3.3 变压器漏感对整流电路的影响

前面分析整流电路时均未考虑包括变压器漏感在内的交流侧电感的影响，认为换相是瞬时完成的。但实际上变压器绕组总有漏感，该漏感可用一个集中的电感 L_B 表示，并将其折算到变压器二次侧。由于电感对电流的变化起阻碍作用，电感电流不能突变，因此换相过程不能瞬间完成，而是会持续一段时间。

下面以三相半波为例分析考虑变压器漏感时的换相过程以及有关参量的计算，然后将结论推广到其他的电路形式。

图5-22为考虑变压器漏感时带电感负载的三相半波可控整流电路及其波形。假设负载中电感很大，负载电流为水平线。

图5-22a电路在交流电源的一周期内有三次晶闸管换相过程，因各次换相情况一样，这里只分析从 VT_1 换相至 VT_2 的过程。在 ωt_1 时刻之前 VT_1 导通，ωt_1 时刻触发 VT_2，VT_2 导通，此时因a、b两相均有漏感，故 i_a、i_b 均不能突变，于是 VT_1 和 VT_2 同时导通，相当于将a、b两相短路，两相间电压差为 $u_\mathrm{b}-u_\mathrm{a}$，它在两相组成的回路中产生环流 i_k。由于回路中有两个漏感，$i_\mathrm{k}=i_\mathrm{b}$ 逐渐增大，而 $i_\mathrm{a}=I_\mathrm{d}-i_\mathrm{k}$ 是逐渐减小的。当 i_k 增大到等于 I_d 时，$I_\mathrm{a}=0$，VT_1 关断，换流过程结束。换相过程持续的时间用电角度 γ 表示，称为换相重叠角。

在上述换相过程中，整流输出电压瞬时值为

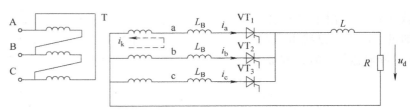

a) 考虑变压器漏感时带电感负载的三相半波可控整流电路

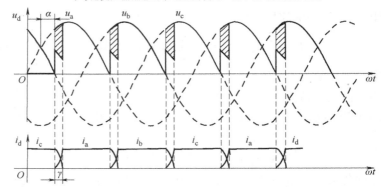

b) 波形

考虑变压器漏感时
的三相半波可控
整流电路及波形

图 5-22　考虑变压器漏感时带电感负载的三相半波可控整流电路及波形

$$u_d = u_a + L_B \frac{di_k}{dt} = u_b - L_B \frac{di_k}{dt} = \frac{u_a + u_b}{2} \tag{5-26}$$

由式（5-26）可知，在换相过程中，整流电压 u_d 为同时导通的两个晶闸管所对应的两个相电压的平均值，由此可得 u_d 波形如图 5-26 所示。与不考虑变压器漏感时相比，每次换相 u_d 波形均少了标出的阴影部分，导致 u_d 平均值降低，降低值用 ΔU_d 表示，称为换相电压降，且

$$\Delta U_d = \frac{1}{2\pi/3} \int_{\frac{5\pi}{6}+\alpha}^{\frac{5\pi}{6}+\alpha+\gamma} (u_b - u_d) \, d(\omega t) = \frac{3}{2\pi} \int_{\frac{5\pi}{6}+\alpha}^{\frac{5\pi}{6}+\alpha+\gamma} \left[u_b - \left(u_b - L_B \frac{di_k}{dt} \right) \right] d(\omega t)$$

$$= \frac{3}{2\pi} \int_{\frac{5\pi}{6}+\alpha}^{\frac{5\pi}{6}+\alpha+\gamma} L_B \frac{di_k}{dt} d(\omega t) = \frac{3}{2\pi} \int_0^{I_d} \omega L_B \, di_k = \frac{3}{2\pi} X_B I_d \tag{5-27}$$

式中，X_B 为漏感为 L_B 的变压器每相折算到二次侧的漏抗，$X_B = \omega L_B$。

由式（5-26）可得，换相重叠角 γ 的计算如下：

$$\frac{di_k}{dt} = \frac{u_b - u_a}{2L_B} = \frac{\sqrt{6}\, U_2 \sin\left(\omega t - \frac{5\pi}{6}\right)}{2L_B} \tag{5-28}$$

$$\frac{di_k}{d\omega t} = \frac{\sqrt{6}\, U_2}{2X_B} \sin\left(\omega t - \frac{5\pi}{6}\right) \tag{5-29}$$

进而可得

$$i_k = \int_{\frac{5\pi}{6}+\alpha}^{\omega t} \frac{\sqrt{6}\, U_2}{2X_B} \sin\left(\omega t - \frac{5\pi}{6}\right) d(\omega t) = \frac{\sqrt{6}\, U_2}{2X_B} \left[\cos\alpha - \cos\left(\omega t - \frac{5\pi}{6}\right) \right] \tag{5-30}$$

当 $\omega t = \alpha + \gamma + \frac{5\pi}{6}$ 时，$i_k = I_d$，于是

$$I_d = \frac{\sqrt{6}\,U_2}{2X_B}\left[\cos\alpha - \cos(\alpha+\gamma)\right] \tag{5-31}$$

$$\cos\alpha - \cos(\alpha+\gamma) = \frac{2X_B I_d}{\sqrt{6}\,U_2} \tag{5-32}$$

由式（5-32）即可计算出换相重叠角 γ。对式（5-32）进行分析，可得出 γ 随其他参数变化的规律如下：

1）I_d 越大，则 γ 越大。

2）X_B 越大，则 γ 越大。

3）当 $\alpha \leq 90°$ 时，α 越小，γ 越大。

对于其他整流电路，可用同样的方法进行分析，本书不再一一叙述，但将结果列于表 5-2 中，以方便读者使用。表 5-2 中所列 m 脉波整流电路的公式为通用公式，适用于各种整流电路。对于表 5-2 中未列出的电路，可用该公式导出。

表 5-2　各种整流电路换相电压降和换相重叠角的计算（带格式的）

电路形式	单相全波	单相桥式全控	三相半波	三相桥式全控	m 脉波整流电路
ΔU_d	$\dfrac{X_B}{\pi}I_d$	$\dfrac{2X_B}{\pi}I_d$	$\dfrac{3X_B}{2\pi}I_d$	$\dfrac{3X_B}{\pi}I_d$	$\dfrac{mX_B}{2\pi}I_d$ [1]
$\cos\alpha-\cos(\alpha+\gamma)$	$\dfrac{I_d X_B}{\sqrt{2}\,U_2}$	$\dfrac{2I_d X_B}{\sqrt{2}\,U_2}$	$\dfrac{2I_d X_B}{\sqrt{6}\,U_2}$	$\dfrac{2I_d X_B}{\sqrt{6}\,U_2}$	$\dfrac{I_d X_B}{\sqrt{2}\,U_2\sin\dfrac{\pi}{m}}$ [2]

① 单相桥式全控整流电路的换相过程中，环流 i_k 是从 $-I_d$ 变为 I_d，本表所列通用公式不适用。

② 三相桥式全控整流电路等效为相电压等于 $\sqrt{3}\,U_2$ 的六脉波整流电路，故 $m=6$，相电压按 $\sqrt{3}\,U_2$ 代入。

根据以上分析及结果，再经进一步分析可得出以下变压器漏感对整流电路影响的一些结论：

1）出现换相重叠角 γ，整流输出电压平均值 U_d 降低。

2）整流电路的工作状态增多，如三相桥的工作状态由 6 种增加至 12 种：（VT_1、VT_2）→（VT_1、VT_2、VT_3）→（VT_2、VT_3）→（VT_2、VT_3、VT_4）→（VT_3、VT_4）→（VT_3、VT_4、VT_5）→（VT_4、VT_5）→（VT_4、VT_5、VT_6）→（VT_5、VT_6）→（VT_5、VT_6、VT_1）→（VT_6、VT_1）→（VT_6、VT_1、VT_2）→…。

3）晶闸管的 di/dt 减小，有利于晶闸管的安全开通。有时可串联进线电抗器以抑制晶闸管的 di/dt。

4）换相时晶闸管电压出现缺口，产生正的 du/dt，可能使晶闸管误导通，为此必须加吸收电路。

5）换相使电网电压出现缺口，成为干扰源。

例 5-3　三相桥式不可控整流电路，阻感负载，$R=5\Omega$，$L=\infty$，$U_2=20V$，$X_B=0.3\Omega$。求 U_d、I_d、I_{VD}、I_2 和 γ 的值并画出 u_d、i_{VD1} 和 i_{2a} 的波形。

解： 三相桥式不可控整流电路相当于三相桥式全控整流电路 $\alpha=0°$ 时的情况。

$$U_d = 2.34U_2\cos\alpha - \Delta U_d$$

$$\Delta U_d = \frac{3X_B I_d}{\pi}$$

$$I_d = \frac{U_d}{R}$$

解方程组得

$$U_d = \frac{2.34 U_2 \cos\alpha}{1 + \dfrac{3X_B}{\pi R}} = \frac{2.34 \times 20 \times \cos 0}{1 + \dfrac{3 \times 0.3}{\pi \times 5}} \text{V} = 486.9 \text{V}$$

$$I_d = \frac{486.9}{5} \text{A} = 97.38 \text{A}$$

又因为

$$\cos\alpha - \cos(\alpha + \gamma) = \frac{2 I_d X_B}{\sqrt{6} U_2}$$

即可得

$$\cos\gamma = 0.892$$

换流重叠角为

$$\gamma = 26.93°$$

二极管电流平均值和变压器二次电流的有效值分别为

$$I_{VD} = \frac{I_d}{3} = \frac{97.38 \text{A}}{3} = 32.46 \text{A}$$

$$I_{2a} = \sqrt{\frac{2}{3}} I_d = \sqrt{\frac{2}{3}} \times 97.38 \text{A} = 79.51 \text{A}$$

u_d、i_{VD1} 和 i_{2a} 的波形如图 5-23 所示。

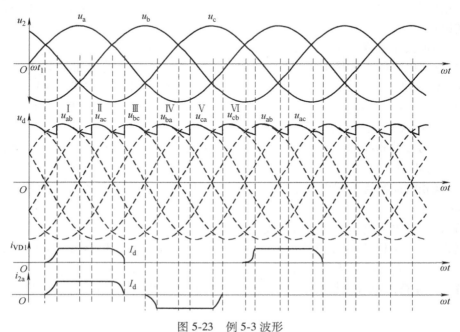

图 5-23　例 5-3 波形

5.4 整流电路的谐波与功率因数

各种电力电子装置在电力系统、工业、交通、家庭等众多领域中的应用日益广泛，由此带来的谐波（Harmonics）和无功（Reactive Power）问题也日益严重。许多电力电子装置要消耗无功功率，这会给公用电网带来不利影响：

1）无功功率会导致电流增大和视在功率增加，导致设备容量增加。

2）无功功率增加，会使总电流增加，从而使设备和线路的损耗增加。

3）无功功率使线路电压降增大，冲击性无功负载还会使电压剧烈波动。

电力电子装置还会产生谐波，对公用电网产生危害，包括：

1）谐波使电网中的元件产生附加的谐波损耗，降低发电、输电及用电设备的效率，大量的3次谐波流过中性线会使线路过热，甚至发生火灾。

2）谐波影响各种电气设备的正常工作，使电动机发生机械振动、噪声和过热，使变压器局部严重过热，使电容器、电缆等设备过热，使绝缘老化、寿命缩短以至损坏。

3）谐波会引起电网中局部的并联谐振和串联谐振，从而使谐波放大，会使上述1）、2）两项的危害大大增加，甚至引起严重事故。

4）谐波会导致继电保护和自动装置的误动作，并使电气测量仪表计量不准确。

5）谐波会对邻近的通信系统产生干扰，轻者产生噪声，降低通信质量，重者导致信息丢失，使通信系统无法正常工作。

由于公用电网中的谐波电压和谐波电流对用电设备和电网本身都会造成很大的危害，世界上许多国家都发布了限制电网谐波的国家标准，或由权威机构制定了限制谐波的规定。制定这些标准和规定的基本原则是限制谐波源注入电网的谐波电流，把电网谐波电压控制在允许范围内，使接在电网中的电气设备能免受谐波干扰而正常工作。世界各国所制定的谐波标准大都比较接近。我国国家技术监督局于1993年发布了国家标准（GB/T 14549—1993）《电能质量公用电网谐波》，并从1994年3月1日起开始实施。

1. 谐波基础

在供用电系统中，通常总是希望交流电压和交流电流呈正弦波形。正弦波电压可表示为

$$u(t) = \sqrt{2}\,U\sin(\omega t + \varphi) \tag{5-33}$$

式中，U 为电压有效值；φ 为初相位；ω 为角频率，$\omega = 2\pi f = 2\pi/T$，f 为频率，T 为周期。

当正弦波电压施加在线性无源元件电阻、电感和电容上时，其电流和电压分别为比例、积分和微分关系，仍为同频率的正弦波。但当正弦波电压施加在非线性电路上时，电流就变为非正弦波，非正弦电流在电网阻抗上产生电压降，会使电压波形也变为非正弦波。当然，非正弦电压施加在线性电路上时，电流也是非正弦波。对于周期为 $T = 2\pi/\omega$ 的非正弦电压 $u(\omega t)$，一般满足狄里赫利条件，可分解为傅里叶级数，即

$$u(\omega t) = a_0 + \sum_{n=1}^{\infty}(a_n\cos n\omega t + b_n\sin n\omega t) \tag{5-34}$$

其中

$$a_0 = \frac{1}{2\pi}\int_0^{2\pi} u(\omega t)\,\mathrm{d}(\omega t)$$

$$a_n = \frac{1}{\pi}\int_0^{2\pi} u(\omega t)\cos n\omega t\,\mathrm{d}(\omega t)$$

$$b_n = \frac{1}{\pi}\int_0^{2\pi} u(\omega t)\sin n\omega t\,\mathrm{d}(\omega t)$$

$$n = 1,2,3,\cdots$$

或

$$u(\omega t) = a_0 + \sum_{n=1}^{\infty} c_n\sin(n\omega t + \varphi_n) \tag{5-35}$$

式中，c_n、φ_n 和 a_n、b_n 的关系为

$$c_n = \sqrt{a_n^2 + b_n^2}$$

$$\varphi_n = \arctan\frac{a_n}{b_n}$$

$$a_n = c_n\sin\varphi_n$$

$$b_n = c_n\cos\varphi_n$$

式（5-34）或式（5-35）的傅里叶级数中，频率与工频相同的分量称为基波（Fundamental），频率为基波频率整数倍（大于1）的分量称为谐波，谐波次数为谐波频率和基波频率的整数比。以上公式及定义均以非正弦电压为例，对于非正弦电流的情况也完全适用，只需将 $u(\omega t)$ 转成 $i(\omega t)$ 即可。

n 次谐波电流含有率 HRI_n（Harmonic Ratio for I_n）表示为

$$HRI_n = \frac{I_n}{I_1}\times 100\% \tag{5-36}$$

式中，I_n 为 n 次谐波电流有效值；I_1 为基波电流有效值。

电流谐波总畸变率 THD_i（Total Harmonic Distortion）定义为

$$THD_i = \frac{I_h}{I_1}\times 100\% \tag{5-37}$$

式中，I_h 为总谐波电流有效值。

2. 功率因数

正弦电路中，电路的有功功率就是其平均功率，即

$$P = \frac{1}{2\pi}\int_0^{2\pi} ui\,\mathrm{d}(\omega t) = UI\cos\varphi \tag{5-38}$$

式中，U、I 分别为电压和电流的有效值；φ 为电流滞后于电压的相位差。视在功率为电压、电流有效值的乘积，即

$$S = UI \tag{5-39}$$

无功功率定义为

$$Q = UI\sin\varphi \tag{5-40}$$

功率因数 λ 定义为有功功率 P 和视在功率 S 的比值,即

$$\lambda = \frac{P}{S} \tag{5-41}$$

此时无功功率 Q 与有功功率 P、视在功率 S 之间的关系为

$$S^2 = P^2 + Q^2 \tag{5-42}$$

正弦电路中,功率因数是由电压和电流的相位差 φ 决定的,其值为

$$\lambda = \cos\varphi \tag{5-43}$$

非正弦电路中有功功率、视在功率、功率因数的定义均与正弦电路相同,功率因数仍由式(5-41)定义。公用电网中,通常电压的波形畸变很小,而电流波形的畸变可能很大。因此,不考虑电压畸变,研究电压波形为正弦波、电流波形为非正弦波的情况有很大的实际意义。

设正弦波电压有效值为 U,畸变电流有效值为 I,基波电流有效值及与电压的相位差分别为 I_1 和 φ_1。这时有功功率为

$$P = UI_1\cos\varphi_1 \tag{5-44}$$

功率因数为

$$\lambda = \frac{P}{S} = \frac{UI_1\cos\varphi_1}{UI} = \frac{I_1}{I}\cos\varphi_1 = \nu\cos\varphi_1 \tag{5-45}$$

式中,ν 为基波电流有效值和总电流有效值之比,称为基波因数,$\nu = I_1/I$;$\cos\varphi_1$ 为位移因数或基波功率因数。可见,功率因数由基波电流相移和电流波形畸变这两个因素共同决定。

含有谐波的非正弦电路的无功功率情况比较复杂,定义很多,但至今尚无被广泛接受的科学而权威的定义。一种简单的定义是仿照式(5-42)给出的,即

$$Q = \sqrt{S^2 - P^2} \tag{5-46}$$

这样定义的无功功率 Q 反映了能量的流动和交换,目前被广泛接受,但该定义对无功功率的描述很粗糙。

也可仿照式(5-40)定义无功功率,为与式(5-46)区别,使用符号 Q_{f},忽略电压中的谐波,有

$$Q_{\mathrm{f}} = UI_1\sin\varphi_1 \tag{5-47}$$

在非正弦情况下,$S^2 \neq P^2 + Q_1^2$,因此引入畸变功率 D,可得

$$S^2 = P^2 + Q_{\mathrm{f}}^2 + D^2 \tag{5-48}$$

比较式(5-46)和式(5-48),可得

$$Q^2 = Q_{\mathrm{f}}^2 + D^2 \tag{5-49}$$

忽略电压谐波,有

$$D = \sqrt{S^2 - P^2 - Q_{\mathrm{f}}^2} = U\sqrt{\sum_{n=2}^{\infty} I_n^2} \tag{5-50}$$

式中,Q_{f} 为由基波电流所产生的无功功率;D 为谐波电流产生的无功功率。

在对实际的整流电路进行谐波和功率因数分析时,不论是带阻感负载的情况,还是带电容滤波的可控或不可控整流电路,都可用上述的相应公式进行分析,也就是对

电流进行傅里叶分析，所得的数学表达式比较复杂，因此本书不给出具体的数学表达式。

5.5 整流电路的有源逆变工作状态

第 4 章已经介绍了逆变的概念，逆变就是把直流电转变成交流电，也是整流的逆过程。逆变电路分为无源逆变电路和有源逆变电路两大类。有源逆变电路就是交流侧和电网相连接的逆变电路，其主要应用有直流可逆调速系统、交流绕线转子异步电动机串级调速以及高压直流输电等。对于可控整流电路，只需满足一定条件就可以工作于有源逆变，其电路形式未变，只是电路工作条件发生了转变。也就是说，整流电路既可以工作在整流状态，又可以工作在逆变状态。

5.5.1 单相整流电路的有源逆变工作状态

为了更直观地分析逆变与整流的关联与区别，下面对直流发电机-电动机系统的电能流转进行分析，以掌握实现有源逆变的条件。

1. 直流发电机-电动机系统的电能流转

图 5-24 直流发电机-电动机系统中，M 为电动机，G 为发电机，励磁回路未画出。控制发电机电动势的大小和极性，可实现电动机四象限运转的状态。图 5-24a 中，M 作为电动机运行，$E_G > E_M$，电流 I_d 从 G 流向 M，I_d 的值为

$$I_d = \frac{E_G - E_M}{R_\Sigma}$$

式中，R_Σ 为主回路的电阻。由于 I_d 和 E_G 同方向，与 E_M 反方向，故 G 输出电功率 $E_G I_d$，M 吸收电功率 $E_M I_d$，电能由 G 流向 M，转变为 M 轴上输出的机械能，R_Σ 上是热耗。

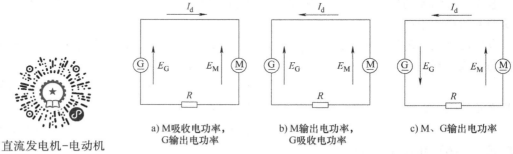

直流发电机-电动机
之间电能的流转

a) M吸收电功率，
G输出电功率

b) M输出电功率，
G吸收电功率

c) M、G输出电功率

图 5-24 直流发电机-电动机之间的电能流转

图 5-24b 为回馈制动状态，M 作为发电机运行，此时 $E_M > E_G$，电流反向，从 M 流向 G，I_d 的值为

$$I_d = \frac{E_M - E_G}{R_\Sigma}$$

此时 I_d 和 E_M 同方向，与 E_G 反方向，故 M 输出电功率，G 吸收电功率，R_Σ 上是热耗，M 轴上输入的机械能转变为电能反送给 G。

再看图5-24c，这时两电动势顺向串联，向电阻 R_Σ 供电，G和M均输出功率，由于 R_Σ 一般都很小，因此实际上形成了短路，在工作中必须严防这类事故发生。

可见两个电动势同极性相接时，电流总是从高电动势流向低电动势，由于回路电阻很小，即使很小的电动势差值也能产生大的电流，使两个电动势之间的交换功率很大，这对分析有源逆变电路十分有用。

2. 逆变产生的条件

以单相全波电路代替上述发电机，给电动机供电，分析此时电路内电能的流向。设电动机作为电动机运行，全波电路应工作在整流状态，α 的范围为 $0° \sim \pi/2$，直流侧输出 U_d 为正值，并且 $U_d > E_M$，如图5-25a所示，才能输出 I_d，其值为

$$I_d = \frac{U_d - E_M}{R_\Sigma}$$

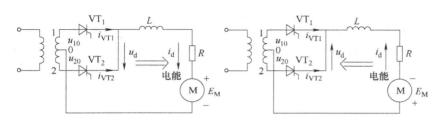

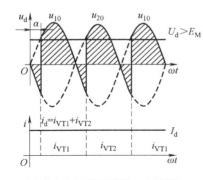

a) 单相全波电路的整流状态及其波形 b) 单相全波电流的逆变状态及其波形

单相全波电流的
整流和逆变

图5-25 单相全波电流的整流和逆变

图5-25b逆变电路内电能的流向与整流时相反，电动机输出电功率，电网吸收电功率。电动机轴上输入的机械功率越大，则逆变的功率也越大。为了防止过电流，同样应满足 $E_M \approx U_d$ 条件，E_M 的大小取决于电动机转速的高低，而 U_d 可通过改变 α 来进行调节。由于逆变状态时 U_d 为负值，故 α 在逆变时的范围应为 $\pi/2 \sim \pi$。

在逆变工作状态下，虽然晶闸管的阳极电位大部分处于交流电压为负的半周期，但由于有外接直流电动势 E_M 的存在，晶闸管仍能承受正向电压而导通。

从上述分析中，可归纳出产生逆变的条件有：

1）要有直流电动势，其极性需与晶闸管的导通方向一致，其值应大于变流器直流侧的平均电压。

2）要求晶闸管的触发延迟角 $\alpha>\pi/2$，使 U_d 为负值。

两者必须同时具备才能实现有源逆变。必须指出，半控桥或有续流二极管的电路，因其整流电压 U_d 不能出现负值，也不允许直流侧出现负极性的电动势，故不能实现有源逆变。欲实现有源逆变，只能采用全控电路。

5.5.2 三相整流电路的有源逆变工作状态

三相有源逆变比单相有源逆变要复杂些，已知整流电路带反电动势、阻感负载时，整流输出电压与控制角之间存在余弦函数关系，即

$$U_d = U_{d0}\cos\alpha$$

逆变和整流的区别仅仅是触发延迟角 α 的不同。$0°<\alpha<\pi/2$ 时，电路工作在整流状态；$\pi/2<\alpha<\pi$ 时，电路工作在逆变状态。为实现逆变，需一反向的 E_M，而 U_d 在上式中因 $\alpha>\pi/2$ 已自动变为负值，完全满足逆变的条件。因此，可沿用整流状态时的分析方法来处理逆变状态时的波形与参数计算等问题。

为分析和计算方便，通常把 $\alpha>\pi/2$ 时的触发延迟角用 $\pi-\alpha=\beta$ 表示，β 称为逆变角。触发延迟角 α 是以自然换相点作为计量起始点，由此向右方计量，而逆变角 β 和触发延迟角 α 的计量方向相反，其大小为自 $\beta=0°$ 的起始点向左方计量，两者的关系为 $\alpha+\beta=\pi$，或 $\beta=\pi-\alpha$。

三相桥式电路工作于有源逆变状态，不同逆变角时的输出电压波形及晶闸管两端电压波形如图 5-26 所示。

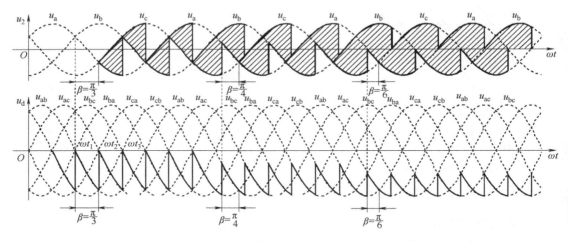

图 5-26　三相桥式电路工作于有源逆变状态时的电压波形

三相桥式电路有源逆变状态时各电量的计算可归纳为

$$U_d = -2.34U_2\cos\beta = -1.35U_{21}\cos\beta \tag{5-51}$$

输出直流电流的平均值亦可用整流的公式，即

$$I_d = \frac{U_d - E_M}{R_\Sigma}$$

逆变状态时，U_d 和 E_M 的极性都与整流状态时相反，均为负值。每个晶闸管导通

$2\pi/3$，故流过晶闸管的电流有效值为（忽略直流电流 I_d 的脉动）

$$I_{VT}=\frac{I_d}{\sqrt{3}}=0.577I_d \tag{5-52}$$

从交流电源送到直流侧负载的有功功率为

$$P_d=R_\Sigma I_d^2+E_M I_d \tag{5-53}$$

逆变状态时，由于 E_M 为负值，故 P_d 一般为负值，表示功率由直流电源输送到交流电源。

在三相桥式电路中，每个周期内流经电源的线电流的导通角为 $4\pi/3$，是每个晶闸管导通角 $2\pi/3$ 的 2 倍，因此变压器二次线电流的有效值为

$$I_2=\sqrt{2}I_{VT}=\sqrt{\frac{2}{3}}I_d=0.816I_d \tag{5-54}$$

5.5.3　逆变失败和最小逆变角的限制

逆变运行时，一旦发生换相失败，外接的直流电源就会通过晶闸管电路形成短路，或者使变流器的输出平均电压和直流电动势变成顺向串联。由于逆变电路的内阻很小，因此会形成很大的短路电流，这种情况称为逆变失败，或称为逆变颠覆。

1. 逆变失败的原因

造成逆变失败的原因很多，主要有下列几种情况：

1）触发电路工作不可靠，不能适时、准确地给各晶闸管分配脉冲，如脉冲丢失、脉冲延时等，致使晶闸管不能正常换相，使交流电源电压和直流电动势顺向串联，形成短路。

2）晶闸管发生故障，在应该阻断期间，器件失去阻断能力，或在应该导通时，器件不能导通，造成逆变失败。

3）在逆变工作时，交流电源发生断相或突然消失，由于直流电动势 E_M 的存在，晶闸管仍可导通，此时变流器的交流侧由于失去了同直流电动势极性相反的交流电压，直流电动势将通过晶闸管使电路短路。

4）换相的裕量角不足，引起换相失败，应考虑变压器漏抗引起重叠角对逆变电路换相的影响，如图 5-27 所示。

由于换相有一过程，且换相期间的输出电压是相邻两电压的平均值，故逆变电压 U_d 要比不考虑漏抗时的更低（负的幅值更大）。存在重叠角会给逆变工作带来不利的后果，如以 VT_1 和 VT_2 的换相过程来分析，如图 5-27b 所示，当逆变电路工作在 $\beta>\gamma$ 时，经过换相过程后，b 相电压 U_b 仍高于 a 相电压 U_a，所以换相结束时，能使 VT_1 承受反向电压而关断。如果换相的裕量角不足，即当 $\beta<\gamma$ 时，从图 5-27b 的波形中可清楚地看到，换相尚未结束，电路的工作状态到达自然换相点 p 点之后，U_a 将高于 U_b，晶闸管 VT_2 承受反向电压而重新关断，使得应该关断的 VT_1 不能关断却继续导通，且 a 相电压随着时间的推移越来越高，电动势顺向串联导致逆变失败。

综上所述，为了防止逆变失败，不仅逆变角 β 不能等于零，而且不能太小，必须限制在某一允许的最小角度内。

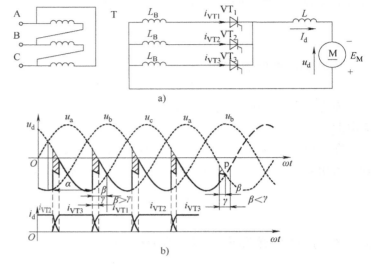

变压器漏抗对逆变
电路换相的影响

图 5-27　变压器漏抗对逆变电路换相的影响

2. 确定最小逆变角 β_{min} 的依据

逆变时允许采用的最小逆变角 β_{min} 应为

$$\beta_{min} = \delta + \gamma + \theta' \tag{5-55}$$

式中，δ 为晶闸管的关断时间 t_q 折合的电角度；γ 为换相重叠角；θ' 为安全裕量角。晶闸管的关断时间 t_q 最长可达 $200 \sim 300\mu s$，折算到电角度 δ 为 $4° \sim 5°$。至于重叠角 γ，它随直流平均电流和换相电抗的增加而增大。

为对重叠角的范围有所了解，举例如下：某装置整流电压为 220V，整流电流为 800A，整流变压器容量为 240kV·A，阻抗电压比 $U_K\%$ 为 5% 的三相线路，其 γ 值为 $15° \sim 20°$。设计变流器时，重叠角可查阅有关手册，也可根据表 5-2 计算，即

$$\cos\alpha - \cos(\alpha + \gamma) = \frac{I_d X_B}{\sqrt{2}\,U_2 \sin\frac{\pi}{m}} \tag{5-56}$$

根据逆变工作时 $\alpha = \pi - \beta$，并设 $\beta = \gamma$，式（5-56）可改写成

$$\cos\gamma = 1 - \frac{I_d X_B}{\sqrt{2}\,U_2 \sin\frac{\pi}{m}} \tag{5-57}$$

式（5-57）表明重叠角 γ 与 I_d 和 X_B 有关。当电路参数确定后，重叠角就有定值。

安全裕量角 θ' 是十分需要的。当变流器工作在逆变状态时，由于种种原因，会影响逆变角，若不考虑裕量，则有可能破坏 $\beta > \beta_{min}$ 的关系，导致逆变失败。在三相桥式逆变电路中，触发器输出的六个脉冲的相位角间隔不可能完全相等，有的比期望值偏前，有的偏后，这种脉冲的不对称程度一般可达 5°，若不设安全裕量角，偏后的那些脉冲相当于 β 变小，就可能小于 β_{min}，导致逆变失败。根据一般中小型可逆直流拖动的运行经验，θ' 值约取 10°。这样 β_{min} 一般取 $30° \sim 35°$。设计逆变电路时，必须保证 $\beta > \beta_{min}$，因此常在触发电路中附加一保护环节，保证触发脉冲不进入小于 β_{min} 的区域内。

5.6 整流电路相位控制的实现

为保证相控电路正常工作，很重要的一点是应保证按触发延迟角 α 的大小在正确的时刻向电路中的晶闸管施加有效的触发脉冲，这就是本节要介绍的如何实现对相控电路的相位控制。由于相控电路一般都使用晶闸管器件，因此，习惯上也将实现对相控电路相位控制的电路总称为触发电路。

本节虽然以整流电路为例，但其原理和具体的触发电路也适用于其他各种晶闸管相控电路。在由模拟电子电路构成的整流装置触发电路中，以同步信号为锯齿波的触发电路应用最多。

1. 同步信号为锯齿波的触发电路

同步信号为锯齿波的触发电路如图 5-28 所示。此电路输出可为双窄脉冲，也可为单窄脉冲，适用于有两个晶闸管同时导通的电路，如三相桥式全控整流电路。电路可分为三个基本环节：脉冲的形成与放大，锯齿波的形成和脉冲移相，同步环节。此外，电路中还有强触发和双窄脉冲的形成环节。

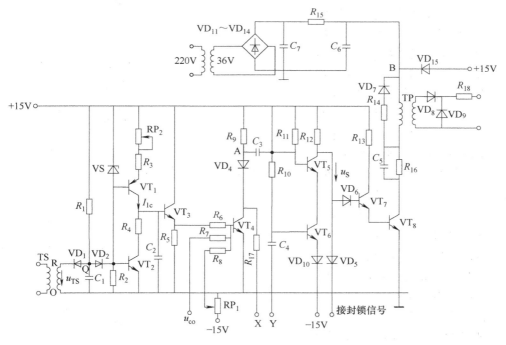

图 5-28 同步信号为锯齿波的触发电路

（1）脉冲形成环节

脉冲形成环节由晶体管 VT_4、VT_5 组成，VT_7、VT_8 起脉冲放大作用。控制电压 u_{co} 加在 VT_4 基极上，电路的触发脉冲由脉冲变压器 TP 二次侧输出，其一次绕组接在 VT_8 集电极电路中。

当控制电压 $u_{co}=0$ 时，VT_4 截止。+15V 电源通过 R_{11} 供给 VT_5 一个足够大的基极电流，使 VT_5 饱和导通，所以 VT_5 的集电极电压 U_{C5} 接近于−15V。VT_7、VT_8 处于截止

155

状态，无脉冲输出。另外，电源的+15V 经 R_9、VT_5 发射极到−15V，对电容 C_3 充电，充满后电容两端电压接近 30V，极性如图 5-28 所示。

当控制电压 $u_{co} \approx 0.7V$ 时，VT_4 导通，A 点电位由+15V 迅速降低至 1.0V 左右，由于电容 C_3 两端电压不能突变，所以 VT_5 基极电位迅速降至约−30V，由于 VT_5 发射极反偏置，VT_5 立即截止。它的集电极电压由 $-E_1$（−15V）迅速上升到+3.1V（VD_6、VT_7、VT_8 三个 PN 结正向电压降之和），于是 VT_7、VT_8 导通，输出触发脉冲。同时，电容 C_3 经电源+15V、R_{11}、VD_4、VT_4 放电和反向充电，使 VT_5 基极电位又逐渐上升，直到 $u_{b5} > -15V$，VT_5 又重新导通。这时 u_e 又立即降到−15V，使 VT_7、VT_8 截止，输出脉冲终止。可见，脉冲前沿由 VT_4 导通时刻确定，VT_5（或 VT_6）截止持续时间即为脉冲宽度。所以，脉冲宽度与反向充电回路时间常数 $R_{11}C_3$ 有关。

（2）锯齿波的形成和脉冲移相环节

锯齿波电压形成的方案较多，如采用自举式电路、恒流源电路等。图 5-28 为恒流源电路方案，由 VT_1、VT_2、VT_3 和 C_2 等元器件组成，其中 VT_1、VS、RP_2 和 VT_3 为一恒流源电路。

当 VT_2 截止时，恒流源电流 I_{1c} 对电容 C_2 充电，所以 C_2 两端电压 u_c 为

$$u_c = \frac{1}{C}\int I_{1c}dt = \frac{1}{C}I_{1c}t \tag{5-58}$$

u_c 按线性增长，即 VT_3 的基极电位 u_{b3} 按线性增长。调节电位器 RP_2，即改变 C_2 的恒定充电电流 I_{1c}，可见 RP_2 是用来调节锯齿波斜率的。当 VT_2 导通时，由于 R_4 阻值很小，所以 C_2 迅速放电，使 u_{b3} 电位迅速降到零附近。当 VT_2 周期性地导通和关断时，u_{b3} 便形成一锯齿波，同样 u_{e3} 也是一个锯齿波电压。射极跟随器 VT_3 的作用是减小控制电路的电流对锯齿波电压 u_{b3} 的影响。

VT_4 的基极电位由锯齿波电压、直流控制电压 u_{co}、直流偏移电压 u_p 三个电压作用的叠加值所确定，它们分别通过电阻 R_6、R_7 和 R_8 与 VT_4 的基极相接。

设 u_h 为锯齿波电压 u_{e3} 单独作用在 VT_4 基极 b_4 时的电压，其值为

$$u_h = u_{e3}\frac{R_7 // R_8}{R_6 + (R_7 // R_8)} \tag{5-59}$$

可见 u_h 仍为一锯齿波，但斜率比 u_{e3} 低。同理，偏移电压 u_p 单独作用时 b_4 的电压 u_p' 为

$$u_p' = u_p\frac{R_6 // R_7}{R_8 + (R_6 // R_7)} \tag{5-60}$$

可见 u_p' 仍为一条与 u_p 平行的直线，但绝对值比 u_p 小。

直流控制电压 u_{co} 单独作用时 b_4 的电压 u_{co}' 为

$$u_{co}' = u_{co}\frac{R_6 // R_8}{R_7 + (R_6 // R_8)} \tag{5-61}$$

可见 u_{co}' 仍为与 u_{co} 平行的一直线，但绝对值比 u_{co} 小。

当 $u_{co} = 0$、u_p 为负值时，b_4 点的波形由 $u_h + u_p'$ 确定。当 u_{co} 为正值时，b_4 点的波形由 $u_h + u_p' + u_{co}'$ 确定。由于 VT_4 的存在，因此上述电压波形与实际波形有出入，当 b_4 点电压等于 0.7V 时，VT_4 导通，之后 u_{b4} 一直被钳位在 0.7V。由前面分析可知，VT_4 经过 M 点时使电路输出脉冲。因此，当 u_p 为某固定值时，改变 u_{co} 便可改变 M 点的时间

坐标，即改变了脉冲产生的时刻，脉冲被移相。可见，加 u_p 的目的是为了确定控制电压 $u_{co}=0$ 时脉冲的初始相位。当接感性负载电流连续时，三相桥式全控整流电路的脉冲初始相位应定在 $\alpha=90°$；如果是可逆系统，需要在整流和逆变状态下工作，这时要求脉冲的移相范围理论上为 $180°$（由于考虑 α_{min} 和 β_{min}，实际一般为 $120°$），由于锯齿波波形两端的非线性，因而要求锯齿波的宽度大于 $180°$，如 $240°$，此时，令 $u_{co}=0$，调节 u_p 的大小使产生脉冲的 M 点移至锯齿波 $240°$ 的中央（$120°$）处，相应于 $\alpha=90°$ 的位置。这时，如 u_{co} 为正值，M 点就向前移，触发延迟角 $\alpha<90°$，晶闸管电路处于整流工作状态；如 u_{co} 为负值，M 点就向后移，触发延迟角 $\alpha>90°$，晶闸管电路处于逆变状态。

（3）同步环节

在锯齿波同步的触发电路中，触发电路与主电路的同步是指要求锯齿波的频率与主电路电源的频率相同且相位关系确定。从图 5-28 可知，锯齿波是由 VT_2 来控制的。VT_2 由导通变截止期间产生锯齿波，VT_2 截止状态持续的时间就是锯齿波的宽度，VT_2 开关的频率就是锯齿波的频率。要使触发脉冲与主电路电源同步，可使 VT_2 的开关频率与主电路电源频率同步即可达到。图 5-28 中的同步环节是由同步变压器 TS 和作为同步开关用的晶体管 VT_2 组成的。同步变压器和整流变压器接在同一电源上，用同步变压器的二次电压来控制 VT_2 的通断，从而保证了触发脉冲与主电路电源同步。

同步变压器二次电压 u_{TS} 经二极管 VD_1 间接加在 VT_2 的基极上。当 u_{TS} 在负半周的下降段时，VD_1 导通，电容 C_1 被迅速充电。因 O 点接地为零电位，R 点为负电位，Q 点电位与 R 点相近，故在这一阶段 VT_2 基极为反向偏置，VT_2 截止。在 u_{TS} 波形负半周的上升段，+15V 电源通过 R_1 给电容 C_1 反向充电，u_0 为电容反向充电电压，其上升速度比 u_{TS} 慢，故 VD_1 截止。当 Q 点电位达到 1.4V 时，VT_2 导通，Q 点电位被钳位在 1.4V。直到 TS 二次电压 u_{TS} 的下一个负半周到来时，VD_1 重新导通，C_1 迅速放电后又被充电，VT_2 截止。如此周而复始。在一个正弦波周期内，VT_2 包括截止与导通两个状态，对应锯齿波波形恰好是一个周期，与主电路电源频率和相位完全同步，达到同步的目的。可以看出，Q 点电位从同步电压负半周上升段开始时刻到达 1.4V 的时间越长，VT_2 截止时间就越长，锯齿波就越宽。可知锯齿波的宽度是由充电时间常数 R_1C_1 决定的。

（4）双窄脉冲形成环节

本方案采用性能价格比优越、每个触发单元一个周期内输出两个间隔 $60°$ 脉冲的电路，称为双脉冲电路。

图 5-28 中，VT_5、VT_6 两个晶体管构成一个或门。当 VT_5、VT_6 都导通时，u_s 约为 $-15V$，使 VT_7、VT_8 都截止，没有脉冲输出。但只要 VT_5、VT_6 中有一个截止，都会使 u_s 变为正电压，使 VT_7、VT_8 导通，就有脉冲输出。所以，只要用适当的信号来控制 VT_5 或 VT_6 的截止（前后间隔 $60°$），就可以产生符合要求的双脉冲。其中，第一个脉冲由本相触发单元的 u_{co} 对应的触发延迟角 α 使 VT_4 由截止变为导通，造成 VT_5 瞬时截止，于是 VT_8 输出脉冲，隔 $60°$ 的第二个脉冲是由滞后 $60°$ 相位的后一相触发单元在产生第一个脉冲时刻将其信号引至本相触发单元 VT_6 的基极，使 VT_6 瞬时截止，于是本相触发单元的 VT_8 管又导通，第二次输出一个脉冲，因而得到间隔 $60°$ 的双脉冲。其中

VD$_4$ 和 R$_{17}$ 的作用，主要是防止双脉冲信号互相干扰。

在三相桥式全控整流电路中，器件的导通次序为 VT$_1$—VT$_2$—VT$_3$—VT$_4$—VT$_5$—VT$_6$，彼此间隔 60°，相邻器件呈双接通。因此，触发电路中双脉冲环节的接线方式为：以 VT$_1$ 器件的触发单元而言，图 5-28 电路中的 Y 端应该接器件触发单元电路的 X 端，因为 VT$_2$ 器件的第一个脉冲比 VT$_1$ 器件的第一个脉冲滞后 60°。所以，当 VT$_2$ 触发单元电路的 VT$_4$ 由截止变导通时，VT$_2$ 本身输出一个脉冲，同时使 VT$_1$ 器件触发单元的 VT$_6$ 截止，给 VT$_1$ 器件补送一个脉冲。同理，VT$_1$ 器件触发单元的 X 端应当接 VT$_6$ 器件触发电路的 Y 端。依此类推，可以确定六个器件相应触发单元电路的双脉冲环节间的相互接线。

2. 集成触发器

集成电路可靠性高，技术性能好，体积小，功耗低，调试方便。随着集成电路制作技术的提高，晶闸管触发电路的集成化已逐渐普及，现已逐步取代分立式电路。目前国内常用的集成电路有 KJ 系列和 KC 系列，两者生产厂家不同，但很相似。下面以 KJ 系列为例，简单介绍三相桥式全控整流电路的集成触发器的组成。

图 5-29 为 KJ004 电路原理图，其中点画线框内为集成电路部分。可以看出，它与分立元件的锯齿波移相触发电路相似。可分为同步、锯齿波形成、移相、脉冲形成、脉冲分选及脉冲放大几个环节。其工作原理可参照锯齿波同步的触发电路进行分析，或查阅有关的产品手册，此处不再详述。

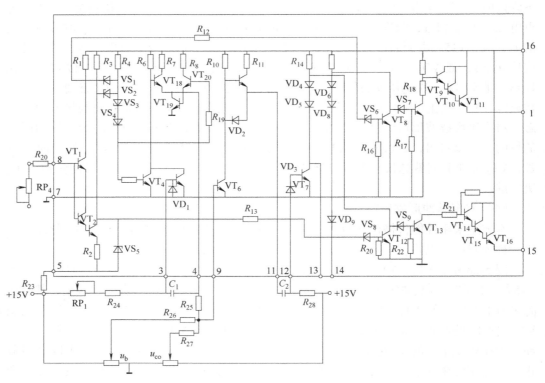

图 5-29　KJ004 电路原理图

只需用三个 KJ004 集成块和一个 KJ041 集成块,即可形成六路双脉冲,再由六个晶体管进行脉冲放大,即可构成完整的三相桥式全控整流电路的集成触发电路,如图 5-30 所示。

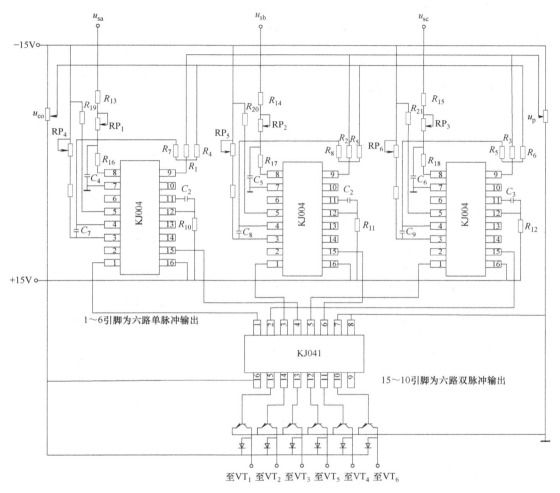

图 5-30　三相桥式全控整流电路的集成触发电路

KJ041 内部实际是由 12 个二极管构成的六个或门。也有厂家生产了将图 5-30 全部电路集成的集成块,但目前应用还不多。

以上触发电路均为模拟触发电路,其优点是结构简单、可靠,缺点是易受电网电压影响,触发脉冲的不对称度较高,可达 3°~4°,精度低。在对精度要求高的大容量变流装置中,越来越多地采用了数字触发电路,可获得很好的触发脉冲对称度,如基于 8 位单片机的数字触发器,其精度可达 0.7°~1.5°。

3. 触发电路的定相

向晶闸管整流电路供电的交流侧电源通常来自电网,电网电压的频率不是固定不变的,而是会在允许范围内有一定的波动。触发电路除了应当保证工作频率与主电路交流电源的频率一致外,还应保证每个晶闸管触发脉冲与施加于晶闸管的交流电压保持固定、正确的相位关系，这就是触发电路的定相。

为保证触发电路和主电路频率一致，利用一个同步变压器，将其一次侧接入为主电路供电的电网，由其二次侧提供同步电压信号，这样，由同步电压决定的触发脉冲频率与主电路晶闸管电压频率始终一致。接下来的问题是触发电路的定相，即选择同步电压信号的相位，以保证触发脉冲相位正确。触发电路的定相由多方面的因素确定，主要包括相控电路的主电路结构、触发电路结构等。触发电路定相的关键是确定同步信号与晶闸管阳极电压的关系。

5.7　PWM 整流电路

5.7.1　概述

1. 二极管整流

不可控功率二极管整流器的工作原理十分简单，不设置相应的控制电路，电网侧功率因数比相控晶闸管整流器网侧功率因数高，成本也低，但也存在换相重叠角，产生了谐波污染。二极管整流最大的缺点是整流后的直流电压是定值，实现不了整流器能量的双向传输。

2. 相控整流

半控晶闸管整流电路利用相位控制方式调节直流电压，结构简单，控制方便，技术成熟，使用较早，价格低廉，应用广泛，是一种低频整流电路，但也存在以下缺点：

（1）网侧功率因数低

网侧功率因数计算公式为

$$\lambda = \frac{\sum_{n=1}^{\infty} P_n}{S} = \frac{P_1 + \sum_{n=2}^{\infty} P_n}{S}$$

式中，P_1 为基波有功功率；P_n（$n \geq 2$）为谐波有功功率；S 为网侧视在功率。

当网侧谐波有功功率，即 $\sum_{n=2}^{\infty} P_n = 0$ 时，网侧功率因数为 $\lambda = \dfrac{P_1}{S}$。

对于单相电路

$$\begin{cases} P_1 = U_1 I_1 \cos\phi_1 \\ S = UI = U_1 I \end{cases}$$

对于三相电路

$$\begin{cases} P_1 = 3U_1 I_1 \cos\phi_1 \\ S = 3UI = 3U_1 I \end{cases}$$

而网侧功率因数

$$\lambda = \frac{P_1}{S} = \frac{I_1}{I} \cos\phi_1 \Big|_{U = U_1} \tag{5-62}$$

式中，I 为相电流有效值；I_1 为基波电流有效值；$\cos\phi_1$ 为基波电压与基波电流间的功率因数。

令 $\dfrac{I_1}{I} = \mu$ 为电流畸变系数，它表示 I 含有高次谐波的程度。

由相控晶闸管整流原理可知，在输出电流 i 连续时，忽略换相重叠角的影响，可以认为

$$\cos\phi_1 = \cos\alpha \tag{5-63}$$

式（5-63）说明，晶闸管相控触发延迟角 α 越小，导通角越大，则 $\cos\phi_1$ 越大。深控时，α 大，$\cos\phi_1$ 就很低。

（2）网侧谐波电流对电网产生谐波污染

由于晶闸管开关的非线性特性，因此，即使网侧电压是正弦波，网侧电流也含谐波电流。

谐波电流占用电网容量，引起电网电压波形畸变。由于电流、电压波形畸变，同一供电线路上的其他设备必然受到影响，从而引起其他设备过热、噪声、振动甚至误动作。而半导体整流器应用日益广泛、容量日益增大，对电网的污染问题不可忽视。

（3）晶闸管换相时引起网侧电压波形畸变

由于供电设备存在漏电感，晶闸管又采用相位控制，就必然存在换相重叠，引起电网电压产生缺口的或尖脉冲的电压波形，破坏网侧电压的正弦性，给同一供电线路上其他设备带来危害，如共振、误动作、失真等。

（4）动态响应相对较慢

相位控制晶闸管整流电路是一个惯性环节，其传递函数为

$$G(s) = \dfrac{K_S}{T_S s + 1}$$

式中，K_S 为电压放大系数；T_S 为迟滞时间，如对于三相桥式全控整流电路，有

$$T_S = \dfrac{1}{2 T_{S\max}} = 0.167\mathrm{s}$$

由于 T_S 的存在，就必然实现不了快速响应。针对相控晶闸管整流电路存在的缺点，人们曾采用各种措施，但均没获得满意的效果。其根本原因是晶闸管开关频率低，加上是相位控制，但又不能控制其关断（除非另加关断电路），因此难以满足高频开关频率控制。

随着高频开关频率、全控型功率器件的相继出现，又将 PWM 控制技术引入了电力电子变流电路，出现了 PWM 整流电路、逆变电路、直流斩波电路和交流调压及变频电路。

3. PWM 整流电路

PWM 整流电路是指采用 PWM 控制方式和全控型功率器件如 IGBT 组成的整流电路，也称高频斩控整流电路。

PWM 整流电路具有以下优越性能：

1）网侧电压、电流均为正弦波。即网侧电压 $u_N = U_{NM}\sin\omega t$，控制网侧电流 i_N 也是 $i_N = I_{NM}\sin\omega t$，减少了网侧电压、电流的低频谐波。

2）网侧功率因数可控，实现了单位功率因数 $\lambda \approx 1$。控制 i_N 与 u_N 同相位，即 $\phi_1 = 0$，$\cos\phi_1 = 1$，实现 $\lambda \approx 1$ 整流运行。还可以控制 i_N 与 u_N 反向，即 $\phi_1 = \pi$，$\cos\phi_1 = -1$，

電力电子技术基础

实现 $\lambda \approx 1$ 逆变运行。

3）可实现能量双向传输。当 PWM 整流运行时，电网向负载传输能量；当 PWM 有源逆变运行时，又从负载（如交流电动机降频调速时）向电网回馈电能。

4）较快的动态响应。因为整流电路采用几十千赫兹高频 PWM 控制，其滞后时间远远小于晶闸管迟滞时间 T_S，故比相控晶闸管整流电路动态响应快。

由上可见，PWM 整流电路实际上是交、直流侧均可以控制的整流器。PWM 整路电路的分类方法多种多样，主要分类如下：

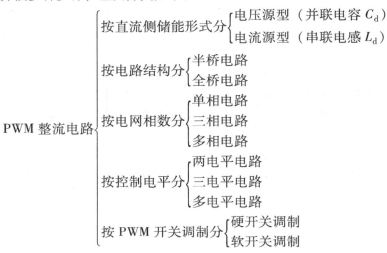

尽管 PWM 整流电路的分类方法多种多样，但最基本的分类是将 PWM 整流电路分为电压源型和电流源型两大类。这两大类 PWM 整流电路无论主电路结构还是 PWM 信号发生以及控制策略等方面均有各自的特点，并且两者间存在电路上的对偶性。

5.7.2　电压源型（VSR）PWM 整流电路

VSR PWM 整流主电路最显著的特点是该电路直流侧并联了起储能、滤波、缓冲无功能量作用的电容 C_d，因而具有低阻抗的恒压源性质。

VSR PWM 整流主电路分为单相半桥、单相全桥和三相半桥、三相全桥等主电路。

1. 单相 VSR 主电路

（1）单相半桥 VSR 主电路

单相半桥 VSR 主电路如图 5-31a 所示。半桥电路的一半桥由功率器件 VT_1（VD_1）和 VT_2（VD_2）组成，另一半桥由两个串联电容 C_{d1} 和 C_{d2} 组成。交流侧电感 L_S 包括外接电抗器的电感和交流电源的内部电感，是电路正常工作所必需的。电阻 R_S 包括外接电抗器中的电阻和交流电源的内阻。IGBT 必须反并联功率二极管，保证当全控型器件 IGBT 关断时，由反并联功率二极管 VD 导通，使电路进行整流工作。稳态时，整流器输出的直流电压不变，开关管按正弦规律进行 PWM 控制，整流器交流侧的电压 U_{ab} 是与逆变器输出电压类似的 SPWM 电压波。由于电感 L_S 的滤波作用，交流电源流入的电流中谐波电流不大，忽略整流器交流侧输出的交流电压 U_{ab} 中的谐波，变换器交流侧电压 U_{ab} 可以看作是可控正弦交流电压源，它与电网的正弦电压 U_S 共同作用于输入电感

162

L_S，产生正弦输入电流。适当控制整流器交流端的电压 U_{ab} 的幅值和相位，就可以获得所需大小和相位的输入电流 i_s，并使直流电压保持为给定值。

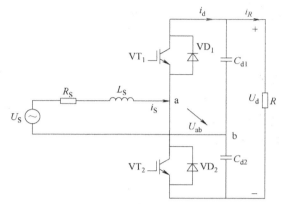

a) 单相半桥VSR主电路

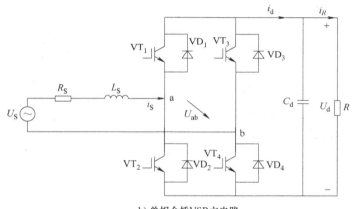

b) 单相全桥VSR主电路

图 5-31　单相 VSR 主电路

图 5-31a 电路对功率器件耐压要求较高。为使半桥电路电容中点（b 点）电位基本不变，需引入电容均压控制。单相半桥 VSR 的控制相对复杂，适用于几千瓦以下的小功率整流电源。

（2）单相全桥 VSR 主电路

如图 5-31b 所示，单相全桥 VSR 主电路的两个桥臂由四个功率器件组成全控型器件 IGBT，其工作原理同半桥电路，单相全桥 VSR 主电路是应用比较多的电路。

2. 三相 VSR 主电路

图 5-32a、b 分别为三相半桥和三相全桥 VSR 主电路。

（1）三相半桥 VSR 主电路

图 5-32a 中，交流电网电源 U_{u0}、U_{v0}、U_{w0} 为三相对称、互差 120° 的正弦电压，采用星形联结，且三相交流回路的等效电阻 R_N 和电感 L_N 相同。等效负载为 R，平均直流电压为 U_d，平均直流电流为 I_d。此电路适用于三相电网平衡系统，通常称为三相桥式电路。三相半桥 VSR 主电路是应用最多的电路。

图 5-31a 中，L_S、R_S 的含义和单相桥式全控 PWM 整流电路完全相同，电路的工作原理也和前述的单相全桥 VSR 电路相似，只是从单相扩展到三相。对电路进行 SPWM 控制，在桥的交流输入侧得到三相 SPWM 电压 U_U、U_V、U_W，对各相电压的幅值和相位进行有效控制，就可以使各相电流 i_U、i_V、i_W 为正弦波且和电压相位相同，功率因数近似为 1。

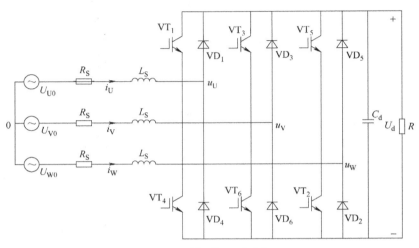

a) 三相半桥VSR主电路

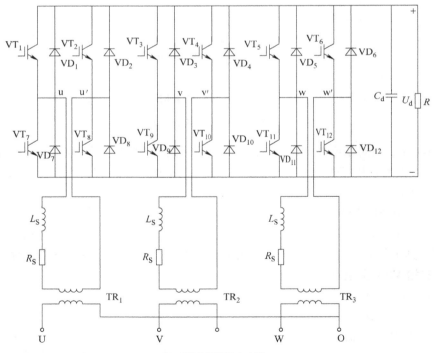

b) 三相全桥VSR主电路

图 5-32　三相 VSR 主电路

164

（2）三相全桥 VSR 主电路

当三相电网电压不平衡时，可采用三相全桥 VSR 主电路，如图 5-32b 所示。其特点是公共直流母线上连接三个独立控制的单相全桥 VSR 电路，并通过整流变压器（TR_1、TR_2、TR_3）连接在三相四线制电网上。因此，当电网不平衡时，不会严重影响 PWM 整流电路的控制性能。但该电路所需功率器件比图 5-32a 三相半桥 VSR 主电路的功率器件多一倍。因此，该电路应用较少。

5.7.3 电流源型（CSR）PWM 整流电路

CSR PWM 整流主电路最显著的特点是该电路直流侧串联了电感 L_d 进行储能、滤波缓冲能量，从而使 CSR 直流侧呈高阻抗的恒流源属性。

常用的 CSR PWM 整流主电路有单相桥式和三相桥式主电路。

1. 单相桥式 CSR 主电路

图 5-33 中，交流回路 L_S、C_S 组成二阶滤波器，这与单相桥式 VSR 主电路不同。二阶滤波器滤去 CSR 网侧谐波电流，并抑制 CSR 交流谐波电压。还应注意的是，CSR 功率开关管 $VT_1 \sim VT_4$ 支路上均顺向串联功率二极管 $VD_1 \sim VD_4$，提高了功率器件 $VT_1 \sim VT_4$ 的反向耐压能力。

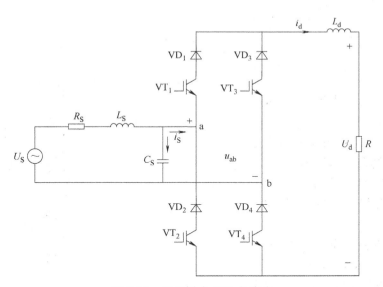

图 5-33　单相桥式 CSR 主电路

2. 三相桥式 CSR 主电路

图 5-34 中，三相对称正弦电网电压 U_{U0}、U_{V0}、U_{W0} 互差 120°。直流侧串联电感 L_d、储能 C_N、滤波 L_S 缓冲能量是电流源型（CSR）变换电路不可缺的元件。串联的 $VD_1 \sim VD_4$ 是防止反电压对 $VT_1 \sim VT_4$ 击穿而设。

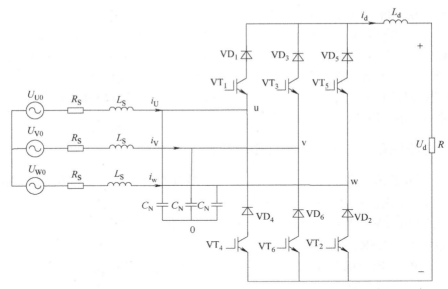

图 5-34　三相桥式 CSR 主电路

5.8　整流器的典型应用

　　整流器的主要应用是把交流电源转换为直流电源。由于几乎所有的电子设备都需要使用直流，但电力公司的供电是交流，因此除非使用电池，否则所有电子设备的电源供应器内部都少不了整流器。

　　整流器还用于调幅（AM）无线电信号的检波。信号在检波前可能会先经增幅（把信号的振幅放大），如果未经增幅，则必须使用电压降非常低的二极管。使用整流器做解调时必须小心地搭配电容器和负载电阻。电容太小则高频成分输出过多，电容太大则将抑制信号。

　　整流装置也用于提供大功率供电装置所需的固定极性电压。这种电路的输出电流有时需要控制，此时会用晶闸管替换桥式整流中的二极管，并以相位控制触发的方式调整其电压输出。

　　晶闸管也用于各种直流调速系统中，以实现牵引电动机的调节。如在 Eurostar 列车上使用此方式提供三相牵引电动机所需的电源。

1. 晶闸管稳压直流电源

　　图 5-35 为采用晶闸管构成的输出 12～30V/20A 可调的稳压电源。这是一个自动调压系统，它由晶闸管整流电路、触发电路及反馈控制电路等组成。主电路采用单相桥式半控整流电路，晶闸管 VT_1 和 VT_2 及二极管 VD_1 和 VD_2 分别构成单相桥式半控整流电路中的一个整流臂，VT_1 和 VT_2 的阴极不接在一起。这种接法的优点是整流二极管 VD_1 和 VD_2 串联，兼有续流作用，可为滤波电感及负载中的感性成分构成通路，以释放电磁能量，避免产生过高反电压。

　　R_1 和 C_1、R_2 和 C_2、R_3 和 C_3 为过电压吸收保护电路；FU_1、FU_2 为串联在晶闸管支路中的快速熔断器，作为晶闸管的过电流保护环节；T_1 为整流变压器；L_1 和 C_4 组

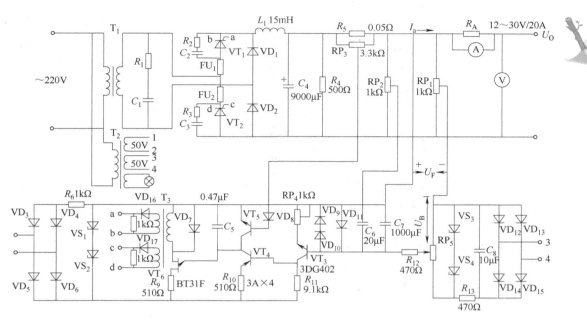

图 5-35　采用晶闸管构成的输出 12~30V/20A 可调的稳压电源

成滤波器；电阻 R_4 为固定假负载，当输出空载时由其导通一定的电流，其数值大于晶闸管的维持电流，使其处于工作状态。

单结晶体管 VT_6、晶体管 VT_4、VT_5 组成的具有放大环节的触发电路。二极管 VD_9、VD_{10} 作为晶体管 VT_3 基极回路的正向保护，VD_{11} 为反向保护，这样就使晶体管的输入信号限制在 $-0.7~1.4V$ 之间，以保护放大管。脉冲变压器 T_3 二次侧所接二极管 VD_{16} 和 VD_{17}（使输出至晶闸管门极的触发信号为正脉冲，以确保被加到触发晶闸管阴极的触发脉冲为正脉冲）。

变压器 T_2、整流桥 $VD_3~VD_6$、电阻 R_6、稳压管 VS_1 和 VS_2 构成同步电路，提供梯形同步电压。整流桥 $VD_{12}~VD_{15}$、滤波电容 C_8、稳压中路 R_{13}、VS_3、VS_4、电位器 RP_5 提供给定电压 U_B，RP_5 调节整流输出电压 U_O 的大小。R_{12} 与 C_7 组成积分电路，保证在开机时输出电压稳定，并兼有滤除干扰信号的作用。

电压 U_F 与 U_B 以相反极性串联接至 VT_3 的基射电路，作为其输入电压。它是电压串联负反馈，即当 I_O 增加使 U_O 降低时，能通过 VT_3、VT_4、VT_6 将加到 VT_1、VT_2 门极的触发脉冲前移，使导通角增大，U_O 回升，RP_2 与 C_6 组成微分负反馈，抑制振荡，使系统有较好的动态特性。RP_3、R_5、VT_5 组成过电流保护中路。

2. 晶闸管快速充电控制电路

蓄电池快速充电电源具有对蓄电池充电时间短、充电效率高等显著优点，日益受到重视。KM-94-2 电路专为大功率快速充电控制设计，具有快充/放电、时序控制、稳压/稳流、稳压限流、自动电压检测、过电压保护、过电流保护、定时关断等功能。

KM-94-2 的内部构成原理框图如图 5-36 所示。该电路由时序电路（由电压检测、充放时序、充放电延时等构成）、保护电路（由过电流保护、过电压保护、故障综合、定时关断等构成）以及调节器电路等三部分组成。在充电期间，KM-94-2 的 9、12 端均无输出脉冲，故放电晶闸管 VT_1、VT_2 均关断，不工作；在放电期间，KM-94-2 的 12 端输出触发脉冲，晶闸管 VT_1、VT_2 工作，使蓄电池放电；在停止放电时间 T_4 期间，KM-94-2 的 9 端输出触发脉冲触发晶闸管 VT_3，从而使放电晶闸管 VT_1、VT_2 关断。

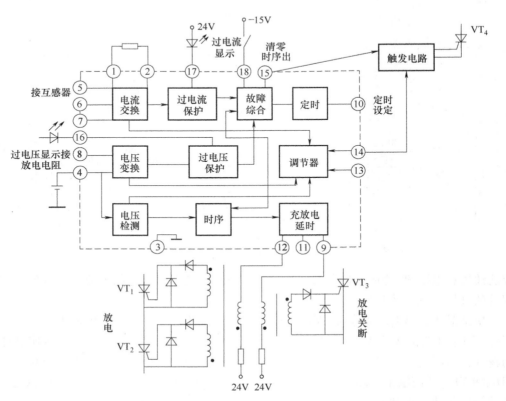

图 5-36　KM-94-2 的内部构成原理框图

保护电路的工作原理为：由电流互感器输出的电流采样信号，经整流后送往比较器，与一基准电压比较，产生过电流信号。另一方面，从电池组两端取出的电压信号送往另一级比较器，与一基准电压比较，产生过电压信号。过电流、过电压、定时、时序信号送往故障综合单元。当未发生过电流、过电压且定时电路无输出时，只有时序信号通过 15 端加到外部晶闸管 VT_4 触发电路控制端，充电机按时序工作。当发生过电流、过电压或定时电路有输出信号时，晶闸管触发电路关断，过电压或过电流显示器发光。若过电压、过电流显示器不亮但充电机关断，则是由于定时时间已到，蓄电池已充足电。

KM-94-2 电路中的调节器与常规的调节器原理相同。电压信号、电流信号、给定信号都加到调节器输入端，可实现稳压/稳流、稳压限流等调节功能。

检测电压从蓄电池组两端取出，当蓄电池充电到要求的电压时，检测单元输出状态变化，使时序电路关断，给定电压降低，充电电流减小。此时充电机进入常规充电状态，以确保蓄电池充足。到达定时时间后，晶闸管触发控制电路输出关断，充电机停止充电。

3. 晶闸管直流调速系统

许多生产机械，由于加工和运行的要求，使电动机经常处于起动、制动、反转的过渡过程中，因此起动和制动过程的时间在很大程度上决定了生产机械的生产效率。为缩短这部分时间，仅采用 PI 调节器的转速负反馈单闭环调速系统，其性能不很令人满意。基于三相全控整流电路的双闭环直流调速系统由电流和转速两个调节器进行综合调节，可获得良好的静、动态性能（两个调节器均采用 PI 调节器），由于调整系统的主要参量为转速，故将转速环作为主环放在外面，电流环作为副环放在里面，这样可以抑制电网电压扰动对转速的影响。双闭环直流调速系统的原理框图如图 5-37 所示。

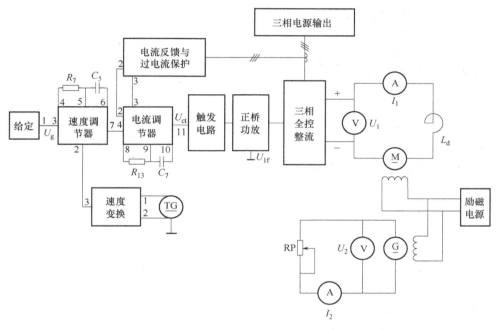

图 5-37　双闭环直流调速系统的原理框图

系统启动时，加入给定电压 U_g，速度调节器和电流调节器即以饱和限幅值输出，使电动机以限定的最大起动电流加速起动，直到电动机转速达到给定转速（即 $U_g = U_{fn}$），并在出现超调后，速度调节器和电流调节器退出饱和，最后稳定在略低于给定转速值下运行。

系统工作时，要先给电动机加励磁，改变给定电压 U_g 的大小即可方便地改变电动机的转速。电流调节器、速度调节器均设有限幅环节，速度调节器的输出作为电流调节器的给定，利用速度调节器的输出限幅可达到限制起动电流的目的。电流调节器的输出作为触发电路的控制电压 U_{ct}，利用电流调节器的输出限幅可达到限制 α_{max} 的目的。

本章小结

本章主要介绍了电力电子变流电路中的 AC-DC 变换——整流器，学习了单相整流电路、三相整流电路、整流电路的谐波与功率因数、整流电路的有源逆变工作状态、整流电路相位控制的实现以及 PWM 整流电路。在熟练掌握晶闸管工作特性的基础上学习了各种单相整流电路和三相整流电路，对各种整流电路的理解和掌握，是学习本章的关键和核心。另外，整流电路的有源逆变工作状态也具有很强的代表性，也应作为学习的本章的重点。

 习题和思考题

1. 单相桥式全控整流电路，$U_2 = 100V$，负载中 $R = 2\Omega$，L 值极大，当 $\alpha = 30°$ 时，要求：

1）画出 u_d、i_d 和 i_2 的波形。

2）求整流输出平均电压 U_d、电流 I_d、变压器二次电流有效值 I_2。

3）考虑安全裕量，确定晶闸管的额定电压和额定电流。

2. 单相桥式全控整流电路，$U_2 = 100V$，负载中 $R = 2\Omega$，L 值极大，反电动势 $E = 60V$，当 $\alpha = 30°$ 时，要求：

1）画出 u_d、i_d 和 i_2 的波形。

2）求整流输出平均电压 U_d、电流 I_d、变压器二次侧电流有效值 I_2。

3）考虑安全裕量，确定晶闸管的额定电压和额定电流。

3. 三相半波可控整流电路，$U_2 = 100V$，带阻感负载，$R = 5\Omega$，L 值极大，当 $\alpha = 60°$ 时，要求：

1）画出 u_d、i_d 和 i_{VT1} 的波形。

2）计算 U_d、I_d、I_{dVT} 和 I_{VT}。

4. 三相桥式全控整流电路，$U_2 = 100V$，带阻感负载，$R = 5\Omega$，L 值极大，当 $\alpha = 60°$ 时，要求：

1）画出 u_d、i_d 和 i_{VT1} 的波形。

2）计算 U_d、I_d、I_{dVT} 和 I_{VT}。

5. 三相半波可控整流电路，带反电动势+阻感负载，$U_2 = 100V$，$R = 1\Omega$，$L = \infty$，$L_B = 1mH$，求当 $\alpha = 30°$、$E = 50V$ 时 U_d、I_d、γ 的值，并画出 u_d 与 i_{VT1} 和 i_{VT2} 的波形。

6. 三相桥式不可控整流电路，带阻感负载，$R = 5\Omega$，$L = \infty$，$U_2 = 220V$，$X_B = 0.3\Omega$，求 U_d、I_d、I_{VD}、I_2 和 γ 的值，并画出 u_d、i_{VD} 和 i_2 的波形。

7. 三相桥式全控整流电路，带反电动势+阻感负载，$E = 200V$，$R = 1\Omega$，$L = \infty$，$U_2 = 220V$，$\alpha = 60°$，当分别求 $L_B = 0mH$ 和 $L_B = 1mH$ 情况下 U_d、I_d 的值（后者还应求 γ），并分别画出 u_d 与 i_{VT} 的波形。

 实践题

拆解一个闲置的手机充电器，测绘其电路，分析其工作原理，并查阅资料，结合所学知识对充电器的结构、外形、电路及提高充电速度等提出改进建议。

第6章

AC-AC变换——
交流调压和交-交变频器

本章主要介绍电力电子变流电路中的 AC-AC 变换电路，学习交-交变频器的概念与分类，学习单相交流调压电路、三相交流调压电路、交流调功电路、交流电力电子开关以及交-交变频电路等。在本章的学习中，应掌握典型的 AC-AC 变换电路的工作原理、波形、控制方式与典型应用等知识。

6.1 AC-AC 变换电路概述

AC-AC 变换电路，即把一种形式的交流电变成另一种形式交流电的电路。在进行 AC-AC 变换时，可以改变电路的电压（电流）、频率和相数等。在电力电子技术出现前，交流调压常采用变压器来实现，但改变交流电频率很困难。普通变压器只有固定的电压比，自耦变压器可以连续调压，但是有滑动触点维护不方便，并且铁磁结构调压设备笨重、体积大、消耗铜铁材料多等缺点。现采用电力电子器件的交流调压器不仅可以实现电压的连续调节，并且装置轻巧，在灯光调节、电风扇调速、交流电动机软起动、供电系统可调无功补偿等场合得到广泛应用。电力电子变频器可以改变交流电的电压、频率和相数。用电力电子开关电路直接改变交流电电压和频率的变频器称为交-交变频器，也称直接变频器。将交流电整流变为直流电，再用逆变器进行变频的交-直-交变频器称为间接变频器，这两种变频器大多用在交流电动机的变频调速和其他需要变频调压的场合。

6.2 单相交流调压电路

单相交流调压电路是交流调压中最基本的电路，它由两个反并联的晶闸管 VT_1 和 VT_2 组成，如图 6-1 所示。由于晶闸管为单向开关器件，所以必须用两个普通晶闸管分别作正、负半周的开关，当一个晶闸管导通时，它的管电压降成为另一个晶闸管的反向电压使之阻断，实现电网自然换流。

6.2.1 电阻性负载

图 6-1 为电阻性负载时单相交流调压电路及其波形。

与整流电路一样，交流调压电路的工作情况与负载性质和触发延迟角 α 有很大的关系。图 6-1b 中 u_0 和 u_{VT} 曲线描述的是电阻性负载下不同 α 时刻的输出交流电压和对应的晶闸管承压波形。可以看出，改变触发延迟角就可以改变 $0°\sim\alpha$ 和 $\pi\sim(\pi+\alpha)$ 区间

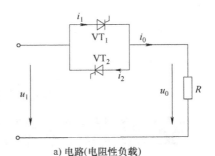

a) 电路(电阻性负载)

b) 波形(电阻性负载)

单相电阻式
负载波形分析

图 6-1　单相交流调压电路及其波形（电阻性负载）

的电压波形，从而在负载上得到不同大小的交流电压。由输出交流电压波形可求得负载电压的有效值为

$$U_0 = \sqrt{\frac{1}{\pi}\int_\alpha^\pi (\sqrt{2}\,U_1\sin\omega t)^2 \mathrm{d}(\omega t)} = U_1\sqrt{1 - \frac{2\alpha - \sin 2\alpha}{2\pi}} = U_1\sqrt{\frac{\sin 2\alpha}{2\pi} + \frac{\pi - \alpha}{\pi}} \quad (6\text{-}1)$$

式中，U_1 为输入交流电压的有效值。

负载输出交流电流有效值为

$$I_0 = \frac{U_0}{R} = \frac{U_1}{R}\sqrt{1 - \frac{2\alpha - \sin 2\alpha}{2\pi}} = \frac{U_1}{R}\sqrt{\frac{\sin 2\alpha}{2\pi} + \frac{\pi - \alpha}{\pi}} \quad (6\text{-}2)$$

输出有功功率为

$$P_0 = U_0 I_0 = \frac{U_1^2}{R}\left(1 - \frac{2\alpha - \sin 2\alpha}{2\pi}\right) = \frac{U_1^2}{R}\left(\frac{\sin 2\alpha}{2\pi} + \frac{\pi - \alpha}{\pi}\right) \quad (6\text{-}3)$$

有功功率与视在功率 $S = U_1 I_0$ 之比定义为输入功率因数 λ，即

$$\lambda = \frac{U_0 I_0}{U_1 I_0} = \frac{U_0}{U_1} = \sqrt{\frac{\sin 2\alpha}{2\pi} + \frac{\pi - \alpha}{\pi}} \tag{6-4}$$

输入功率因数 λ 与触发延迟角 α 的关系如图 6-2 曲线所示，可见，α 越大，输出电压越低，输入功率因数也越低。

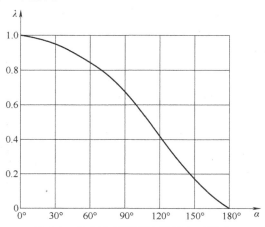

图 6-2 单相交流调压电阻性负载输入
功率因数与触发延迟角的关系

另外，从图 6-1b 波形图可以看出，输出电压虽是交流，但不是正弦波（波形与横轴对称，没有偶次谐波，而包含 3、5、7、9 等奇次谐波），这与用调压变压器进行交流调压时输出是正弦波不同，所以，单相交流调压电路只适用于对波形没有要求的场合，如温度和灯光的调节。如果作为其他调压器，则要注意负载容许多大的波形畸变。由此也可以看出，不论是可控整流还是交流调压，电力电子装置中采用移相控制（$\alpha \neq 0°$），即使是电阻负载，没有储能元件，也没有无功功率流动，并不像正弦交流电压、电流电路那样，功率因数为 1，这是因为电流已不是正弦波，这里的无功功率一部分是由基波电流移相产生，另一部分则由谐波电流产生。

6.2.2 阻感性负载

假设感性负载 RL 的基波阻抗角 $\varphi = \arctan \omega L / R$，阻抗角反映了阻感性负载电感作用的大小。阻感性负载交流调压时，根据触发延迟角 α 和阻抗角 φ 的关系，电路有两种工作情况。

1）$\varphi \leqslant \alpha < \pi$ 时，电路电压和电流的波形如图 6-3b 所示。在 $\omega t = \alpha$ 时，触发 VT_1 导通，在电感作用下电流 i_0 从 0 开始增加，在 $\omega t = \pi$ 时，$u_1 = 0$，但是因为电流 i_0 仍大于 0，VT_1 将继续导通，使 u_0 进入负半周，直到电感储能释放，i_0 下降到 0，VT_1 关断为止，晶闸管关断后 u_0 和 i_0 均为 0。在 $\omega t = \pi + \alpha$ 时，触发 VT_2 导通，i_0 将经历反方向增加和减小的过程，负载上有正、反方向的电压和电流。感性负载时，晶闸管的导通角 θ 相比于纯电阻性负载时增加，但 $\theta \leqslant \pi - \varphi$。在 $\alpha > \varphi$ 的条件下，负载侧电压电流都是断续的，随着 α 的减小，电压和电流的间断也缩小。在 $\alpha = \varphi$ 时，负载电压电流的正、负半周连接成完整的正弦波，相当于交流开关被短路、负载直接连接电源的情况，这时负载电流 i_0 滞后于 u_1 的电角度为 φ。

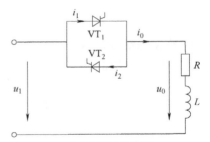

a) 主电路(阻感性负载)

单相交流调压
阻感负载波形 1

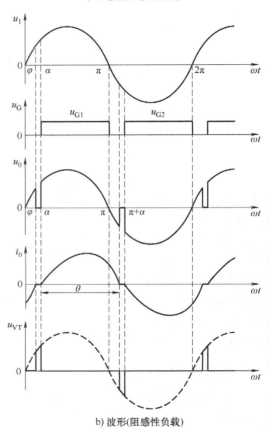

单相交流调压
阻感负载波形 2

b) 波形(阻感性负载)

图 6-3　单相交流调压电路及工作波形（阻感性负载）

2）$0° \leq \alpha \leq \varphi$ 时，因为在 $\alpha = \varphi$ 时，负载电压已经是连续完整的正弦波，$\alpha \leq \varphi$ 时，负载电压电流波形就不会再随 α 变化，保持着完整的正弦波。但是在起动阶段，因为 α 较小，电感储能时间较长，续流时间也较长，使 VT_1 电流尚未下降到 0 前 VT_2 已经触发，这时 VT_2 不会立即导通，只有当 VT_1 电流下降到 0 后，如果 VT_2 的触发脉冲还存在，VT_2 才能导通，因此 VT_2 的导通时间较小，并且使下一周期 VT_1 触发时也不会立即导通，只有当电流 VT_2 降为 0 后，VT_1 才能导通，使电流正半周的面积又减小了一点、电流负半周的面积增加一点，起动的前几个周期电流正、负半周是不对称的，如图 6-4 所示的 u_0 曲线，经过 3 个周期后 i_0 才进入稳定状态。进入稳态后，负载电压和

174

电流都是连续对称的正弦波，因此，阻感性负载时交流调压晶闸管的有效移相范围为 $\varphi \leqslant \alpha \leqslant \pi$，若 $\alpha \leqslant \varphi$，尽管调节 α，u_0 和 i_0 也均不变化。由于开始阶段晶闸管触发但不能立即开通，为了保证晶闸管能可靠导通，交流调压器晶闸管一般采用后沿固定在 180°、前沿可调的宽脉冲触发方式，如图 6-4 所示的 u_{VT1}、u_{VT2} 曲线。

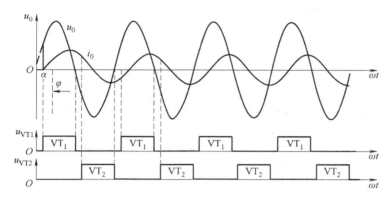

图 6-4 单相交流调压电压波形（阻感性负载，$\alpha \leqslant \varphi$）

根据以上分析，在 $\alpha \leqslant \varphi$ 时有

$$u_0 = u_1 = \sqrt{2}\, U_1 \sin\omega t \tag{6-5}$$

$$i_0 = \frac{u_1}{Z} = \frac{\sqrt{2}\, U_1}{Z} \sin(\omega t - \varphi) \tag{6-6}$$

$$Z = \sqrt{(\omega L)^2 + R^2}\,, \quad \varphi = \arctan(\omega L / R) \tag{6-7}$$

输出电压和电流的最大值分别为 $U_{0\mathrm{m}} = \sqrt{2}\, U_1$，$I_{0\mathrm{m}} = \sqrt{2}\, U_1 / Z$。

从输出电压和电流的波形可以看出，对 R 负载和 RL 负载，前者在 $\alpha = 0$、后者在 $\alpha \leqslant \varphi$ 时，电压、电流是正弦波外，其他情况输出电压、电流都不是正弦波，电压、电流除基波外还含有大量谐波，并且谐波的含量随触发延迟角变化。

例 6-1 单相交流调压电路（电阻性负载）见图 6-1a，电阻值在 $11 \sim 22\Omega$ 之间变化，要求最大输出功率为 2.2kW，电源电压为 220V，试计算负载的最大电流、通过晶闸管的最大电流有效值和晶闸管承受的最高正、反向电压。

解：1）当 $R = 22\Omega$、$\alpha = 0$ 时输出电流最大，在最大输出功率为 2.2kW 的条件下，有

$$P_0 = R I_0^2, \quad I_0 = \sqrt{\frac{P_0}{R}} = \sqrt{\frac{2200}{22}}\mathrm{A} = 10\mathrm{A}$$

$$I_{\mathrm{VT}} = \frac{I_0}{\sqrt{2}} = \frac{10}{\sqrt{2}}\mathrm{A} = 7.07\mathrm{A}$$

2）同样在输出功率为 2.2kW 的条件下，当 $R = 11\Omega$、$\alpha < 0$ 时，有

$$I_0 = \sqrt{\frac{P_0}{R}} = \sqrt{\frac{2200}{11}}\mathrm{A} = 14.1\mathrm{A}$$

$$I_{\mathrm{VT}} = \frac{I_0}{\sqrt{2}} = \frac{14.1}{\sqrt{2}}\mathrm{A} = 10\mathrm{A}$$

所以，通过晶闸管最大电流有效值应取 10A。

晶闸管额定电流 $I_{NVT} = \dfrac{I_{VT}}{1.57} = \dfrac{10}{1.57} A = 7.4A$，应选 10A 的晶闸管，晶闸管承受的最高正、反向电压 $U_{VTm} = 220\sqrt{2} V = 311V$。

6.2.3 斩控式单相交流调压

斩控式交流调压也称交流 PWM 调压，图 6-5 中交流开关 S_1 和 S_2 是两个全控器件的交流开关，S_1 和 S_2 也可以采用只有一个全控器件的交流开关。其中 S_1 用于交流电的斩波控制，S_2 用于感性负载的续流控制。

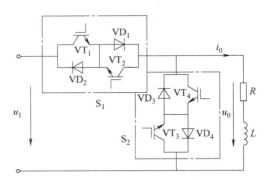

图 6-5　斩控式交流调压电路

1. 电阻性负载

图 6-6b 为电阻性负载时交流开关 S_1 和 S_2 的驱动脉冲时序图。在交流电源 u_1 正半周，S_1 中的 VT_1 进行 PWM 通断控制。u_1 负半周，S_1 中的 VT_2 进行 PWM 通断控制，负载电压 u_0 的波形如图 6-6c 所示，显然改变脉冲的宽度 τ 可以调节负载电压的大小。电阻性负载时，续流开关 S_2 是可有可无的，一般交流调压不仅用于电阻负载，考虑调压器的通用性需要开关 S_2，并且一般在正半周 VT_3 恒通，负半周 VT_4 恒通。输出电流 $i_0 = u_0/R$，波形与 u_0 相似。

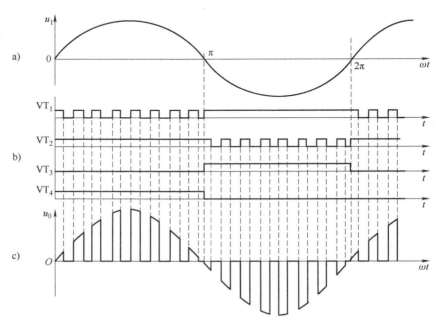

图 6-6　斩控式交流调压器电阻性负载时交流开关 S_1 和 S_2 的驱动脉冲时序图

2. 阻感性负载

感性负载的特点是电流滞后于电压，设负载基波阻抗角为 φ_1，输出电压 u_0 和电流基波 i_{01} 的波形如图 6-7 所示，按 u_0 和 i_{01} 可以划分为 4 个区：A 区，u_0 为 "+"、i_{01} 为 "-"；B 区，u_0、i_{01} 都为 "+"；C 区，u_0 为 "-" i_{01} 为 "+"；D 区，u_0、i_{01} 都为 "-"。其中，B 区和 D 区，u_0 和 i_{01} 方向相同，是负载从电源吸收电能，除电阻消耗电能外，电感储能；A 区和 C 区，u_0 和 i_{01} 方向相反，是电感释放电能，除电阻消耗电能外，向电源反馈无功电能。因此，在开关控制上，B 区应由 VT_1 斩波控制，VT_3 恒通为 L 提供续流通路；D 区应由 VT_2 斩波控制，VT_4 恒通为 L 提供续流通路。但在 A 区应由 VT_4 斩波控制，在 VT_4 关断时，因为 VT_2 恒通，为 i_{01} 反向电流提供续流通路，使 u_0 脉冲与电源电压有相同的 "+" 极性；在 C 区则应由 VT_3 斩波控制，在 VT_3 关断时，VT_1 恒通，为 i_{01} 正向电流提供续流通路，同时 u_0 脉冲与电源电压有相同的 "-" 极性。这样按区控制，u_0 的波形与电阻负载时相同，电流的基波 i_{01} 滞后 u_0 为 φ_1。

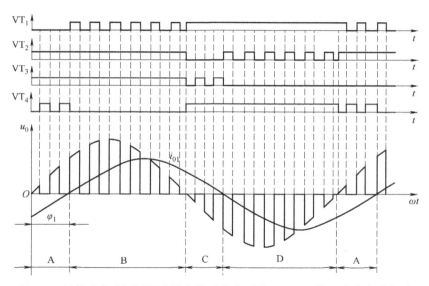

图 6-7 斩控式交流调压阻感性负载时交流开关 S_1 和 S_2 的驱动脉冲时序图

在斩波调压时，为避免输出电压中含有低次谐波，应采用同步调制的方式，即驱动信号与电源电压保持同步，并且载波比 N 为恒值。为了使输出电压中不含偶次谐波，N 应取偶数，这样输出电压中的最低次谐波为 $N-1$ 次。斩波调压时，一般载波比较大，因此电流波形比较光滑，接近正弦波。

6.3 三相交流调压电路

1. 主电路的几种接线方式

三相晶闸管交流调压器主电路有带中性线星形、无中性线星形、支路控制和中性点控制内三角形联结诸种，如图 6-8a ~ d 所示。它们各有特点，分别适应不同的场合。其中，图 6-8a 相当于三个单相调压电路分别接于相电压上，不过三相对称负载时，零线中会流过有害的 3 次谐波电流（各相相位和大小相同的 3 次谐波值的代数和）；图 6-8b

用于星形联结负载，也可用于三角形联结负载；图 6-8c、d 只适用三角形联结负载，也相当于由三个单相调压电路组成，只是每相的输入电源为线电压。图 6-8c 是一种支路控制三角形联结，3 次谐波电流只在三角形中流动，而不出现在线电流中。

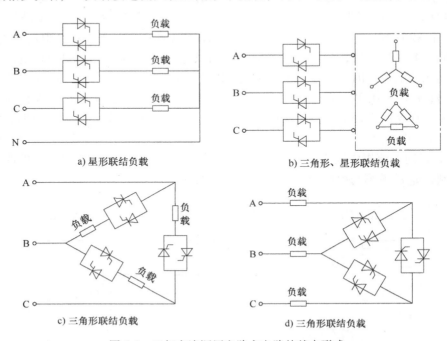

图 6-8 三相交流调压电路主电路的基本形式

如果图 6-8b 中星形联结负载为电容器，便构成晶闸管接切电容器（Thyristor Switched Capacitor，TSC），将它并联接于电网，相当于一个无功电流源。该无功电流源采用相位控制，可以调节电网的无功电流。

同样，图 6-8c 的负载为电抗器，便构成晶闸管控制电抗器（Thyristor Controlled Reactor，TCR），将它并联接于电网，通过对 α 角控制，可以连续调节流过电抗器的电流，从而调节电路从电网中吸收的无功功率。

当 TSC 和 TCR 配合使用，就可以从容性到感性的范围内连续调节无功功率。

2. 波形分析

下面仅对谐波较小、用得最多的三相全波星形联结交流调压主电路进行分析。

假设为电阻性负载，如图 6-9a 所示。由于没有中性线，如同三相全控桥式整流电路，若要负载通过电流，至少要有两相构成通路，即在三相电路中，至少要有一相晶闸管阳极正电压与另一相晶闸管阴极负电压的两个晶闸管同时导通。为了保证在电路工作时能使两个晶闸管同时导通，要求采用大于 60° 的宽脉冲或双脉冲触发电路；为保证输出电压三相对称并有一定的调节范围，要求晶闸管的触发信号，除了必须与相应的交流电源有一致的相序外，各触发信号之间还必须严格地保持一定的相位关系。

对于图 6-9a 主电路，要求 A、B、C 三相电路中正向晶闸管 VT_1、VT_3、VT_5 的触发信号相位互差 120°，反向晶闸管 VT_2、VT_4、VT_6 的触发信号相位也互差 120°，而同一相中反并联的两个正、反向晶闸管的触发脉冲相位应互差 180°，即各晶闸管触发脉

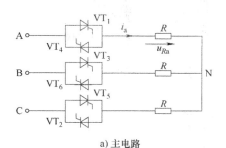

a) 主电路

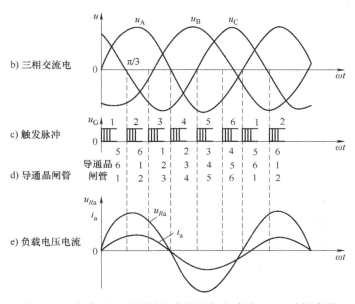

b) 三相交流电

c) 触发脉冲

d) 导通晶闸管

e) 负载电压电流

图 6-9 三相全波星形联结交流调压主电路及 $\alpha = 0°$ 时的波形

冲的序列应按 VT₁、VT₂、VT₃、VT₄、VT₅、VT₆ 的次序，相邻两个晶闸管的触发信号相位互差 60°，所以原则上，三相全控桥式整流电路的触发电路均可用于三相全波交流调压。

6.4 其他交流电力控制电路

6.4.1 交流调功电路

交流调功器的主电路与交流调压一样，但采用的不是相位控制，而是通断控制。这种控制方式是在设定的周期范围内，将电路接通几个周波，然后断开几个周波，通过改变晶闸管在设定周期内通断周波的比例，来调节负载两端的功率。通断控制方式相当于相位控制时的 $\alpha = 0$，所以也称为零触发。晶闸管是在电源电压过零时就被触发导通，所以负载上得到的是完整的正弦波，调节的是在设定周期内的通断比（亦称占空比）。对感性负载，为了防止过大的暂态电流，有时也采用电流过零触发。

过零触发有全周波连续式和全周波间隔式两种，前者在设定的周期内，输出正弦波分布集中，输出功率集中在设定周期的前部；后者又称断续式或波序控制式，波形分布均匀，输出功率较稳定，若设定周期中包含 N 个工频电压周波，导通周波数为 n，为保证均匀分布，相应导通波之间间隔应为 $(N-n)/n$，并取整数波形。两种工作方式的波形分别如图 6-10a、b 所示，图中各表示四种通断比。其中 T_c 为设定的周期，它是交流电源周期 T（50Hz 时，$T=20\text{ms}$）的整数倍，$T_c=NT$，这里 $N=8$。

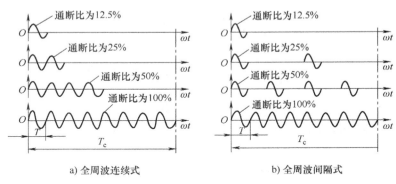

a) 全周波连续式   b) 全周波间隔式

图 6-10 交流调功器的两种工作方式

交流调功器的输出电压有效值为

$$U_0 = \sqrt{\frac{1}{T_c}\int_0^{nT} u_N^2 \, \mathrm{d}t} = \sqrt{\frac{nT}{T_c}} U_N \qquad (6\text{-}8)$$

输出功率为

$$P_0 = \frac{U_0^2}{R} = \frac{nT}{T_c}\frac{U_N^2}{R} = \frac{nT}{T_c}P_N \text{ 或 } P_0 = \frac{n}{N}P_N \qquad (6\text{-}9)$$

式中，U_N 和 P_N 为设定周期 T_c 内全部周波都导通时的输出电压有效值和输出功率。可见，只要改变导通周波数 n，就可以改变输出电压和输出功率。

交流调功器触发电路构成框图如图 6-11a 所示。在同步信号电路作用下，交流电源电压每次过零时，过零触发电路都输出一个脉冲。该脉冲要经过电子开关 S 才能加于晶闸管。电子开关受通断比调节信号 u_c 控制。而 u_c 由锯齿波电压 u_t 和给定电压 u_r 经信号综合电路比较后得出。u_t 的周期为设定周期 T_c。设 $u_r > u_t$ 时，S 闭合，允许脉冲通过。可以看出，只要改变 u_r 的大小就可以改变 u_r 与 u_t 的交点，也就是 S 的闭合时间，从而控制加于晶闸管的脉冲数量，图 6-11b 为波形图。

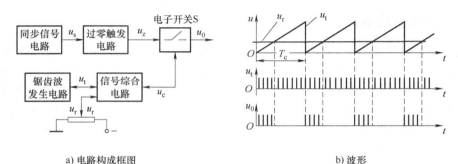

a) 电路构成框图   b) 波形

图 6-11 交流调功器触发电路构成框图和波形

通断控制方式下晶闸管在电压过零的瞬间开通，波形为正弦波，克服了相位控制时会产生谐波干扰的缺点，但交流调功器输出电压为断续波，只适用于有较大时间常数的负载，而且晶闸管导通时间是以交流电的周期为基本单位，所以输出电压和功率的调节不太平滑。

一个设定周期 T_c 中所包含的正弦波个数 N 越多，即 $N=T_c/T$ 越大，则过零触发调功的最小量化单位（P_N/N）就越小，即功率调节的分辨力越高，能达到的调功稳态精度也就越高。

6.4.2　交流电力电子开关

把晶闸管反并联后串入交流电路中，代替电路中的机械开关，起接通和断开电路的作用，这就是交流电力电子开关。与机械开关相比，交流电力电子开关响应速度快，没有触点，寿命长，可以频繁控制通断。

交流调功电路也是控制电路的接通和断开，但它是以控制电路的平均输出功率为目的，其控制手段是改变控制周期内电路导通周波数和断开周波数的比。而交流电力电子开关并不去控制电路的平均输出功率，通常也没有明确的控制周期，而只是根据需要控制电路的接通和断开。另外，交流电力电子开关的控制频度通常比交流调功电路低得多。

在公用电网中，交流电力电容器的投入与切断是控制无功功率的重要手段。通过对无功功率的控制，可以提高功率因数，稳定电网电压，改善供电质量。与用机械开关投切电容器的方式相比，晶闸管投切电容器是一种性能优良的无功补偿方式。

6.5　交-交变频电路

交-交变频电路也称为周波变流器（Cycloconvertor），是把电网频率的交流电直接变换成可调频率的交流电的变流电路。因为没有中间直流环节，因此交-交变频电路属于直接变频电路。

交-交变频电路广泛用于大功率交流电动机调速传动系统，实际使用的主要是三相输出交-交变频电路。单相输出交-交变频电路是三相输出交-交变频电路的基础。因此本节首先介绍单相输出交-交变频电路的构成、工作原理、控制方法及输入输出特性，然后再介绍三相输出交-交变频电路。为了叙述简便，本节把单相输出和三相输出交-交变频电路分别简称为单相和三相交-交变频电路。

6.5.1　单相交-交变频电路

1. 电路构成和基本工作原理

图 6-12 为单相交-交变频电路和输出电压波形。电路由 P 组和 N 组反并联的晶闸管变流电路构成。P 组和 N 组变流器都是相控整流电路，P 组工作时，负载电流 i_0 为正，N 组工作时，i_0 为负。两组变流器按一定的频率交替工作，负载就得到该频率的交流电。改变两组变流器的切换频率，就可以改变输出频率 ω_0。改变变流电路工作时的触发延迟角 α，就可以改变交流输出电压的幅值。

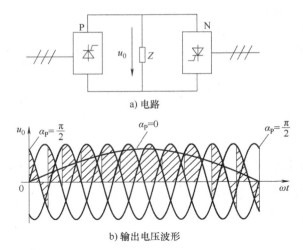

a) 电路

b) 输出电压波形

图 6-12　单相交-交变频电路和输出电压波形

为了使输出电压 u_0 的波形接近正弦波，可以按正弦规律对触发延迟角 α 进行调制。如图 6-12b 所示波形，可在半个周期内使 P 组变流器的 α 按正弦规律从 90° 逐渐减小到 0° 或某个值，然后再逐渐增大到 90°。这样每个控制间隔内的平均输出电压就按正弦规律从零逐渐增至最高，再逐渐降低到零，如图 6-12b 中虚线所示。另外半个周期可对 N 组变流器进行同样的控制。

图 6-12b 的波形为 P 组和 N 组变流器都是三相半波可控电路时的波形。可以看出，输出电压 u_0 并不是平滑的正弦波，而是由若干段电源电压拼接而成。在输出电压的一个周期内，所包含的电源电压段数越多，其波形就越接近正弦波。因此，交-交变频电路通常采用 6 脉波的三相桥式电路或 12 脉波变流电路。本节在后面的论述中均以最常用的三相桥式电路为例进行分析。

2. 整流与逆变工作状态

交-交变频电路的负载可以是阻感负载、电阻负载、阻容负载或交流电动机负载。这里以阻感负载为例来说明电路的整流工作状态与逆变工作状态，这种分析也适用于交流电动机负载。

如果把交-交变频电路理想化，忽略变流电路换相时输出电压的脉动分量，就可以把电路等效成如图 6-13a 所示的正弦波交流电源和二极管的串联。其中，交流电源表示变流电路可输出交流正弦电压，二极管体现了变流电路电流的单方向性。

假设负载阻抗角为 φ，即输出电流滞后输出电压 φ 角。另外，为避免两组变流器之间产生环流（在两组变流器之间流动而不经过负载的电流），两组变流电路在工作时不同时施加触发脉冲，即一组变流电路工作时，封锁另一组变流电路的触发脉冲（这种方式称为无环流工作方式）。

图 6-13b 为一个周期内负载电压、电流波形及正、反两组变流电路的电压、电流波形。由于变流电路的单向导电性，在 $t_1 \sim t_3$ 期间的负载电流正半周，只能是正组变流电路工作，反组电路被封锁。其中，在 $t_1 \sim t_2$ 阶段，输出电压和电流均为正，故正组变流电路工作在整流状态，输出功率为正；在 $t_2 \sim t_3$ 阶段，输出电压已反向，但输出电流仍

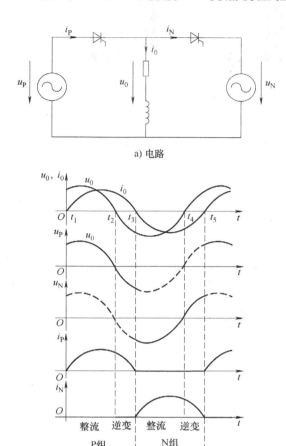

a) 电路

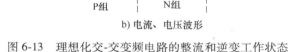

b) 电流、电压波形

图 6-13 理想化交-交变频电路的整流和逆变工作状态

为正，正组变流电路工作在逆变状态，输出功率为负。

在 $t_3 \sim t_5$ 阶段，负载电流负半周，反组变流电路工作，正组变流电路被封锁。其中，在 $t_3 \sim t_4$ 阶段，输出电压和电流均为负，反组变流电路工作在整流状态；在 $t_4 \sim t_5$ 阶段，输出电流为负而电压为正，反组变流电路工作在逆变状态。

可以看出，阻感负载时，在一个输出电压周期内，交-交变频电路有 4 种工作状态。哪组变流电路工作是由输出电流的方向决定的，与输出电压极性无关。变流电路工作在整流状态还是逆变状态，则是根据输出电压方向与输出电流方向是否相同来确定。

图 6-14 为单相交-交变频电路输出电压和电流的波形。如果考虑无环流工作方式下负载电流过零的正、反组切换死区时间，一周期的波形可分为 6 段，第 1 段 $i_0 < 0$、$u_0 > 0$，为反组逆变；第 2 段电流过零，为切换死区；第 3 段 $i_0 < 0$、$u_0 > 0$，为正组整流；第 4 段 $i_0 > 0$、$u_0 < 0$，为正组逆变；第 5 段又是切换死区；第 6 段 $i_0 < 0$、$u_0 < 0$，为反组整流。

当输出电压和电流的相位差小于 90° 时，一周期内电网向负载提供能量的平均值为正，若负载为电动机，则电动机工作在电动状态；当二者相位差大于 90° 时，一周期内电网向负载提供能量的平均值为负，即电网吸收能量，电动机工作在发电状态。

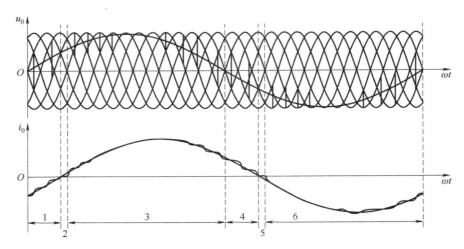

图 6-14 单相交-交变频电路输出电压和电流波形

3. 输出正弦波电压的调制方法

通过不断改变触发延迟角 α，使交-交变频电路的输出电压波形基本为正弦波的调制方法有多种。这里主要介绍最基本的余弦交点法。

设 U_{d0} 为 $\alpha=0$ 时整流电路的理想空载电压，则触发延迟角为 α 时变流电路的输出电压为

$$\overline{u}_0 = U_{d0}\cos\alpha \tag{6-10}$$

对交-交变频电路来说，每次控制时 α 都是不同的，式（6-10）中的 $\overline{u}_0$ 表示每次控制间隔内输出电压的平均值。设要得到的正弦波输出电压为

$$u_0 = U_{0m}\sin\omega_0 t \tag{6-11}$$

比较式（6-10）和式（6-11），应使

$$\cos\alpha = \frac{U_{0m}}{U_{d0}}\sin\omega_0 t = \gamma\sin\omega_0 t \tag{6-12}$$

式中，γ 为输出电压比，$\gamma = \dfrac{U_{0m}}{U_{d0}}$（$0 \leqslant \gamma \leqslant 1$）。

因此有

$$\alpha = \arccos(\gamma\sin\omega_0 t) \tag{6-13}$$

式（6-13）就是用余弦交点法求交-交变频电路触发延迟角 α 的基本公式。

下面用图 6-15 对余弦交点法做进一步说明。图 6-15 中，电网线电压 u_{ab}、u_{ac}、u_{bc}、u_{ba}、u_{ca}、u_{cb} 分别用 $u_1 \sim u_6$ 表示。相邻两个线电压的交点对应于 $\alpha=0$。$u_1 \sim u_6$ 所对应的同步余弦信号分别用 $u_{s1} \sim u_{s6}$ 表示。$u_{s1} \sim u_{s6}$ 比相应的 $u_1 \sim u_6$ 超前 30°。也就是说，$u_{s1} \sim u_{s6}$ 的最大值正好和相应线电压 $\alpha=0$ 的时刻相对应，若以 $\alpha=0$ 为零时刻，则 $u_{s1} \sim u_{s6}$ 为余弦信号。设希望输出的电压为 u_0，则各晶闸管的触发时刻由相应的同步电压 $u_{s1} \sim u_{s6}$ 的下降段和 u_0 的交点来决定。

图 6-16 为不同输出电压比 γ 下，在输出电压的一个周期内，触发延迟角 α 与 $\omega_0 t$ 的关系。图中，$\alpha = \arccos(\gamma\sin\omega_0 t) = \pi/2 - \arcsin(\gamma\sin\omega_0 t)$。可以看出，当 γ 较小，即输出电压较低时，α 只在离 90° 很近的范围内变化，电路的输入功率因数非常低。

184

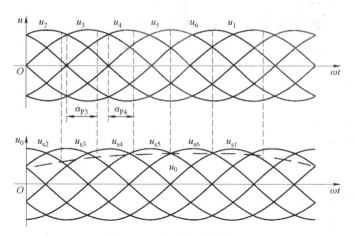

图 6-15 余弦交点法原理

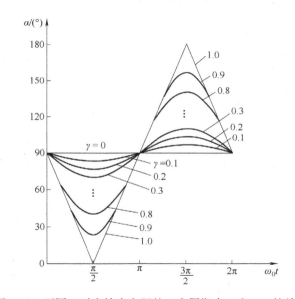

图 6-16 不同 γ 时在输出电压的一个周期内 α 和 $\omega_0 t$ 的关系

上述余弦交点法可以用模拟电路来实现，但电路复杂，且不易实现准确的控制。采用计算机控制时可方便地实现准确的运算，而且除计算 α 外，还可以实现各种复杂的控制运算，使整个系统获得很好的性能。

4. 输入输出特性

（1）输出上限频率

交-交变频电路的输出电压是由许多段电网电压拼接而成的。输出电压一个周期内拼接的电网电压段数越多，就可以使输出电压波形越接近正弦波。每段电网电压的平均持续时间由变流电路的脉波数决定。因此，当输出频率增高时，输出电压一周期所含电网电压的段数就会减少，波形畸变就严重。电压波形畸变以及由此产生的电流波形畸变和电动机转矩脉动是限制输出频率增高的主要因素。就输出波形畸变和输出上限频率的关系而言，很难确定一个明确的界限。当然，构成交-交变频电路的两组变流

185

电路的脉波数越多，输出上限频率就越高。就常用的 6 脉波三相桥式电路而言，一般认为，输出上限频率不高于电网频率的 1/3～1/2。电网频率为 50Hz 时，交-交变频电路的输出上限频率约为 20Hz。

（2）输入功率因数

交-交变频电路采用的是相位控制方式，因此其输入电流的相位总是滞后输入电压，需要电网提供无功功率。从图 6-16 可以看出，在输出电压的一个周期内，α 是以 90° 为中心而前后变化的。输出电压比 γ 越小，半周期内 α 的平均值越靠近 90°，位移因数越低。另外，负载的功率因数越低，输入功率因数也越低。而且，不论负载功率因数是滞后还是超前，输入的无功电流总是滞后。

图 6-17 为以输出电压比 γ 为参变量时输入位移因数和负载功率因数的关系。输入位移因数也就是输入的基波功率因数，其值通常略大于输入功率因数。因此，图 6-17 也大体反映了输入功率因数和负载功率因数的关系。可以看出，即使负载功率因数为 1 且输出电压比 γ 也为 1，输入位移因数仍小于 1，随着负载功率因数的降低和 γ 的减小，输入位移因数也随之降低。

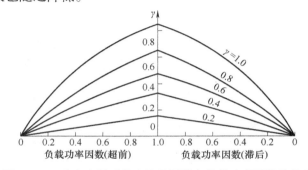

图 6-17　γ 为参变量时输入位移因数和负载功率因数的关系

（3）输出电压谐波

交-交变频电路输出电压的谐波非常复杂，它既和电网频率 f_i 以及变流电路的脉波数有关，也和输出频率 f_0 有关。

对于采用三相桥式电路的交-交变频电路来说，输出电压中所含主要谐波的频率为

$$6f_i \pm f_0, 6f_i \pm 3f_0, 6f_i \pm 5f_0, \cdots$$
$$12f_i \pm f_0, 12f_i \pm 3f_0, 12f_i \pm 5f_0, \cdots$$

另外，采用无环流控制方式时，由于电流方向改变对死区的影响，将使输出电压中增加 $5f_0$、$7f_0$ 等次谐波。

（4）输入电流谐波

单相交-交变频电路的输入电流波形和可控整流电路的输入波形类似，但是其幅值和相位均按正弦规律被调制。采用三相桥式电路的交-交变频电路输入电流谐波频率为

$$f_{\text{in}} = \left| (6k \pm 1)f_1 \pm 2lf_0 \right| \tag{6-14}$$
$$f_{\text{in}} = \left| f_i \pm 2kf_0 \right| \tag{6-15}$$

式中，$k = 1, 2, 3, \cdots$；$l = 0, 1, 2, \cdots$。

与可控整流电路输入电流的谐波相比，交-交变频电路输入电流的谐波要复杂得多，但各次谐波的幅值要比可控整流电路的谐波幅值小。

前面的分析都是基于无环流方式进行的。在无环流方式下，由于负载电流反向时为保证无环流必须留一定的死区时间，就使得输出电压的波形畸变增大。另外，在负载电流断续时，输出电压被负载电动机反电动势抬高，这也造成输出波形畸变。电流死区和电流断续的影响也限制了输出频率的提高。采用有环流方式可以避免电流断续并消除电流死区，改善输出波形，还可提高交-交变频电路的输出上限频率。但是有环流方式需要设置环流电抗器，使设备成本增加，运行效率也因环流而有所降低。因此，目前应用较多的还是无环流方式。

6.5.2 三相交-交变频电路

交-交变频电路主要应用于大功率交流电动机调速系统，这种系统使用的是三相交-交变频电路。三相交-交变频电路是由三组输出电压相位各差120°的单相交-交变频电路组成的，因此6.5.1节的许多分析和结论对三相交-交变频电路都是适用的。

三相交-交变频电路主要有两种接线方式，即公共交流母线进线方式和输出星形联结方式。

1. 公共交流母线进线方式

图6-18为公共交流母线进线方式的三相交-交变频电路简图。它由三组彼此独立、输出电压相位相互错开120°的单相交-交变频电路构成，它们的电源进线通过进线电抗器接在公共交流母线上。因为电源进线端公用，所以两组单相交-交变频电路的输出端必须隔离。为此，交流电动机的三个绕组必须拆开，共引出六根线。这种电路主要用于中等容量的交流调速系统。

2. 输出星形联结方式

图6-19为输出星形联结方式三相交-交变频电路简图。三组单相交-交变频电路的输出端是星形联结，电动机的三个绕组也是星形联结，电动机中性点不和变频器中性点接在一起，电动机只引出三根线即可。因为三组单相交-交变频电路的输出连接在一起，其电源进线就必须隔离，因此三组单相交-交变频器分别用三个变压器供电。

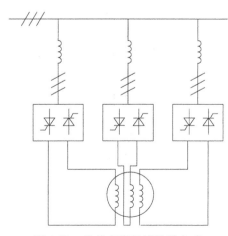

图6-18 公共交流母线进线方式
三相交-交变频电路简图

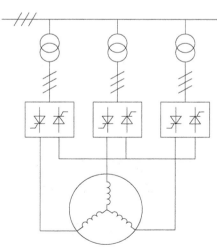

图6-19 输出星形联结方式
三相交-交变频电路简图

由于变频器输出端中性点不与负载中性点相连接，所以在构成三相变频电路的六组桥式电路中，至少要有不同输出相的两组桥中的四个晶闸管同时导通才能构成回路，形成电流。与整流电路一样，同一组桥内的两个晶闸管靠双触发脉冲保证同时导通。而两组桥之间则是靠各自的触发脉冲有足够的宽度，以保证同时导通。

6.6 AC-AC 变换器的典型应用

AC-AC 变换器在家用电器以及工程中都有着重要的用途。交-交变频电路主要用于500kW 或 1000kW 以上大功率、低转速的交流调速电路中，目前已在轧机主传动装置、鼓风机、矿石破碎机、球磨机、卷扬机等场合获得了较多的应用。它既可用于异步电动机传动，也可用于同步电动机传动。交流调压电路广泛用于灯光控制（如调光台灯和舞台灯光控制）及异步电动机的软起动，也用于异步电动机调速。在电力系统中，这种电路还常用于对无功功率的连续调节。

图 6-20 为使用交流调压技术的触摸式调光台灯。触摸式调光台灯电源电路设计总体方案如图 6-21 所示。

调光台灯电源的设计有主电路和控制电路设计。主电路采用交流调压电路，这里用双向晶体管来代替两个晶闸管的反并联串入电路中。通过控制双向晶闸管的触发延迟角 α 的大小来调节输出电压。而晶闸管的触发则采用芯片 BA2101来控制。BA2101 芯片是一个触摸高灵敏度的集成电路，通过触摸 M 使 BA2101 芯片调节晶闸管的触发延迟角，从而调节输出电压的大小。同时在电路中加入一个电感和电容来组成低通滤波器，用来防止台灯产生的高次谐波辐射对其他电器的影响，如手机、计算机等。

图 6-20　触摸式调光台灯

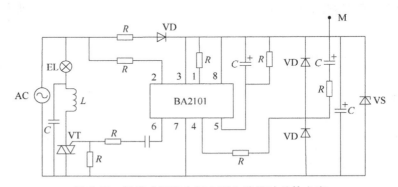

图 6-21　触摸式调光台灯电源电路设计总体方案

本章小结

本章介绍的 AC-AC 变换包括交流调压和交-交变频，交流调压和交-交变频都有相控和斩控两种控制方式，前者常使用半控型晶闸管器件，后者使用全控型器件组成的交流无触点开关。采用斩控方式的交流调压，因为斩波频率比较高，对减小输出谐波含量十分有利，具有良好的发展前景。

单相交流调压常用于灯光控制、单相交流电动机调压调速和电加热温度控制中，三相交流调压常用于三相交流电动机的软起动、轻载时的节能运行和调压调速中。相控晶闸管交-交变频器常用于高电压、大电流、低速传动控制系统，并且可以四象限运行，由于可以实现回馈发电制动，有很好的节电效果，在需要较频繁正、反转的大容量调速系统中得到应用，其不足是功率因数较低，谐波含量较大，频谱较为复杂。交-交变频的原理和特性也是本章重点，是变流器应用中进行方案比较和选择的重要依据。

习题和思考题

1. 交流调压和可控整流有何异同？

2. 交流调压电路用于变压器类负载时，对触发脉冲有何要求？如果两半周波形不对称，会导致什么后果？

3. 交流调压电路的通断控制和相位控制各有什么优缺点？过零触发的交流调压电路适用于哪种场合？

4. 单相交流调压电路，输入电压 $U=220V$，负载电阻 $R=5\Omega$，采用两晶闸管反并联及相位控制，如 $\alpha_1=\alpha_2=2\pi/3$，求：

1）输出电压及电流有效值。

2）输出功率。

3）晶闸管电流的平均值和有效值。

4）输入功率因数。

5. 在三相交-交变频电路中，采用梯形波输出控制的优势在哪里？

6. 归纳交-交变频器的优、缺点。

实践题

拆卸一个家用调光开关或电扇调速开关，观察开关的组成，分析调光或调速原理，并提出改进意见。注意：调光是光度从小向大变化，电扇要求起动时电压最高，以利于快速起动。

第7章

软开关技术

本章主要介绍软开关技术在电力电子电路中的应用。首先介绍软开关技术的基本概念与分类；其次，针对准谐振变换器、零开关PWM变换器及零转换PWM变换器三种典型的软开关电路进行详细的分析，目的是使读者了解常见的软开关电路，并掌握软开关技术应用到典型电力电子电路的具体分析方法。

7.1 软开关技术的基本概念

在前面章节的分析中，总是将电路理想化，特别是将开关理想化，忽略了开关过程对电路的影响，这样的分析方法便于理解电路的工作原理。但实际电路中开关过程是客观存在的，一定条件下还可能对电路的工作造成严重影响。

图7-1为前面章节介绍过的降压型斩波电路及其理想化波形。在该电路中，开关开通和关断过程中的实际电压和电流波形如图7-2所示，开关过程中电压、电流均不为零，出现了重叠，因此有显著的开关损耗，而且电压和电流变化的速度很快，波形出现了明显的过冲，从而产生了开关噪声，这样的开关过程称为硬开关，主要的开关过程为硬开关的电路称为硬开关电路。图7-1电路是一个典型的硬开关电路。

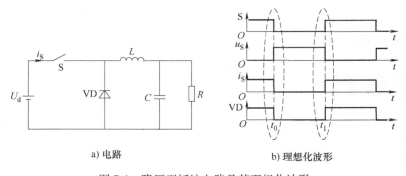

a) 电路　　　　　　　　　　　b) 理想化波形

图7-1　降压型斩波电路及其理想化波形

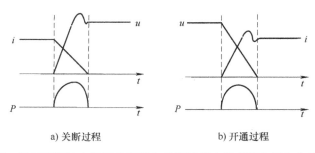

a) 关断过程　　　　　　　　　　b) 开通过程

图7-2　降压型斩波电路开关开通和关断过程中的实际电压和电流波形

190

开关损耗与开关频率之间呈线性关系，当硬开关电路的工作频率不太高时，开关损耗占总损耗的比例并不大，但随着开关频率的提高，开关损耗就会越来越显著。这时必须采用软开关技术来降低开关损耗。

一种典型的软开关电路——降压型零电压开关准谐振电路及其理想化波形如图 7-3 所示，作为与硬开关过程的对比，图 7-4 给出了该软开关电路中开关 S 换流过程中的电压和电流波形。

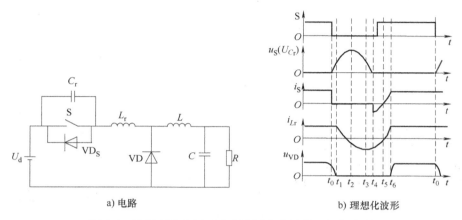

a) 电路　　　　　　　　　　b) 理想化波形

图 7-3　降压型零电压开关准谐振电路及其理想化波形

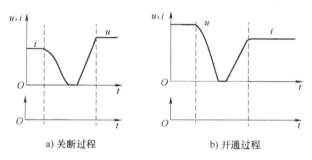

a) 关断过程　　　　　　　　b) 开通过程

图 7-4　软开关过程中的电压和电流波形

同硬开关电路相比，软开关电路中增加了谐振电感 L_r 和谐振电容 C_r，与滤波电感 L、电容 C 相比，L_r 和 C_r 的值小得多。另一个差别是，开关 S 增加了反并联二极管 VD_S，而硬开关电路中不需要这个二极管。

软开关电路中 S 关断后 L_r 与 C_r 间发生谐振，电路中电压和电流的波形类似于正弦半波。谐振减缓了开关过程中电压、电流的变化，而且使 S 两端的电压在其开通前就降为零。这使得开关损耗和开关噪声都大大降低。

图 7-3a 软开关电路说明了绝大部分软开关电路的基本特征。通过在开关过程前后引入谐振，使开关开通前电压先降到零，关断前电流先降到零，就可以消除开关过程中电压、电流的重叠，降低它们的变化率，从而大大减小甚至消除开关损耗。同时，谐振过程限制了开关过程中电压和电流的变化率，使得开关噪声也显著减小。这样的

电路称为软开关电路，而这样的开关过程称为软开关。

使开关开通前其两端电压为零，则开关开通时就不会产生损耗和噪声，这种开通方式称为零电压开通；使开关关断前其电流为零，则开关关断时也不会产生损耗和噪声，这种关断方式称为零电流关断。在很多情况下，不再指出开通或关断，仅称零电压开关和零电流开关。零电压开通和零电流关断要靠电路中的谐振来实现。与开关并联的电容能使开关关断后电压延缓上升，从而降低关断损耗，有时称这种关断过程为零电压关断；与开关相串联的电感能使开关开通后电流延缓上升，降低了开通损耗，有时称之为零电流开通。简单地利用并联电容实现零电压关断和利用串联电感实现零电流开通一般会给电路造成总损耗增加、关断过电压增大等负面影响，是得不偿失的，没有应用价值。

7.2　软开关技术的分类

软开关技术问世以来，经历了不断的发展和完善，前后出现了许多种软开关电路，直到目前为止，新型的软开关拓扑仍不断出现。由于存在众多的软开关电路，而且各自有不同的特点和应用场合，因此对这些电路进行分类是很必要的。

根据电路中主要的开关元件是零电压开通还是零电流关断，可以将软开关电路分成零电压电路和零电流电路两大类。通常，一种软开关电路要么属于零电压电路，要么属于零电流电路。但也有个别电路中，有些开关是零电压开通，另一些开关是零电流关断。

根据软开关技术的发展历程，可以将软开关电路分成准谐振电路、零开关 PWM 电路和零转换 PWM 电路。

7.3　软开关技术的典型应用

本节将对四种典型的软开关电路进行详细的分析，目的在于使读者不仅了解这些常见的软开关电路，而且能初步掌握软开关电路的分析方法。

7.3.1　准谐振变换器

谐振电路是最早出现的软开关电路，其中有些现在还在大量使用。准谐振电路可以分为：

1）零电压开关准谐振电路（Zero-Voltage-Switching Quasi-Resonant Converter，ZVS QRC）。

2）零电流开关准谐振电路（Zero-Current-Switching Quasi-Resonant Converter，ZCS QRC）。

3）零电压开关多谐振电路（Zero-Voltage-Switching Multi-Resonant Converter，ZVS MRC）。

4）用于逆变器的谐振直流环（Resonant DC Link）。

图 7-5 以降压型电路（Buck）为例给出了前三种软开关电路。

准谐振电路中电压或电流的波形为正弦半波，因此称之为准谐振。谐振的引入使

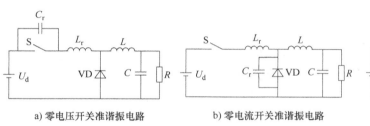

a) 零电压开关准谐振电路　　b) 零电流开关准谐振电路　　c) 零电压开关多谐振电路

图 7-5　准谐振电路

得电路的开关损耗和开关噪声都大大下降，但也带来一些负面问题：谐振电压峰值很高，要求器件耐压必须提高；谐振电流的有效值很大，电路中存在大量的无功功率的交换，造成电路导通损耗加大；谐振周期随输入电压、负载变化而改变，因此电路只能采用脉冲频率调制（Pulse Frequency Modulation，PFM）方式来控制，变化的开关频率给电路设计带来困难。

1. 零电流开关准谐振变换器

如图 7-6a 所示，在开关管支路上串联电感，是 ZCS 的基本思路。开关器件导通时，抑制 $\mathrm{d}i/\mathrm{d}t$，消除开关管上的电压 U、电流 i 的重叠时间，从而不会产生开关损耗。为确保开关器件的安全，在开关管关断之前，串联电感上的能量要释放为零（电流为零）。

a) ZCS的基本思路

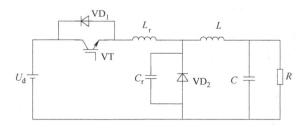

b) ZCS型准谐振变换器的基本结构

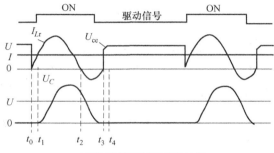

c) ZCS型准谐振变换器的波形

图 7-6　ZCS 型准谐振变换器的基本思路、基本结构及波形

图 7-6b 为 ZCS 型准谐振变换器的基本结构。该方案利用串联电感实现 ZCS 导通，谐振时电感放电，再利用反并联二极管进行关断。在反向导通的开关器件上串联谐振电感 L_r，外侧并联谐振电容 C_r，形成零电流谐振开关。图 7-6c 为其电压、电流波形，t_0 时刻驱动开关管导通，由于 L_r 的初始电流为零，开关动作属于 ZCS。

谐振开关在 $t_0 \sim t_4$ 期间有一连串动作，中途不能停止，输出电压为 U_C 的平均值，以固定导通时间进行控制。该变换器没有开关器件和续流二极管之间的短路状态，导通和关断都属于 ZCS 型。

利用 ZCS 方式使器件导通时，开关器件的极间电容上积蓄的电荷都短路掉，能量没有充分利用。因此，一般 ZCS 只用在 500kHz 以下开关动作的场合。

2. 零电压开关准谐振变换器

零电压开关准谐振电路是一种结构较为简单的软开关电路，容易分析和理解。本小节以降压型电路为例分析其工作原理，电路如图 7-7 所示，电路工作时的理想化波形如图 7-8 所示。在分析过程中，假设电感 L 和电容 C 很大，可以等效为电流源和电压源，并忽略电路中的损耗。

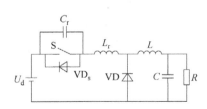

图 7-7　零电压开关准谐振电路

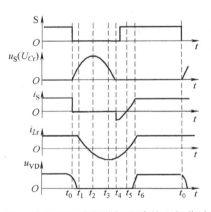

图 7-8　零电压开关准谐振电路的理想化波形

开关电路的工作过程是按开关周期重复的，在分析时可以选择开关周期中任意时刻为分析的起点。选择合适的起点可以简化分析过程。

在分析零电压开关准谐振电路时，选择开关 S 的关断时刻为分析的起点最为合适，下面结合图 7-8 逐段分析电路的工作过程。

1）开关模式 1（$t_0 \sim t_1$ 时段）：t_0 时刻前，开关 S 为通态，二极管 VD 为断态，$u_{Cr} = 0$，$i_{Lr} = I_L$；t_0 时刻，S 关断，与其并联的电容 C_r 使 S 关断后电压上升减缓，因此 S 的关断损耗减小。S 关断后，VD 尚未导通，电路可以等效为图 7-9。

电感 $L_r + L$ 向 C_r 充电，由于 L 很大，可以等效为电流源。u_{Cr} 线性上升，同时 VD 两端电压 u_{VD} 逐渐下降，直到 t_1 时刻，$u_{VD} = 0$，VD 导通。这一时段 u_{Cr} 的上升率为

$$\frac{\mathrm{d}u_{Cr}}{\mathrm{d}t} = \frac{I_L}{C_r} \tag{7-1}$$

2）开关模式 2（$t_1 \sim t_2$ 时段）：t_1 时刻二极管 VD 导通，电感 L 通过 VD 续流，C_r、L_r、U_d 形成谐振回路，如图 7-10 所示。谐振过程中，L_r 对 C_r 充电，u_{Cr} 不断上升，i_{Lr}

194

不断下降，直到 t_2 时刻 i_{Lr} 下降到零，u_{Cr} 达到谐振峰值。

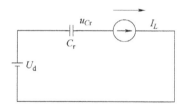

图 7-9 $t_0 \sim t_1$ 时段的等效电路

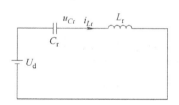

图 7-10 $t_1 \sim t_2$ 时段的等效电路

3）开关模式 3（$t_2 \sim t_3$ 时段）：t_2 时刻后，C_r 向 L_r 放电，i_{Lr} 改变方向，u_{Cr} 不断下降，直到 t_3 时刻，$u_{Cr} = U_d$，这时 L_r 两端电压为零，i_{Lr} 达到反向谐振峰值。

4）开关模式 4（$t_3 \sim t_4$ 时段）：t_3 时刻以后，L_r 向 C_r 反向充电，u_{Cr} 继续下降，直到 t_4 时刻 $u_{Cr} = 0$。

$t_1 \sim t_4$ 时段电路谐振过程的方程为

$$\begin{cases} L_r \dfrac{di_{Lr}}{dt} + u_{Cr} = U_d \\[2mm] C_r \dfrac{du_{Cr}}{dt} = i_{Lr} \\[2mm] u_{Cr}\Big|_{t=t_1} = U_d, \quad i_{Lr}\Big|_{t=t_1} = I_L, \quad t \in [t_1, t_4] \end{cases} \tag{7-2}$$

5）开关模式 5（$t_4 \sim t_5$ 时段）：u_{Cr} 被钳位于零，L_r 两端电压为 U_d，i_{Lr} 线性衰减，直到 t_5 时刻，$i_{Lr} = 0$。由于这一时段开关 S 两端电压为零，所以必须在这一时段使 S 开通，才不会产生开通损耗。

6）开关模式 6（$t_5 \sim t_6$ 时段）：S 为通态，i_{Lr} 线性上升，直到 t_6 时刻，$i_{Lr} = I_L$，VD 关断。

$t_4 \sim t_6$ 时段电流 i_{Lr} 的变化率为

$$\frac{di_{Lr}}{dt} = \frac{U_d}{L_r} \tag{7-3}$$

7）开关模式 7（$t_6 \sim t_0$ 时段）：S 为通态，VD 为断态。

谐振过程是软开关电路工作过程中最重要的部分，通过对谐振过程的详细分析可以得到很多对软开关电路的分析、设计和应用具有指导意义的重要结论。下面对零电压开关准谐振电路 $t_1 \sim t_4$ 时段的谐振过程进行定量分析。

通过求解式（7-2）可得 u_{Cr}（即开关 S 的电压 u_S）的表达式为

$$u_{Cr}(t) = \sqrt{\frac{L_r}{C_r}} I_L \sin\omega_r(t-t_1) + U_d, \quad \omega_r = \frac{1}{\sqrt{L_r C_r}}, \quad t \in [t_1, t_4] \tag{7-4}$$

求其在 $[t_1, t_4]$ 上的最大值就得到 u_{Cr} 的谐振峰值表达式，这一谐振峰值就是开关 S 承受的峰值电压，即

$$U_{peak} = \sqrt{\frac{L_r}{C_r}} I_L + U_d \tag{7-5}$$

由式（7-4）可以看出，如果正弦项的幅值小于 U_d，u_{Cr} 就不可能谐振到零，开关 S 也就不可能实现零电压开通，因此

$$\sqrt{\frac{L_r}{C_r}}I_L \geq U_d \tag{7-6}$$

式（7-6）就是零电压开关准谐振电路实现软开关的条件。

综合式（7-5）和式（7-6），谐振电压峰值将高于输入电压 U_d 的 2 倍，开关 S 的耐压必须相应提高，从而增加了电路的成本，降低了可靠性，这是零电压开关准谐振电路的一大缺点。

7.3.2 零开关 PWM 变换器

零开关 PWM 电路中引入了辅助开关来控制谐振的开始时刻，使谐振仅发生于开关过程前后。零开关 PWM 电路可以分为：

1）零电流开关 PWM 电路（Zero-Current-Switching PWM Converter，ZCS PWM）。

2）零电压开关 PWM 电路（Zero-Voltage-Switching PWM Converter，ZVS PWM）。

两种零开关 PWM 电路的基本开关单元如图 7-11 所示。

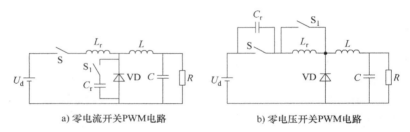

a）零电流开关PWM电路　　　　　b）零电压开关PWM电路

图 7-11　零开关 PWM 电路的基本开关单元

同准谐振电路相比，零开关 PWM 电路有很多明显的优势：电压和电流基本上是方波，只是上升沿和下降沿较缓，开关承受的电压明显降低，电路可以采用开关频率固定的 PWM 控制方式。

1. 零电流开关 PWM 变换器

图 7-12 为 Buck 型 ZCS PWM 变换器。其中，VT_1 为主开关管，VT_2 为辅助开关管，VD_1 和 VD_2 分别为与主开关管与辅助开关管反并联的场效应晶体管的体内二极管，L_r 与 C_r 分别为谐振电感与谐振电容。图 7-13 为该变换器在一个 PWM 周期内的工作波形。下面分 6 个阶段分析 Buck 型 ZCS PWM 变换器在一个周期内的工作过程。假设输出滤波电感 L_f 足够大，可由一个数值为 $I_0 = U_0/R_L$ 的电流源来

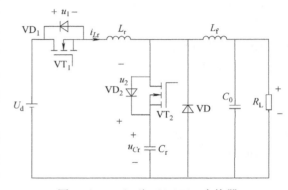

图 7-12　Buck 型 ZCS PWM 变换器

代替。为简化分析过程，电路参数的变化将按阶段分别描述，并将每一阶段的起始时刻都定义为该阶段的零时刻。

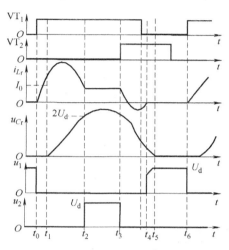

图 7-13 Buck 型 ZCS PWM 变换器在一个 PWM 周期内的工作波形

1）开关模式 1（$t_0 \sim t_1$ 时刻）：谐振电感电流上升阶段（VT_1 零电流开启）。在上一周期的结束时刻，主开关管与辅助开关管均处于关断状态，由续流二极管 VD 续流，谐振电感 L_r 中的电流为零。在 t_0 时刻导通主开关管 VT_1，由于 L_r 中的电流不能突变，而且在导通瞬间，VD 处于续流状态，可认为输入电压完全施加在 L_r 两端，则 VT_1 实现了零电流导通。本阶段等效电路如图 7-14a 所示，$i_{Lr} = U_d t / L_r$ 线性上升，直到 t_1 时刻 $i_{Lr} = I_0$，VD 关断，VT_1 与 VD 实现换流。

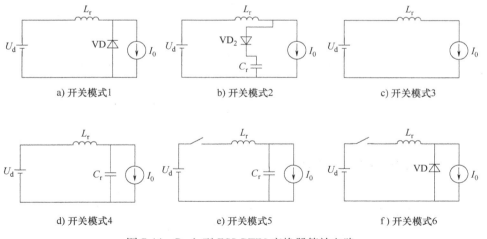

a) 开关模式1　　　　　　b) 开关模式2　　　　　　c) 开关模式3

d) 开关模式4　　　　　　e) 开关模式5　　　　　　f) 开关模式6

图 7-14 Buck 型 ZCS PWM 变换器等效电路

2）开关模式 2（$t_1 \sim t_2$ 时刻）：准谐振阶段（VD 零电压关断）。在 t_1 时刻，VD 关断，使 VD_2 与 C_r 支路开始导通，等效电路如图 7-14b 所示。L_r 与 C_r 谐振，i_{Lr} 与 u_{Cr} 的变化规律为 $i_{Lr} = I_0 + U_d \sin\omega t / \omega L_r$，$u_{Cr} = U_d(1 - \cos\omega t)$。其中，$\omega = 1 / \sqrt{L_r C_r}$。在 t_2 时刻，

197

$u_{Cr} = 2U_d$，VD_1、C_r 支路电流下降为零，使 VD_1 关断。在 $t_1 \sim t_2$ 时刻，L_r 与 C_r 恰好谐振半个周期。由于 VD_2 和 C_r 的存在，在 VD 关断时，其端电压是逐渐升高的，所以 VD 为零电压关断。

3）开关模式 3（$t_2 \sim t_3$ 时刻）：恒流阶段（PWM 工作方式）。VD_1 关断以后，VD_1、C_r 支路断开，电路进入 PWM 工作方式，$i_{Lr} = I_0$，等效电路如图 7-14c 所示。

4）开关模式 4（$t_3 \sim t_4$ 时刻）：ZCS 过渡阶段（VT_1 零电流关断）。为了给 VT_1 创造零电流关断的条件，在 t_3 时刻，使 VT_2 导通，则 L_r 与 C_r 再次谐振，i_{Lr} 与 u_{Cr} 的变化规律为

$$i_{Lr} = I_0 + \frac{U_d}{\omega L_r}\sin\omega t \tag{7-7}$$

$$u_{Cr} = U_d(1 - \cos\omega t) \tag{7-8}$$

在这一阶段，i_{Lr} 先由正变负，再由负变零，当 $i_{Lr} \leq 0$ 时，VD_1 导通，在这段时间内关断 VT_1，则实现了主开关的零电压关断，t_4 时刻，i_{Lr} 由负变零，VD_1 关断。

5）开关模式 5（$t_4 \sim t_5$ 时刻）：恒流放电阶段（VD 零电压开启）。t_4 时刻以后，VT_1 与 VD_1 均关断，等效电路如图 7-14e 所示，C_r 端电压以斜率 $-I_0/C_r$ 下降，直到 t_5 时刻，u_{Cr} 下降到零，续流二极管 VD 开始导通。

6）开关模式 6（$t_5 \sim t_6$ 时刻）：二极管续流阶段（PWM 工作方式）。这一阶段与普通的 PWM 工作方式下的续流阶段相同，等效电路如图 7-14f 所示。在这一时间段内关断 VT_2，则实现了 VT_2 的零电压关断。t_6 时刻以后，电路进入新的工作周期。

可见，采用 ZCS PWM 变换技术的 Buck 变换器在一个周期内将有一段时间工作在 ZCS 准谐振状态，而大部分时间仍工作在 PWM 状态。谐振频率由 L_r 和 C_r 决定，通过选择合适的 L_r 和 C_r，可以使主开关管 VT_1 实现较高频率的零电流导通与关断。此外，在 $t_3 \sim t_4$ 阶段使 i_{Lr} 下降到负值是实现主开关管零电流关断的必要条件，根据式（7-7）可以得出结论，必须保证 $I_0 < U_d/(\omega L_r)$，否则将无法保证开关管的零电流关断。

Buck 型 ZCS PWM 电路的最大优点是实现了恒频控制的 ZCS 工作方式，且主开关管与辅助开关管的电压应力小，在一个周期内承受的最大电压为电源电压，但续流二极管承受的电压应力较大，最大时为 2 倍的电源电压，而且由于谐振电感在主电路中，使得实现 ZCS 的条件与电源电压和负载变化有关。

2. 零电压开关 PWM 变换器

Buck 型 ZVS PWM 变换器如图 7-15 所示。其中，VT_1 为主开关管，VT_2 为辅助开关管，L_r 与 C_r 分别为谐振电感与谐振电容。图 7-16 为该变换器在一个 PWM 周期内的工作波形。下面分 6 个阶段分析其在一个周期内的开关模式工作过程。与 ZCS PWM 变换器的分析方法类似，仍假设输出滤波电感 L_f 足够大，可用一个数值为 $I_0 = U_0/R_L$ 的电流源来代替。分析过程中，电路参数的描述以每一阶段的起始时刻为该阶段的零时刻。

1）开关模式 1（$t_0 \sim t_1$ 时刻）：恒流充电阶段。上一周期结束时，主开关管 VT_1 与辅助开关管 VT_2 均处于导通状态，续流二极管 VD 截止，谐振电容 C_r 电压为零，谐振电感 L_r 的电流 $i_{Lr} = I_0$。在 t_0 时刻关断主开关管 VT_1，则谐振电容 C_r 以恒流充电，u_{VT1} 线性上升，等效电路如图 7-17a 所示。直到 t_2 时刻，u_{VT1} 线性上升到 U_d，续流二极管 VD 导通，本阶段结束。

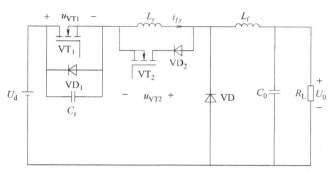

图 7-15　Buck 型 ZVS PWM 变换器

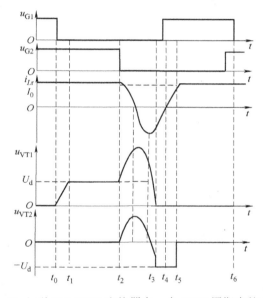

图 7-16　Buck 型 ZVS PWM 变换器在一个 PWM 周期内的工作波形

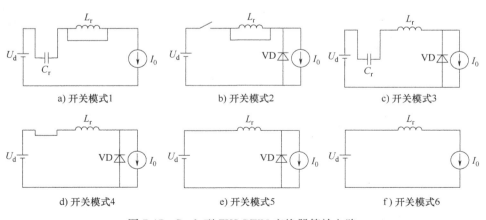

a) 开关模式1　　b) 开关模式2　　c) 开关模式3

d) 开关模式4　　e) 开关模式5　　f) 开关模式6

图 7-17　Buck 型 ZVS PWM 变换器等效电路

2）开关模式 2（$t_1 \sim t_2$ 时刻）：续流阶段。VD 导通以后，输出电流由 VD 续流，与 Buck 型 PWM 变换器的续流阶段相当。电感 L_r 的电流保持为 I_0，通过辅助开关管 VT_2 续流，等效电路如图 7-17b 所示。

3）开关模式 3（$t_2 \sim t_3$ 时刻）：准谐振阶段。在 t_2 时刻，令辅助开关管 VT_2 断开，则 L_r 与 C_r 将产生谐振作用，i_{Lr} 与 u_{VT1} 的变化规律为：$i_{Lr} = I_0 \cos\omega t$，$u_{VT1} = U_d + I_0 \sin\omega t /$ （$C_r \omega$），其中 $\omega = 1/\sqrt{L_r C_r}$。$L_r$ 的电流首先谐振下降，C_r 的电压则谐振上升。$\omega t \geqslant \pi/2$ 以后，u_{Cr} 从峰值开始下降，C_r 释放能量，L_r 的电流则反向增长，等效电路如图 7-17c 所示。直到 t_3 时刻，$u_{VT1} = 0$，VD_1 导通，u_{VT1} 被钳位，谐振停止。$u_{VT1} = 0$ 为 VT_1 的 ZVS 导通创造了条件。

4）开关模式 4（$t_3 \sim t_4$ 时刻）：电感电流线性上升阶段。t_3 时刻 VD_1 导通以后，L_r 的电流在输入电压 U_d 的作用下线性上升，直到 $i_{Lr} = 0$，VD_1 截止，本阶段结束，等效电路如图 7-17d 所示。在这一阶段内使 VT_1 导通，则 VT_1 实现了 ZVS 导通。

5）开关模式 5（$t_4 \sim t_5$ 时刻）：VT_1 与 VD 换流阶段。t_4 时刻以后，VD_1 关断，VT_1 导通，L_r 的电流从零开始线性上升，使 VD 中的电流线性下降，如图 7-17e 所示。直到 t_5 时刻，VD 中的电流下降到零，自然关断，续流过程结束，此时 $i_{Lr}(t_5) = I_0$。

6）开关模式 6（$t_5 \sim t_6$ 时刻）：恒流阶段。t_5 时刻以后 VD 关断，电路进入 Buck 型 PWM 变换器的开关管导通工作状态。可在这一阶段内使 VT_2 导通，由于 L_r 的电流持续为 I_0，VT_2 也实现了 ZVS 导通，等效电路如图 7-17f 所示。直到 t_6 时刻，VT_1 再次关断，电路进入下一个工作周期。

7.3.3　零转换 PWM 变换器

零转换 PWM 电路也是采用辅助开关控制谐振的开始时刻，所不同的是，谐振电路是与主开关并联的，因此，输入电压和负载电流对电路的谐振过程影响很小，电路在很宽的输入电压范围内和从零负载到满载都能工作在软开关状态，而且电路中无功功率的交换被削减到最小，这使得电路效率有了进一步提高。零转换 PWM 电路可以分为：

1）零电流转换 PWM 电路（Zero-Current Transition PWM Converter，ZCT PWM）。

2）零电压转换 PWM 电路（Zero-Voltage Transition PWM Converter，ZVT PWM）。

两种零转换 PWM 电路的基本开关单元如图 7-18 所示。

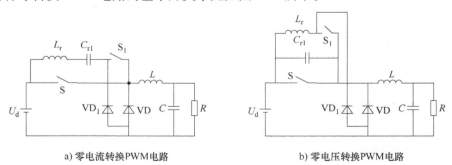

a）零电流转换PWM电路　　　　　　　　　b）零电压转换PWM电路

图 7-18　零转换 PWM 电路的基本开关单元

1. 零电流转换 PWM 变换器

下面以 Boost 型 ZCT PWM 变换器为例，分析其工作原理和工作特点。为了简化分析过程，假设输入电感足够大，其作用可以用一个恒流源 I_d 来代替；同时假设输出滤波电容足够大，其作用可以用一个数值为输出电压 U_0 的电压源来代替。下面分 5 个阶段分析其工作过程。对于电路参数变化规律的描述，以每一阶段的起始时刻为该阶段的零时刻。图 7-19 为 Boost 型 ZCT PWM 变换器电路，图 7-20 为 Boost 型 ZCT PWM 变换器在一个 PWM 周期内的工作波形。

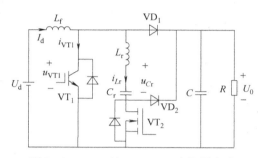

图 7-19　Boost 型 ZCT PWM 变换器电路

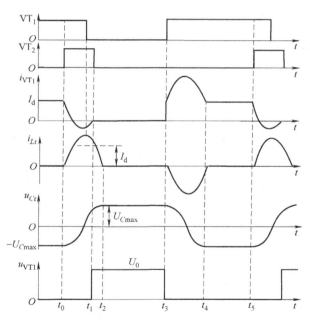

图 7-20　Boost 型 ZCT PWM 变换器在一个 PWM 周期内的工作波形

1）开关模式 1（$t_0 \sim t_1$ 时刻）：VT_2 导通阶段。根据图 7-20 所描述的主开关管 VT_1 与辅助开关管 VT_2 的控制规律，t_0 时刻使 VT_2 导通，VT_1 已经处于导通状态，二极管 VD_1 与 VD_2 因承受反向电压降而关断，等效电路如图 7-21a 所示。上一周期结束时，电容 C_r 被反向充电，$u_{Cr} = -U_{Cmax}\cos\omega t$ 此时，L_r 与 C_r 通过 VT_1 提供的支路发生谐振，u_{Cr} 与 i_{Lr} 的变化规律为

$$u_{Cr} = -U_{C\max}\cos\omega t \qquad (7-9)$$

$$i_{Lr} = \frac{U_{C\max}}{\omega L_r}\sin\omega t \qquad (7-10)$$

其中，$\omega = 1/\sqrt{L_r C_r}$，主开关管中流过的电流为

$$i_{VT1} = I_d - \frac{U_{C\max}}{\omega L_r}\sin\omega t \qquad (7-11)$$

要求 $I_d - U_{C\max}/(\omega L_r) < 0$。

由式（7-11）可知，当 $\omega t = \pi/2$ 时，$i_{VT1} \leqslant 0$，则在 $\omega t = \pi/2$ 附近，与 VT$_1$ 反并联的二极管导通，VT$_1$ 中的电流为零，若在这一阶段关断 VT$_1$，则 VT$_1$ 实现了零电流关断。$\omega t = \pi/2$ 以后，i_{Lr} 开始下降，直到 t_1 时刻 i_{Lr} 下降到 I_d，与 VT$_1$ 反并联的二极管关断；同时在 t_1 时刻关断 VT$_2$。

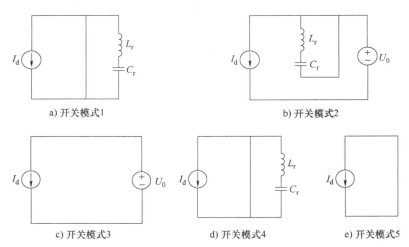

a) 开关模式1 b) 开关模式2

c) 开关模式3 d) 开关模式4 e) 开关模式5

图 7-21　Boost 型 ZCT PWM 变换器等效电路

2）开关模式 2（$t_1 \sim t_3$ 时刻）：准谐振阶段。由于 t_1 时刻，VT$_2$ 被关断，L_r 与 C_r 通过 VD$_2$ 构成回路，VD$_2$ 导通，同时与 VT$_1$ 反并联的二极管关断以后，由于输入电感的续流作用，因此 VD$_1$ 导通，等效电路如图 7-21b 所示。L_r 与 C_r 继续谐振，u_{Cr} 与 i_{Lr} 的变化规律仍可用式（7-9）与式（7-10）表示，直到 t_2 时刻，i_L 下降到零，VD$_2$ 关断，u_{Cr} 达到 $U_{C\max}$。

3）开关模式 3（$t_2 \sim t_3$ 时刻）：续流阶段（PWM 工作方式）。t_2 时刻，VD$_2$ 关断以后，L_r 与 C_r 结束谐振，输入端通过续流二极管向输出端传送能量，等效电路如图 7-21c 所示，电路进入 PWM 工作方式。

4）开关模式 4（$t_3 \sim t_4$ 时刻）：准谐振阶段。t_3 时刻，使主开关管 VT$_1$ 导通，则 VD$_1$ 被关断，VT$_2$ 的反并联二极管导通，等效电路如图 7-21d 所示。L_r 与 C_r 再次发生谐振，u_{Cr} 与 i_{Lr} 的变化规律与开关模式 1 类似，只是方向相反，具体表达式为：$u_{Cr} = U_{C\max}\cos\omega t$，$i_{Lr} = -U_{C\max}\sin\omega t/(\omega L_r)$，主开关中流过的电流为：$i_{VT1} = I_d + U_{C\max}\sin\omega t/(\omega L_r)$。直到 t_4 时刻，i_{Lr} 谐振到零，使 VT$_2$ 的反并联二极管关断，谐振结束，u_{Cr} 维持在 $-U_{C\max}$。

5）开关模式 5（$t_4 \sim t_5$ 时刻）：恒流阶段（PWM 工作方式）。t_4 时刻以后，电路处于主开关导通的 PWM 工作状态，输入电感储能，等效电路如图 7-21e 所示。t_5 时刻以后，电路进入新的工作周期。

应当注意的是，在 $t_0 \sim t_1$ 阶段，使 $i_{VT1} \leqslant 0$ 是实现主开关零电流关断的必要条件，因此必须使电路中的参数满足 $I_d - U_{Cmax}/(\omega L_r) \leqslant 0$。Boost 型 ZCT PWM 变换器的优点在于实现了主开关管的零电流关断，而且不增加主开关管的电压应力；同时谐振支路与主开关管并联，避免了 ZCS PWM 变换器中由于谐振电感与主开关管串联引起的问题；谐振支路所需的能量较小且可以调节。其主要缺点在于主开关管在导通时是硬开关方式，辅助开关管在关断时也是硬开关方式，因此，主开关管宜采用 IGBT，辅助开关管宜采用 MOSFET。

2. 零电压转换 PWM 变换器

零电压转换 PWM 电路是另一种常用的软开关电路，具有电路简单、效率高等优点，广泛用于功率因数校正（PFC）电路、DC/DC 变换器、斩波器等。本节以升压电路为例介绍这种软开关电路的工作原理。

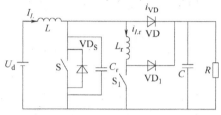

图 7-22　Boost 型零电压转换 PWM 电路

Boost 型零电压转换 PWM 电路如图 7-22 所示，其理想化波形如图 7-23 所示。在分析中假设电感 L 很大，因此可以忽略其中电流的波动；电容 C 也很大，因此输出电压的波动也可以忽略。在分析中还忽略了元件与线路中的损耗。

由图 7-23 可以看出，在零电压转换 PWM 电路中，辅助开关 S_1 超前主开关 S 开通，而 S 开通后 S_1 就关断了。主要的谐振过程都集中在 S 开通前后。下面分 5 个阶段介绍电路的工作过程。

1）开关模式 1（$t_0 \sim t_1$ 时段）：辅助开关先于主开关开通，由于此时二极管 VD 尚处于通态，所以电感 L_r 两端电压为 U_0，电流 i_{Lr} 按线性迅速增长，二极管 VD 中的电流以同样的速率下降。直到 t_1 时刻，$i_{Lr} = I_L$，二极管 VD 中电流下降到零而自然关断。

2）开关模式 2（$t_1 \sim t_2$ 时段）：L_r 与 C_r 构成谐振回路，由于 L 很大，谐振过程中其电流基本不变，对谐振影响很小，可以忽略。

谐振过程中 L_r 的电流增加而 C_r 的电压下降，t_2 时刻其电压 u_{Cr} 刚好降到零，开关 S 的反并联二极管 VD_S 导通，u_{Cr} 被钳位于零，而电

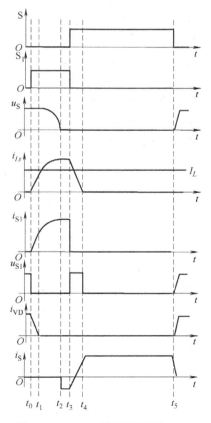

图 7-23　Boost 型零电压转换 PWM
电路的理想化波形

流 i_{Lr} 保持不变。

3）开关模式 3（$t_2 \sim t_3$ 时段）：u_{Cr} 被钳位于零，而电流 i_{Lr} 保持不变，这种状态一直保持到 t_3 时刻 S 开通、S_1 关断。

4）开关模式 4（$t_3 \sim t_4$ 时段）：t_3 时刻 S 开通时，其两端电压为零，因此没有开关损耗。

S 开通的同时 S_1 关断，L_r 中的能量通过 VD_1 向负载侧输送，其电流线性下降，而主开关 S 中的电流线性上升。直到 t_4 时刻 $i_{Lr}=0$，VD_1 关断，主开关 S 中的电流 $i_S = I_L$，电路进入正常导通状态。

5）开关模式 5（$t_4 \sim t_5$ 时段）：t_5 时刻 S 关断。由于 C_r 的存在，S 关断时的电压上升率受到限制，降低了 S 的关断损耗。

本 章 小 结

本章主要介绍了软开关技术的概念及分类，并对准谐振变换器、零开关 PWM 变换器及零转换 PWM 变换器的典型电路进行分析，推导电路工作各个阶段中电压、电流的计算公式，使读者能够更好地理解软开关技术对电路性能的改善。

习 题 和 思 考 题

1. 简述软开关的概念。
2. 简述软开关的分类。
3. 简述软开关技术在开关电源中的作用。

第8章

电力电子技术仿真及实训

电力电子技术仿真及实训是在"电力电子技术""单片机原理及应用"两门专业课程基础之上，与电力电子技术课程相关联的实践性教学环节。电力电子技术仿真是将所学理论知识通过仿真软件进行验证的一种方式，读者在掌握仿真软件的使用方法及仿真建模的基本操作步骤的基础上，运用所学的理论知识，针对不同电路结构进行仿真验证，从而更为直观、生动和有效地理解各种电路的工作情况。电力电子技术实训环节的目标是通过该环节的学习，读者能够掌握常用开关器件的识别和测试方法及焊接技术，理解其工作特性；掌握基本变换电路的原理及控制方法，能够根据输入电能的形式和输出电能质量的需求设计与调试电能变换电路；掌握各种仪器的使用方法，掌握正确操作规程，并记录和处理实验数据；掌握撰写项目报告的方法，具有一定的总结分析能力。通过本章内容的学习，掌握与巩固课堂所学知识，培养灵活运用所学知识分析和解决实际系统中出现的各种复杂问题的能力，能够针对电气工程领域复杂问题的特定需求，选择、使用或开发恰当的技术。

8.1　仿真工具 MATLAB/Simulink 软件基础

8.1.1　计算机仿真技术

计算机仿真技术是以控制论、系统论、相似原理和信息技术为基础，以计算机和专用物理效应设备（模拟再现真实现实环境）为工具，借助系统模型对实际或设想的系统进行动态实验研究的一门综合性技术。计算机仿真技术的目的和作用如下：

（1）优化设计

作为工程设计和科学实验，往往希望系统能够以一种最优的形式运行，尤其是电气与自动化系统的设计。在设计或运行调试过程中，可以通过计算机仿真技术、仿真实验得到系统的性能和参数，以便进行参数的调整和优化。如在控制系统中，通过多次的参数计算仿真，可以保证系统有一个比较理想的动、静态特性。

（2）经济性

通过计算机仿真可以避免实际系统运行时所消耗的材料或能源，节省设计或研究的费用。另外，采用物理模型或实物实验，花费巨大，而采用数学模型即计算机数学仿真可大幅降低成本并可重复使用。如在飞机制造过程中，进行风洞实验时，常常采用缩小的飞机模型替代实际飞机，或者采用专用软件进行造型分析。

（3）安全性

利用计算机仿真技术可以提高系统实验运行安全系数，减少由于系统试制阶段的状态不确定性而造成的人员或财物损失。如由于安全载人飞行器和核电站的危险性，不允许人员在不成熟的情况下贸然进入现场操作运行，必须进行仿真实验。

（4）预测性

对于非工程系统，直接实验是不可能的，只能采用预测的方法。如市场中的股票价格分析和天气预报等。

（5）复原性

通过仿真手段复现一些场景或物体，从而使人们能够对一些事件进行模拟分析，实现事件评估或情景模拟。如虚拟现实技术和安全事件分析评估等。

8.1.2 MATLAB/Simulink 仿真软件介绍

MATLAB 是美国 MathWorks 公司出品的商业数学软件，用于数据分析、无线通信、深度学习、图像处理与计算机视觉、信号处理、量化金融与风险管理、机器人和控制系统等领域。它将数值分析、矩阵计算、科学数据可视化以及非线性动态系统的建模和仿真等诸多强大功能集成在一个易于使用的视窗环境中，为科学研究、工程设计以及必须进行有效数值计算的众多科学领域提供了一种全面的解决方案，并在很大程度上摆脱了传统非交互式程序设计语言（如 C、Fortran）的编辑模式。

Simulink 是 MATLAB 的扩展，它是实现动态系统建模和仿真的一个软件包，它让用户把精力从编程转向模型的构造。Simulink 提供了一个图形化的建模环境，通过鼠标单击和拖拉操作 Simulink 模块，用户可以在图形化的可视环境中进行框图式建模。支持线性、非线性、连续、离散或者混合系统的建模与仿真。Simulink 与 MATLAB 语言的主要区别是它与用户的交互接口是基于 Windows 的模型化图形输入，其结果使得用户可以把更多的精力投入到系统模型的构建，而非编程语言上。

MATLAB 的工具箱具有极其丰富的内涵，整个 Simulink 工具箱是由 Simulink（标准模块库）、Aerospace Blockset（航空航天系统模块库）、Communications Blockset（通信系统模型库）、Sim-Power Systems（电力系统模块库）等数十个模块组构成。Simulink 在各种专业领域的使用，通常是 Simulink 标准工具箱与各专业工具箱结合使用进行的。

8.1.3 电力电子电路仿真

利用 Simulink 环境仿真电力电子系统的过程基本上可以分为以下几个步骤：

第一步：电路或系统搭建。根据要仿真的系统框图或电路图，在 Simulink 窗口的仿真平台上构建仿真模型。此过程要首先打开 Simulink 窗口和模型浏览器，将需要的各模块提取到仿真平台上，然后将平台上的模块逐一连接，形成仿真的系统框图。

第二步：设置模块参数。模块提取和组成仿真模型后，需要给各个模块按照仿真要求进行赋值，也就是参数设置。这时，用鼠标双击模块图标，弹出模块参数对话框，并在对话框中输入模块参数。

第三步：设置仿真参数。在对绘制好的模型进行仿真前，还需要确定仿真的步长、时间和选取仿真的算法等，也就是设置仿真参数。

第四步：启动仿真。在模块参数和仿真参数设置完毕后即可以开始仿真，在"Simulation"菜单的子菜单中单击"Start"或按〈Ctrl+T〉键即可进入仿真。

第五步：观测仿真结果。在模型仿真计算完毕后，重要的是从输出模块（Sinks）中观测仿真的结果。

在使用 MATLAB/Simulink 进行仿真的过程中，除了模块参数的设置以外，仿真参数的设置是否合适、波形的处理是否到位，对仿真结果都有明显的影响。

下面以直流降压斩波器为例，介绍仿真建模过程。直流降压斩波器仿真模型如图 8-1 所示。

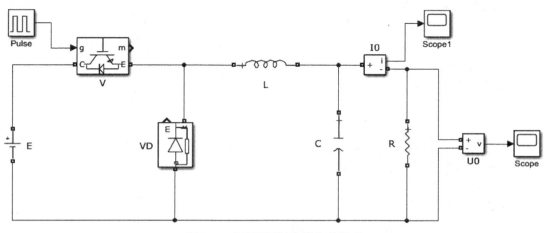

图 8-1　直流降压斩波器仿真模型

1）按图 8-1 搭建仿真电路模型，选用的各模块名称及提取路径见表 8-1。

表 8-1　直流降压斩波器仿真模块名称及提取路径

模 块 名 称	提 取 路 径
直流电源（E）	Simscape/Electrical/Specialized Power Systems/Fundamental Blocks/Electrical Sources
IGBT 模块（VT）、二极管模块（VD）	Simscape/Electrical/Specialized Power Systems/Fundamental Blocks/Power Electronics
串联阻抗模块（Series RLC Branch）	Simscape/Electrical/Specialized Power Systems/Fundamental Blocks/Elements
脉冲发生器（Pulse）	Simulink/Sources
电压、电流测量	Simscape/Electrical/Specialized Power Systems/Fundamental Blocks/Measurements
示波器（Scope）	Simulink/Sinks

2）仿真中降压斩波器模型的参数见表 8-2。

表 8-2　直流降压斩波器模型参数

模　块	参数名/单位	参　数
直流电源（E）	Amplitude/V	100
电感（L）	Inductance/H	0.01
电容（C）	Capacitance/mF	0.8
电阻（R）	Resistance/Ω	5
脉冲模块	Period（T_s）/s	0.0001
（Pulse）	Pulse Width（W）（%）	50

3）仿真结果如图 8-2 所示，图 8-2a 为 IGBT 的驱动脉冲，频率为 10kHz，占空比为 50%。图 8-2b 为负载两端的输出电压波形，约为 50V，改变占空比可以调节输出电压值。

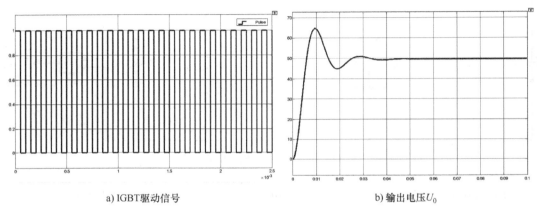

a）IGBT驱动信号　　　　　　　　　　　b）输出电压U_0

图 8-2　直流降压斩波器仿真结果

8.2　仿真工具 Proteus 软件基础

8.2.1　Proteus 功能简介

　　Proteus 是一款由英国 Lab Center Electronics 公司出版，用于单片机和其外围器件仿真的工具软件。Proteus 在具备基本 EDA（Electronic Design Automation，电子设计自动化）工具软件的仿真功能基础上，还能够对单片机及其外围电路在原理图绘制、代码编写后实现协同仿真和实时调试，并且能够直接切换到 PCB 设计。因此，Proteus 软件平台实现了从概念到产品的完整设计，在电子设计领域中得到了广泛应用。

　　Proteus 仿真软件主要具有以下特点：

　　（1）内容全面，资源丰富

　　Proteus 仿真软件的内容包括软件部分的汇编、C51 等语言的调试过程，也包括硬件接口电路中的大部分类型。对同一类功能的接口电路，可以搭建不同的硬件电路和软件调试来实现相同的功能，而且通过查阅资料也能够找到很多比较完善的系统设计

208

方法和设计范例供参考和学习，从而扩展了学生的思路，提高了学生的学习兴趣。

（2）实现了单片机仿真和SPICE电路仿真相结合

Proteus仿真软件不仅具有模拟电路仿真、数字电路仿真、单片机及其外围电路组成系统的仿真，还可以提供对RS-232动态仿真、I2C调试器、SPI调试器、键盘和LCD系统模块仿真的功能；提供各种电路所需要的虚拟仪器设备，如示波器、电流表、电压表、逻辑分析仪、信号发生器等。

（3）具有强大的原理图绘制功能，支持目前市面上主流单片机系统的仿真

Proteus所提供元件库中的大部分元件都可以直接用于接口电路的搭建，目前支持的单片机类型有68000系列、51系列、AVR系列、PIC12系列、PIC16系列、PIC18系列、Z80系列、HC11系列以及各种单片机的外围芯片。

（4）提供软件和硬件调试功能

Proteus仿真软件在硬件仿真系统中具有全速、单步、设置断点等调试功能，可以观察各个变量、寄存器等的当前状态，同时在该软件仿真系统也具有这些功能。Proteus支持第三方的软件编译和调试环境，如Keil μVision5 C51等软件，从而实现软件与硬件的联合调试仿真。

（5）硬件实物投入少，节约经济成本

在传统的实验教学过程中，都有可能产生由于操作失误等原因造成的元器件和仪器仪表的损毁，同时也涉及仪器仪表等工作时造成的能源消耗。采用Proteus仿真软件，基本没有元器件的损毁问题。Proteus软件所提供的元器件和仪器仪表，不管在数量还是质量上都具有可靠性和经济性。如果在实验教学中采用真实的仪器仪表，仅在仪器仪表等设备的维护保养方面就需要投入很大的成本。因此，采用Proteus仿真软件进行教学的经济优势是比较明显的。

（6）学生可自行实验，锻炼解决实际工程问题的能力

采用Proteus仿真软件对电路进行仿真可以把课本上的理论知识有效地与电路的实际应用联系起来，有助于进一步加深学生对理论学习的理解。在Proteus软件中搭建一个工程项目，并将其最后落实到一个具体的硬件电路中，在这个过程中可以让学生了解将仿真软件和具体的工程实践如何结合起来，有利于学生对工程实践过程的了解和学习。同时，一个比较大的工程设计项目可由一个小组协作完成，在Proteus中进行仿真实验时，所涉及的原理图设计和电路搭建等任务需要学生共同设计完成，可以培养学生的团结协作意识。

（7）节约实际工程项目的成本投入

在研究实际工程问题的过程中，也可以先在Proteus软件的仿真环境中模拟实验，再进行硬件投入实验。这样解决工程项目问题不仅节约了时间和人力成本，而且能够避免由于系统设计方案有问题而产生的重做整个设计过程的麻烦，同时减少了硬件成本的浪费。

Proteus的虚拟仿真，不需要用户硬件样机就可以直接在PC上进行虚拟设计与调试。然后把调试完毕的程序的机器代码固化在程序存储器中，一般就可以直接投入运行。使用Proteus软件进行软件与硬件相结合的单片机系统仿真，可将许多系统实例的功能及运行过程形象化。通过运行仿真环境中搭建的虚拟仿真系统，可以得到像实际

单片机应用系统硬件电路一样的执行效果。

在实际的工程项目设计过程中，一般都会先进行对硬件方案的仿真调试，验证设计的合理性与正确性之后再投入资金制作样机，对硬件电路进行实际检测。基于 Proteus 的产品开发流程如图 8-3 所示。

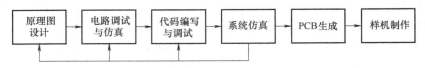

图 8-3　基于 Proteus 的产品开发流程

基于 Proteus 的产品设计优点主要包括：在原理图设计完成之后就可以进行电路调试与仿真，使设计过程更加方便；交互式仿真特性使得软件的调试与测试能在设计电路板之前完成，提高了产品开发效率；对硬件和软件设计进行改动都非常容易，设计者在发现问题后可以立即进行修正，而不必因为一个很小的问题对整个产品重新进行设计。

尽管 Proteus 仿真工具具有开发效率高、不需要附加的硬件开发装置成本的优点，但是应该注意的是使用 Proteus 对用户系统模拟是在理想状况下进行的，硬件电路的实时性无法完全准确地仿真模拟出来，因此不能进行用户样机硬件部分的诊断与实时在线仿真。因此，在单片机系统的开发过程中，通常首先在 Proteus 环境下绘制系统的硬件电路图，在 Keil μVision5 C51 环境下编写程序并进行编译，然后在 Proteus 环境下仿真调试通过。接下来根据仿真的结果，完成实际的硬件设计，并把仿真通过的程序代码烧录到单片机中，最后将单片机安装到用户样机板上以观察运行结果，如果有问题，再连接硬件仿真器进行分析和调试。

8.2.2　Proteus Schematic Capture 虚拟仿真

打开 Proteus 的原理图绘制界面后，即可绘制单片机及其外围电路组成的系统电路原理图，同时在该界面下，还可以对绘制好的单片机系统进行虚拟仿真。当确保硬件电路连接完成无误而且软件代码编译通过后，单击单片机芯片，载入经代码调试通过生成的 .hex 文件，直接在 Proteus 中单击"仿真运行"按钮，即可进行电路的运行，并可以非常直观地观察到声、光及各种动作等的逼真效果，以检验电路硬件及软件设计的对错。

图 8-4 为采用单片机应用系统进行仿真的数字钟系统仿真实例，STC89C52RC 单片机控制的数码管能够显示数字钟的当前时间并且具有闹钟功能。软件部分的单片机程序可通过 Keil μVision5（支持 C51 和汇编语言编程）软件平台编写完成后，直接编译生成可执行的" *.hex "文件，在 Proteus 仿真界面中直接用鼠标双击单片机上的 STC89C52RC 芯片，把" *.hex "文件载入单片机即完成了单片机程序的下载。

单击原理图绘制界面的"仿真运行"按钮，如果程序编写正确而且硬件电路连接也没有问题，则会出现预期的仿真运行结果。在仿真运行过程中，每个元器件的各个引脚还会出现红、蓝两色的方点，它们表示此时的引脚电平。红色表示高电平，蓝色表示低电平。

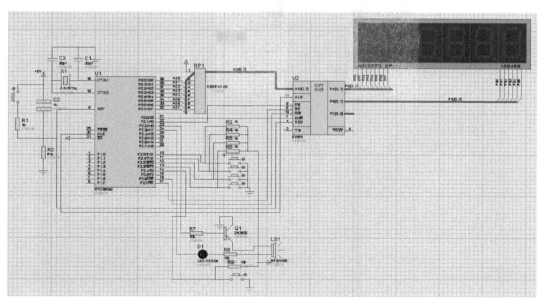

图 8-4　数字钟系统仿真实例

8.2.3　Proteus Schematic Capture 开发环境简介

　　目前大部分 PC 性能与配置都能满足 Proteus 的运行要求，安装完毕后，用鼠标单击 Proteus 8 Professional 运行 Proteus 即可进入 Proteus 集成环境。本书以汉化的 8.6 版本为例，单击后出现如图 8-5 所示的启动界面。

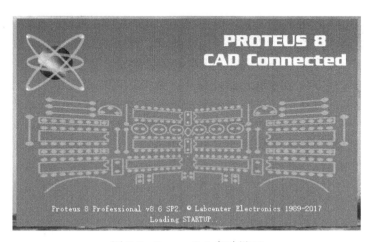

图 8-5　Proteus 8.6 启动界面

　　Proteus 原理图绘制界面如图 8-6 所示。整个屏幕界面分为若干个区域，由主菜单栏、主工具栏、原理图绘制窗口、预览窗口、对象选择窗口（包括器件拾取与库管理和对象方位工具等）、模型工具箱、仿真工具栏等组成。

　　参考相关文献可详细了解 Proteus 虚拟仿真的具体开发过程。

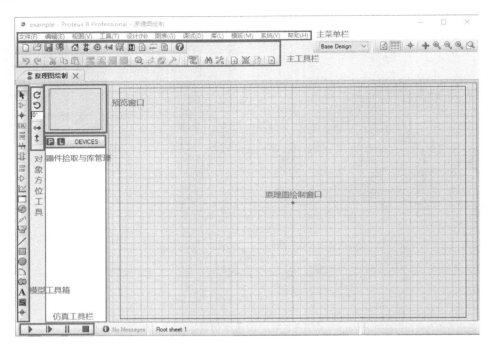

图 8-6　Proteus 原理图绘制界面

8.3　硬件焊接技术基础

8.3.1　焊接技术概述

焊接技术是电子电路制作工艺、电子拆装、电气或电子设备维护中基本的操作技能。学习电子电路制作技术，必须掌握焊接技术，练好焊接基本功。在电子电路制作中，焊接的质量直接影响着产品质量。优良的焊接质量，可为电路提供良好的稳定性、可靠性；不良的焊接方法会导致元器件损坏，给测试带来很大困难，有时还会留下隐患，影响电子设备的可靠性。焊接是金属加工的主要方法之一，它是将两个或两个以上分离的工件，按一定的形式和位置连接成一个整体的工艺过程。其实质是利用加热或其他方法，使钎料与被焊金属原子之间互相吸引、互相渗透，依靠原子之间的内聚力使两种金属达到永久、牢固的结合。现代焊接技术通常可分为熔焊、电阻焊和钎焊三大类。

（1）熔焊

熔焊是指在焊接过程中，将焊件接头加热至熔化状态，在不外加压力的情况下完成焊接的方法，如电弧焊、气焊及等离子焊等。

（2）电阻焊

电阻焊是指在焊接过程中，对焊件施加压力（加热或不加热）完成焊接，如超声波焊、脉冲焊、摩擦焊及锻焊等。

（3）钎焊

钎焊是采用比母材熔点低的金属材料作为钎料，将钎料和焊件加热到高于钎料熔点但低于母材熔点的温度，利用液态钎料润湿母材，填充接头间隙并与母材相互扩散实现连接焊件的方法，如火焰钎焊、电阻钎焊及真空钎焊等。根据使用钎料的熔点不同，可将钎焊分为软钎焊（熔点低于450℃）和硬钎焊（熔点高于450℃）两种。

电子产品安装工艺中，所谓的焊接就是软钎焊的一种，主要使用锡、铅等低熔点合金材料作为焊料，俗称锡焊。锡焊中的手工烙铁焊、浸焊、波峰焊、再流焊等在电子装配工业中有着广泛的应用，它主要由钎料和焊件组成。钎料在锡焊中采用的是锡铅合金，熔点比较低，约为183℃。被施焊的零件通称为焊件，一般在电子工业中常指金属零件。

1. 锡焊的原理

对于锡焊操作来说，最基本的就是润湿、扩散和结合层三点。

（1）润湿

润湿就是钎料对焊件的浸润。熔融钎料在金属表面形成均匀、平滑、连续并附着牢固的钎料层就称为润湿，它是发生在固体表面和液体之间的一种物理现象。只有钎料能润湿焊件，才能进行焊接。金属表面被熔融钎料润湿的特性称为焊接性。

（2）扩散

锡焊的本质就是钎料与焊件在其界面上的扩散。正是扩散作用，形成了钎料和焊件之间的牢固结合，实现了焊接。

（3）结合层

将表面清洁的焊件与钎料加热到一定温度，钎料熔化并润湿焊件表面，由于钎料和焊件金属彼此扩散，所以在两者交界面形成一种新的金属合金层，这就是所说的结合层。结合层的作用是将钎料和焊件结合成一个整体。

2. 锡焊的特点

1）钎料熔点低于焊件，焊接时将焊件与钎料共同加热到最佳焊接温度，钎料熔化而焊件不熔化，一般加热温度较低，对母材组织和性能影响小，变形小。

2）锡焊的连接形式是由熔化的钎料润湿焊件的焊接面产生冶金、化学反应形成结合层而实现的，只需要简单的加热工具和材料即可加工，投资少。

3）焊点有良好的电气性能，适合金属及半导体等电子材料的连接。

4）焊接接头平整光滑、外形美观。

5）焊接过程可逆，易于拆焊。

8.3.2 焊接材料与工具

1. 钎料

钎料是一个广泛的概念，其成分各异、熔点也不同，以适应不同焊接应用的需要。钎料通常为合金体，以两种或两种以上金属按特定比例混合而成。不同金属所混合的比例直接关系到钎料的熔点、浸润性、硬度、脆性、热膨胀系数、固有应力以及凝固时间等特性。作为电子产品的钎料需要满足以下几个基本条件：

1）钎料熔点要低于被焊元器件。

2）钎料具有较好的浸润性，能附着在焊件表面，并充满焊件的缝隙。

3）钎料具有一定硬度，但又不至于过脆，即能将焊件稳定地连成一体，并具有一定强度；钎料自身具有良好的导电性。

4）钎料在常温下要有较快的结晶速度。通常，合金金属的熔点会低于其中所含单一金属的熔点。熔点在450℃以上的钎料称为硬钎料，熔点在450℃以下的钎料称为软钎料。通常电烙铁使用的钎料在200℃左右能变成液态，即为软钎料。

实际工作中，通过改变金属比例以及加入新元素都能改变钎料的熔点和浸润性。锡的熔点约为232℃。为了降低熔点，人们会加入一定比例的铅。含63%锡和37%铅的锡铅钎料是制造业使用最普遍的钎料，它的熔点为183℃，其性能得到大家的一致认可。63%锡和37%铅组成的焊锡称为共晶焊锡，所谓共晶焊锡是指焊锡在一定温度下直接由固态转变为液态，不存在固液共存的半融状态。

出于环保方面的要求，现在流行使用无铅钎料。所谓无铅钎料就是用其他元素代替传统焊锡中的铅，替代方案很多都使用不同比例的铋、铟、锌、铜、银等元素，目的也是降低熔点、增加浸润性、增加硬度以及较少脆性。考虑均衡性能和成本，目前国内工业上用得较多的是锡-铜、锡-银-铜、锡-银三种合金，其中锡-铜钎料价格最低、应用也最广，但熔点也最高（一般为227℃）。对于手工焊接用户来说，锡-铜钎料与传统锡铅钎料感觉差异不大，但用于回流焊则熔点偏高，通常在回流焊中多采用熔点较低的锡-银或锡-银-铜钎料。无铅焊锡丝的价格要明显高于传统锡铅焊锡丝，尤其是含银量较高的钎料。

根据实际需要的不同，钎料按不同的规定尺寸加工成形，有片状、块状、棒状、带状和丝状等多种形式和分类。

1）丝状钎料。手工焊接常用的焊锡料形态有焊锡丝和焊锡条。通常，焊锡条是纯合金条，现在已很少使用。焊锡丝分为纯焊锡丝和助焊型复合焊锡丝。助焊型复合焊锡丝芯内含有以松香为主的复合助焊剂等活性助焊成分。焊锡丝有粗有细，用户可以根据焊点的大小来选择焊锡丝的粗细。在无铅化的时代，焊锡丝成分多样，包括传统有铅焊锡丝和各种配比的无铅焊锡丝，焊锡丝的成分和配比一般都会在包装上标明。

2）片状钎料常用于硅片及其他片状焊件的焊接。

3）带状钎料常用于自动装配芯片的生产线上，用自动焊机从制成带状的钎料上冲切一段进行焊接。

4）焊锡膏是将锡合金粉末与助焊剂按一定比例混合后呈半液态膏状的钎料。焊接时先将焊锡膏涂在印制电路板上，然后进行焊接，通常用于回流焊及自动装片工艺。

2. 焊剂

焊剂有助焊剂和阻焊剂两种。

1）助焊剂通常是以松香为主要成分的混合物，是保证焊接过程顺利进行和致密焊点的辅助材料。助焊剂具有良好的化学活性，能够破坏金属氧化膜使氧化物漂浮在焊锡表面而被清除，有利于焊锡的浸润和焊点合金的生成，同时可以覆盖在焊料表面，防止焊料或金属继续氧化。助焊剂可以降低融化焊锡的表面张力，使焊锡能更好地附着在金属表面。一般使用的助焊剂熔点要比钎料低，所以助焊剂能够加快热量从烙铁头向钎料和焊件表面传递，合适的助焊剂还能使焊点美观。

2）阻焊剂是一种耐高温的涂料。在焊接时可将不需要焊接的部位涂上阻焊剂保护起来，使焊接仅在需要焊接的焊接点上进行。阻焊剂广泛用于浸焊和波峰焊。阻焊剂能够防止焊锡桥连造成短路，使焊点饱满，减少虚焊，而且有助于节约钎料。由于板面部分为阻焊剂膜所覆盖，焊接时板面受到的热冲击小，因而避免起泡、分层。

3. 焊接工具

电烙铁是最常用的焊接工具。现代电烙铁引入了复杂的控制电路，实现了很多新功能，并且提升了电烙铁性能，但总体上依然传承了电烙铁的经典结构。

（1）电烙铁的结构

经典的电烙铁由手柄、发热体、烙铁头三大主要部分构成。早期的烙铁头用紫铜制作，廉价版的用黄铜制作。锡钎料能很好地附着在金属铜表面。紫铜为纯铜，黄铜为铜基合金（含锌），紫铜的热导率要高于黄铜。无论是紫铜还是黄铜，在电烙铁工作的高温下都容易氧化，对于表面彻底氧化的烙铁头俗称烙铁头被烧死，烙铁头氧化后会失去对锡钎料的附着能力，而且热导率也会降低。早期，人们常常采用锉刀和强酸，通过机械和化学的方法去除烙铁头上的氧化层，以延续烙铁头的使用价值。为了延长烙铁头的寿命，人们还采用在铜烙铁头上镀铁的技术，提高烙铁头的抗腐蚀能力，进而又加入镍起到防锈的作用。此外，为了限制锡钎料的附着范围，还常在烙铁头非沾锡位置镀上一厚层铬。镀铁技术关系到烙铁头的性能。镀薄了不耐用，镀厚了影响沾锡性能。由于存在镀层的关系，这些烙铁头被警告不能使用锉刀打磨表面，一旦镀层遭到破坏，会缩短烙铁头的寿命。

（2）电烙铁的种类

传统意义上，按照发热体与烙铁头的结构关系，将电烙铁分成内热式电烙铁和外热式电烙铁两类，如图8-7所示。如果按发热能力，又可将电烙铁分为20W、25W、…、100W等多种。随着科技的发展，电烙铁技术也不断革新，出现了满足不同需要的各种新式的电烙铁。如用于集成MOS电路焊接的储能式电烙铁，用蓄电池供电的碳弧电烙铁，可同时除去焊件氧化膜的超声波电烙铁，具有自动送进焊锡装置的自动电烙铁等。

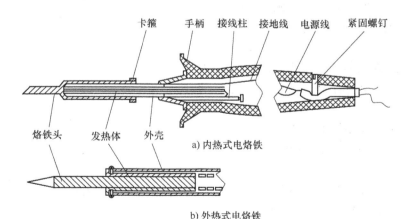

图8-7　内热式电烙铁和外热式电烙铁

外热式电烙铁是电烙铁较早采用的结构形式，发热体位于烙铁头外部，烙铁头后部通常为金属杆形式，将其插入发热体中加热，然后将热量传递到烙铁头。外热式结构具有制作简单、性能稳定、寿命长的优点，虽然有热效率低、升温相对较慢的问题，但依然是大功率电烙铁和长寿命电烙铁的首选结构。

内热式电烙铁发热体位于烙铁头内部，烙铁头的后部常被做成一个套管结构以容纳发热体。内热式结构具有热效率高、升温快的优点，但由于使用电热丝比较细，发热体工作温度高，所以寿命较难保证，通常只有中小功率的电烙铁采用这种结构。内热式电烙铁的另一大特点是不易产生感应电，所以后期供精密焊接用的电烙铁和焊台大多采用内热式结构。随着电烙铁恒温、调温技术的普及，解决了内热式电烙铁发热芯容易过热的问题，内热式结构得以大量应用。

在实际应用中，常见的电烙铁还分为常规电烙铁、温控电烙铁和恒温焊台；常用的焊接工具还有吸锡器、热风枪、烙铁支架等；辅助工具包含尖嘴钳、斜嘴钳、剥线钳、镊子、螺钉旋具及美工刀等。

4. 通用电路板

通用电路板又称万用板、洞洞板、点阵板，是一种按照标准 IC 间距（2.54mm）布满焊盘、可按自己的意愿插装元器件及连线的印制电路板。相比专业的 PCB 制板，通用电路板具有使用门槛低、成本低廉、使用方便、扩展灵活的优势。

（1）通用电路板的分类

通用电路板主要有两种：一种焊盘各自独立，称为单孔板；另一种是多个焊盘连在一起，称为连孔板。单孔板又分为单面板和双面板两种。单孔板较适合数字电路和单片机电路，连孔板则更适合模拟电路和分立电路。另外，根据材质的不同，通用版可分为铜板和锡板。铜板的焊盘是裸露的铜，呈现金黄色，平时应用报纸包好保存以防止焊盘氧化，一旦焊盘氧化，可以使用棉棒蘸酒精清洗或用橡皮擦拭。焊盘表面镀了一层锡的是锡板，焊盘呈现银白色，锡板的基板材质要比铜板坚硬，不易变形。

（2）通用电路板的使用

在焊接通用电路板之前，需要准备足够的细导线用于走线。细导线分为单股线和多股线。单股硬导线可将其弯折成固定形状，剥皮之后还可以当作跳线使用；多股细导线质地柔软，焊接后显得较为杂乱。对于元器件在通用电路板上的布局，可以先在纸上做好初步的布局，然后用铅笔画到通用电路板正面（元器件面），继而也可以将走线也规划出来，方便焊接。对于万用板的焊接，一般是利用前面提到的细导线进行飞线连接，飞线连接没有太大的技巧，但尽量做到水平和竖直走线，整洁清晰。

（3）通用电路板的焊接技巧

很多初学者焊接的通用电路板很不稳定，容易短路或断路。除了布局不够合理和焊工不良等因素外，缺乏技巧是造成这些问题的重要原因之一。掌握以下技巧可以使电路反映到实物硬件的复杂程度大大降低，减少飞线的数量，让电路更加稳定。

1）初步确定电源、地线的布局。电源贯穿电路始终，合理的电源布局对简化电路起到十分关键的作用。某些通用电路板布置有贯穿整块板子的铜箔，应将其用作电源线和地线；如果无此类铜箔，则需要对电源线、地线的布局进行初步的规划。

2）善于利用元器件的引脚。洞洞板的焊接需要大量的跨接、跳线等，不要急于剪断元器件多余的引脚，有时直接跨接到周围待连接的元器件引脚上会事半功倍。另外，本着节约材料的目的，可以把剪断的元器件引脚收集起来作为跳线用材料。

3）善于设置跳线。多设置跳线不仅可以简化连线，而且要美观得多。

4）善于利用元器件自身的结构。如轻触式按键有四个引脚，其中两两相通，可以利用这一特点来简化连线，电气相通的两个引脚充当跳线。

8.3.3　焊接工艺

在电工、电子产品装配过程中，为了避免连接处被焊金属的移动和露在空气中的金属表面产生氧化层导致电导率的不稳定，通常用焊接工艺来处理金属导体的连接。

1. 锡焊的工艺要求及基本条件

（1）锡焊的工艺要求

焊接点必须焊牢，具有一定的机械强度，每个焊接点都是被钎料包围的接点。焊接点的焊锡必须充分渗透，其接触电阻要小，具有良好的导电性能。焊接点表面干净、光滑并有光泽，焊接点的大小均匀。在焊接中要避免虚焊（假焊）、夹生焊等焊接缺陷现象的出现。

（2）锡焊的基本条件

1）焊件必须具有可焊性。只有能被焊锡浸润的金属才具有焊接性。并非所有的金属材料都具有良好的可以进行锡焊的性质，有些金属，如铝、铬、铸铁等，焊接性非常差，一般需要采用特殊焊剂及方法才能进行焊接。即使一些容易焊的金属，如紫铜及其合金等，因为其表面容易产生氧化膜，一般须采用表面镀锡、镀银等措施来提高其焊接性。

2）焊件表面必须保持清洁。金属之间的扩散必须满足两块金属接近到足够小的距离，为了使焊锡和焊件达到原子间相互作用的距离，焊件表面任何污物杂质都应清除，否则难以保证焊接质量。

3）使用合适的钎料。不合格的钎料或杂质超标的钎料都会影响到焊接，影响钎料润湿性和流动性，降低焊接质量，甚至不能进行焊接。所以锡焊能够进行的条件之一就是使用合适的钎料。

4）使用合适的焊剂。焊剂的作用是清除焊件表面氧化膜并减小钎料熔化后的表面张力，以利浸润。焊接不同的材料要选用不同的焊剂，即使是同种材料，当采用的焊接工艺不同时也往往要用不同的焊剂。

5）要有适当的温度。只有在足够高的温度下，钎料才能充分浸润，并充分扩散形成合金结合层。但由于锡焊是钎料熔化而母材（或焊件）不熔化的焊接技术，所以温度不宜过高，而且过高的温度还会加快金属的氧化。因此，作为焊接条件必须具备适当的温度。

2. 手工锡焊技术

手工装配焊接方法仍然在产品研制、设备维修，乃至一些小规模、小型电子产品的生产中广泛地应用，它是锡焊工艺的基础。

（1）焊接操作姿势

手工焊接时，应注意保持正确的姿势，以利于健康和安全。正确的焊接操作姿势为：挺胸端正直坐，切勿弯腰，鼻尖至烙铁头尖端至少应保持20cm以上的距离，通常以40cm为宜（因为根据各国卫生部门的测定，距烙铁头20~30cm处的有害化学气体、烟尘的浓度是卫生标准所允许的）。

（2）电烙铁拿法

根据电烙铁大小的不同和焊接操作时的方向和工件不同，可将手持电烙铁的方法分为反握法、正握法和握笔法三种。握笔法由于操作灵活方便，被广泛使用。

（3）递焊锡丝

手工操作时常用的钎料是焊锡丝。用拇指和食指捏住焊锡丝，端部留出 3~5cm 的长度，并借助中指往前送料。由于焊锡丝中有一定比例的铅，它是对人体有害的重金属，因此操作时应戴手套或操作后洗手。

（4）手工焊接操作步骤——五步施焊法

手工锡焊作为一种操作技术，必须要通过实际训练才能掌握，对于初学者来说，进行五步施焊法训练是非常有成效的。五步施焊法也称五步操作法，它是掌握手工焊接的基本方法。

1）准备。准备好被焊工件，电烙铁加热到工作温度，烙铁头保持干净并吃好锡，一手握好电烙铁，一手抓好钎料（通常是焊锡丝），电烙铁与钎料分居于被焊工件两侧。

2）加热。烙铁头接触被焊工件，包括工件端子和焊盘在内的整个焊件全体要均匀受热，一般让烙铁头扁平部分（较大部分）接触热容量较大的焊件，烙铁头侧面或边缘部分接触热容量较小的焊件，以保持焊件均匀受热。不要施加压力或随意拖动电烙铁。

3）加焊丝。当工件被焊部位升温到焊接温度时，送上焊锡丝并与工件焊点部位接触，熔化并润湿焊点。焊锡应从电烙铁对面接触焊件。送锡要适量，一般以有均匀、薄薄的一层焊锡，能全面润湿整个焊点为佳。如果焊锡堆积过多，内部就可能掩盖着某种缺陷隐患，而且焊点的强度也不一定高；如果焊锡填充得太少，则不能完全润湿整个焊点。

4）移去钎料。熔入适量钎料（这时被焊工件已充分吸收钎料并形成一层薄薄的钎料层）后，迅速移去焊锡丝。

5）移开电烙铁。移去钎料后，在助焊剂（市售焊锡丝内一般含有助焊剂）还未挥发完之前，迅速移去电烙铁，否则将留下不良焊点。电烙铁撤离方向与焊锡留存量有关，一般以与轴向呈 45°的方向撤离。撤掉电烙铁时，应往回收，回收动作要迅速、熟练，以免形成拉尖；收电烙铁的同时，应轻轻旋转一下，这样可以吸除多余的焊料。

另外，焊接环境空气流动不宜过快。切忌在风扇下焊接，以免影响焊接温度。焊接过程中不能振动或移动工件，以免影响焊接质量。对于热容量较小的焊点，可将2）和3）合为一步，4）和5）合为一步，简化为三步操作法。

（5）初学时应注意的几个问题

对初学者来说，首先要求焊接牢固、无虚焊；其次要注意焊点的大小、形状及表面粗糙度等。具体要求注意以下列几个问题：

1）焊锡不能太多，能浸透烙铁头即可。一个焊点一次成功，如果需要补焊时，一定要待两次焊锡一起融化后方可移开烙铁头。

2）焊接时必须扶稳焊件，特别是焊锡冷却过程中不能晃动焊件，否则容易造成虚焊。

3）焊接各种器件时，最好用镊子夹住被焊元器件的接线端，避免温度过高损坏器件。

4）装在印制电路板上的元器件尽可能为同一高度，元器件接线端不必加套管，把引线剪短些即可，这样便于焊接，又可避免引线相碰而短路。

5）元器件安装方向应便于观察器件的极性、型号和数值。

（6）手工锡焊技术要领

1）进行焊件表面处理和保持烙铁头的清洁。

2）焊锡量要合适，不要用过量的焊剂。实际焊接时，一定要用合适的焊锡量，得到合适的焊点。过量的焊剂不仅增加了焊后清洗的工作量，延长了工作时间，而且当加热不足时，会造成夹渣现象。合适的焊剂是熔化时仅能浸湿将要形成的焊点，不要流到元件面或插座孔里。

3）采用正确的加热方法和合适的加热时间，加热时要靠增加接触面积加快传热，不要用电烙铁对焊件加力，因为这样不但会加速烙铁头的损耗，还会对元器件造成损坏或产生不易察觉的隐患。所以，要让烙铁头与焊件形成面接触而不是点或线接触，还应让焊件上需要焊锡浸润的部分受热均匀。加热时还应根据操作要求选择合适的加热时间。加热时间太长、温度太高容易使元器件损坏，焊点发白，甚至造成印制电路板上铜箔脱落；而加热时间太短，则焊锡流动性差，很容易凝固，使焊点呈豆腐渣状。

4）焊件要固定，加热要靠焊锡桥，在焊锡凝固之前不要使焊件移动或振动，否则会造成冷焊，使得焊点内部结构疏松、强度降低、导电性差。实际操作时，可以用各种适宜的方法使焊件固定，或使用可靠的夹持措施。如果焊接时所需焊接的焊点的形状很多，为了提高电烙铁的加热效率，又不能不断更换烙铁头，这就需要形成热量传递的焊锡桥。所谓焊锡桥，就是靠烙铁上保留少量焊锡作为加热时烙铁头与焊件之间传递热量的桥梁。由于金属液的导热效率远高于空气，因而能使焊件很快被加热到焊接温度。需要注意的是，作为焊锡桥的焊锡保留量不可过多。

5）电烙铁撤离有讲究，不要用烙铁头作为运载钎料的工具。电烙铁撤离要及时，而且撤离时的角度和方向与焊点的形成有一定的关系。

因为烙铁头温度一般都在300℃左右，焊锡丝中的焊剂在高温下容易分解失效，所以用烙铁头作为运载焊料的工具，很容易造成焊料的氧化和焊剂的挥发；在调试或维修工作中，不得已用烙铁头沾焊锡焊接时，动作要迅速敏捷，防止氧化造成劣质焊点。

8.3.4 拆焊

在装配、调试和维修过程中，常需将已经焊接的连线或元器件拆除或更换，这个过程就是拆焊。在实际操作上，拆焊比焊接难度更大，更需要用恰当的方法和必要的工具，如果方法不得当，就会使印制电路板受到破坏，也会使更换下来的还能利用的元器件无法重新使用。拆焊一般只是用于开始的焊接设计安装阶段，成型后就用不到拆焊了。

（1）一般焊接点的拆焊

对于钩焊、搭焊等一般的焊点，拆焊比较简单，只需对焊点加热，熔化焊锡，然后用镊子或尖嘴钳拆下元器件引线即可。对于连线缠绕牢固的焊点，拆焊比较困难，而且容易烫坏元器件或导线绝缘层，在拆除这类焊点时，一般可在离焊点较近处将元器件引线剪断，然后再拆除焊接线头，以便与新的元器件重新焊接。

（2）印制电路板上焊件的拆焊

对印制电路板上焊接元器件的拆焊，与焊接时一样，动作要快，对印制电路板焊盘加热时间要短，否则将烫坏元器件或导致印制电路板的铜箔起泡剥离。常用的拆焊方法有分点拆焊法、集中拆焊法和间断加热拆焊法三种。

1）分点拆焊法。对于印制电路板上的电阻、电容、晶体管、普通电感、连接导线等元器件，端子不多，一般只有两个焊点，可用分点拆焊法，先拆除一端焊点的引线，再拆除另一端焊点的引线，并将元器件（或导线）取出。但是，因为印制电路板焊盘经反复加热后铜箔很容易脱落，造成印制板损坏，所以这种方法不宜在一个焊点上多次用。在可能多次更换的情况下，可用断线法更换元器件，先将待换元器件在离焊点较近处剪断，然后用搭焊或细导线绕焊的方法更换元器件。

2）集中拆焊法。对于焊点多而密的集成电路，多引线的接插件和焊点距离很近的转换开关、立式装置等元器件可采用集中拆焊法。先用电烙铁和吸锡工具，逐个将焊点上的焊锡吸去，再用排锡管将元器件引线逐个与印制电路板焊盘分离，最后将元器件拔下。

3）间断加热拆焊法。对于有塑料骨架且引线多而密集的元器件，由于它们的骨架不耐高温，宜采用间接加热拆焊法。拆焊时，先用烙铁加热，吸去焊点焊锡，露出元器件轮廓，再用镊子或捅针挑开焊盘与引线间的残留焊锡，最后用烙铁头对引线未挑开的个别焊点加热，待焊锡熔化时，趁热拔下元器件。

8.4 电力电子实训项目

8.4.1 降压直流斩波控制系统

1. 项目要求

1）绘制总体框图及硬件电路图，进行主要元器件参数计算，分析工作原理。

2）开展 Buck 电路设计、开关器件驱动电路设计、占空比显示电路设计。

3）编制控制系统程序（C 语言）。

4）利用 MATLAB 或 Proteus 软件进行系统仿真。

5）单片机程序调试，实现 Buck 电路基本功能。

2. 实训工具

降压直流斩波控制系统元器件清单见表 8-3。

表 8-3 降压直流斩波控制系统元器件清单

元器件名称	数量	元器件名称	数量	元器件名称	数量
1/4W 电阻 1kΩ	6 个	P-MOSFET: IRF9530NPBF	1 个	万用板 10cm×15cm	1 个
1/4W 电阻 10kΩ	1 个	滤波电感 3.3mH	1 个	负载电阻，100Ω，5W，水泥电阻	1 个
电容 30pF	2 个	晶振 12MHz	1 个	滤波电容，电解电容 50V/470μF	1 个
光耦 P521	1 个	单片机 AT89S52RC	1 个	肖特基二极管，FR107，1A/1000V	1 个

（续）

元器件名称	数量	元器件名称	数量	元器件名称	数量
电容 4.7μF	1个	按键	3个	杜邦线	8根
接线端子 3P	1个	单排针	4针	发光二极管 白	4个

3. 电路原理

降压直流斩波控制系统实训项目采用单片机控制降压直流斩波电路，开关器件采用 P-MOSFET 管，输出的直流电压可通过占空比进行调节。占空比的控制与调整信号由按键送给单片机的相应中断引脚，经过软件控制，单片机通过 I/O 引脚外接驱动电路，将门极驱动信号送给相应的开关器件。占空比可由显示电路进行显示，即由四个外接的 LED 指示灯进行二进制显示，显示当前设置的占空比挡位。降压直流斩波控制系统硬件框图如图 8-8 所示。降压直流斩波控制系统电路原理图如图 8-9 所示。

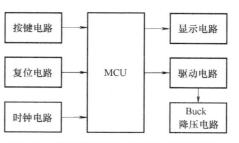

图 8-8　降压直流斩波控制系统硬件框图

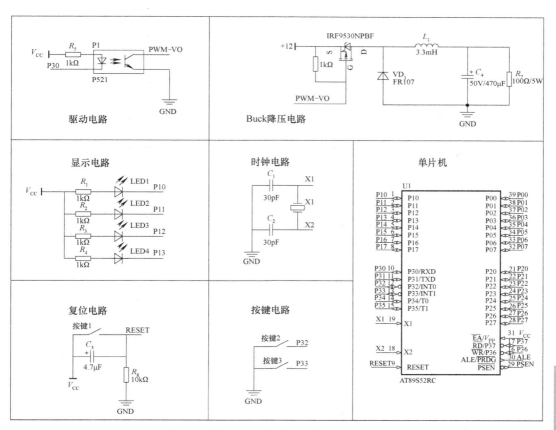

图 8-9　降压直流斩波控制系统电路原理图

4. 项目内容

1）控制信号：由单片机系统的 I/O 口输出。

2）降压直流斩波电路的开关器件采用 P-MOSFET 管，输出电压的调整通过占空比方式。占空比的控制信号由单片机的 I/O 引脚外接驱动电路构成。

3）按键说明：选择单片机外接的两个按键作为调整占空比信号。按键 1 提高 10% 占空比，按键 2 降低 10% 占空比，调整范围为 0～100%，上电后，占空比默认为 50%。按键可靠，具有消抖功能。

4）占空比显示电路，利用单片机的 I/O 引脚外接 4 个 LED 指示灯，通过二进制方式显示。如占空比为 50% 时，4 个 LED 指示灯状态分别为：灭、亮、灭、亮。

5. 程序设计与仿真

降压直流斩波控制系统程序流程图如图 8-10 所示。由于按键 1 和按键 2 两个功能按键可与单片机的两个外部中断信号 INT0 和 INT1 对应，因此该系统可采用中断方式。降压直流斩波控制系统的 Proteus 仿真电路如图 8-11 所示。

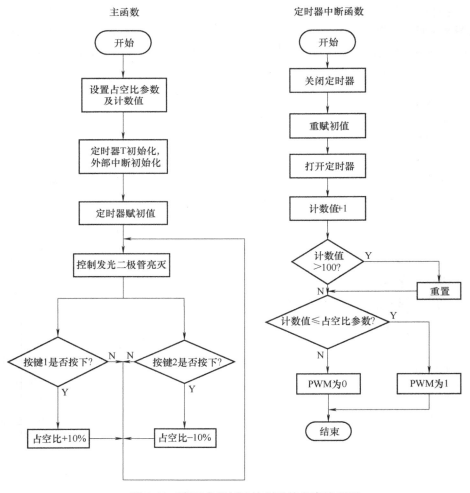

图 8-10　降压直流斩波控制系统程序流程图

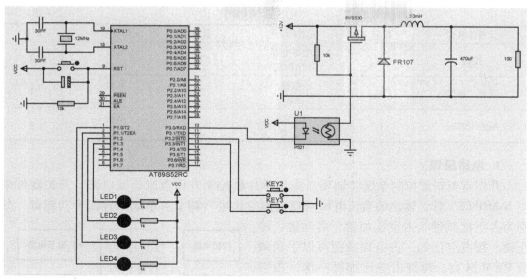

图 8-11　降压直流斩波控制系统的 Proteus 仿真电路

6. 总结分析

1）根据仿真结果分析降压直流斩波控制电路的工作情况。

2）改变仿真模型中各模块的参数设置和仿真参数，如增大或减小控制电压的占空比，观察波形的变化，分析波形变化的原因。

3）验证实际输出波形，并与仿真结果对比，分析两者差异产生的原因。

8.4.2　升压直流斩波控制系统

1. 项目要求

1）绘制 Boost 斩波电路的主电路结构，绘制总体框图及硬件电路电路图。

2）进行 MOSFET 驱动电路设计。

3）主要器件参数计算，并进行 MATLAB 仿真。

4）绘制 Boost 斩波电路控制系统的程序流程图。

5）编制 Boost 斩波电路控制系统程序（C 语言）。

6）利用 Proteus 软件进行系统仿真。

7）主电路与控制电路联合调试。

2. 实训工具

升压直流斩波控制系统元器件清单见表 8-4。

表 8-4　升压直流斩波控制系统元器件清单

元器件名称	数量	元器件名称	数量	元器件名称	数量
N-MOSFET IRF540N	1	光耦 P521	1	万用板 10cm×15cm	1
磁环电感 10mH （10A 以上）	1	电解电容 100V/100μF	3	功率电阻 100Ω/5W	1
二极管 FR107	1	电容 1000pF	1	电阻 100Ω	1

（续）

元器件名称	数量	元器件名称	数量	元器件名称	数量
按键	3	电解电容 4.7μF/50V	1	电阻 10kΩ	2
发光二极管	4	电容 30pF	2	电阻 510Ω	1
晶振 12MHz	1	杜邦线 母/母	16线	电阻 1kΩ	4

3. 电路原理

升压直流斩波控制系统实训项目采用单片机控制升压直流斩波电路，开关器件采用 N-MOSFET 管，输出的直流电压可通过占空比进行调节。系统设置四个功能键，分别为占空比减键、占空比加键、启动键、停止键。按占空比加、占空比减键可以手动调节 PWM 脉宽，每按占空比加键一次，占空比增加 5%，每按占空比减键一次，占空比减小 5%。启动键开始控制系统工作，停止键停止输出。升压直流斩波控制系统硬件框图如图 8-12 所示。升压直流斩波控制系统电路原理图如图 8-13 所示。

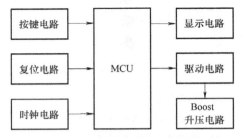

图 8-12　升压直流斩波控制系统硬件框图

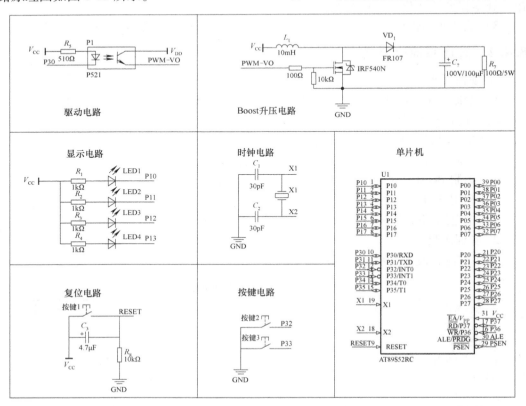

图 8-13　升压直流斩波控制系统电路原理图

4. 项目内容

1）控制信号：由单片机系统的 I/O 口输出。

2）Boost 斩波电路控制系统采用单片机+驱动电路设计而成。

3）按键说明：占空比减键、占空比加键、启动键、停止键。按占空比加、减键可以手动调节 PWM 脉宽，每按占空比加键一次，占空比增加 5%，每按占空比减键一次，占空比减少 5%。启动键开始控制系统工作，停止键停止输出。系统初始占空比为 50%。

4）负载类型：电阻负载。

5）开关管：采用 N-MOSFET 管。

5. 程序设计与仿真

升压直流斩波控制系统程序流程图如图 8-14 所示。升压直流斩波控制系统的 Proteus 仿真电路如图 8-15 所示。为了观察方便，在仿真电路中设置了 LED 显示占空比的输出挡位，还增加了数码管显示，这种多显示方案可帮助读者验证方案的可靠性及数据的相互印证。另外还设置了示波器，可以更清晰地观察升压直流斩波电路的输出波形。

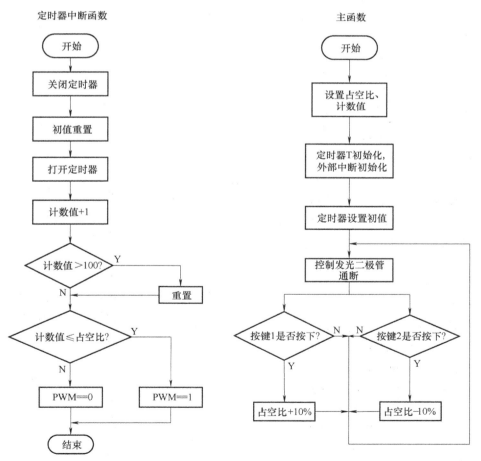

图 8-14　升压直流斩波控制系统程序流程图

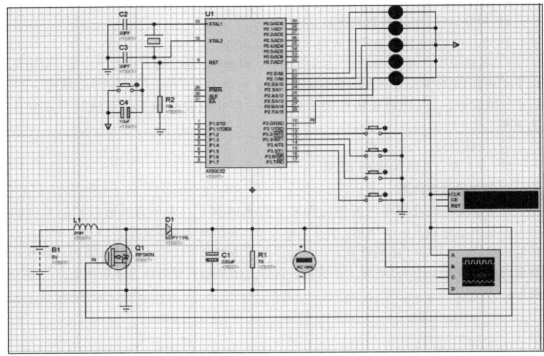

图 8-15　升压直流斩波控制系统的 Proteus 仿真电路

6. 总结分析

1）根据仿真结果分析升压直流斩波电路的工作情况。

2）改变仿真模型中各模块的参数设置和仿真参数，如增大或减小控制电压的占空比，观察波形的变化，分析波形变化的原因。

3）验证实际输出波形，并与仿真结果对比，分析两者差异产生的原因。

4）讨论门极信号频率对电路设计的影响，并提出改进方案。

8.4.3　PWM 调光控制系统

1. 项目要求

1）绘制总体框图及硬件电路图，绘制 PWM 调光控制系统的主电路图，进行主要元器件参数计算，分析 PWM 工作原理。

2）进行输入按键接口电路、LED 驱动电路及 AD 电路设计。

3）简述驱动电路的要求，完成驱动电路设计及相关参数的计算。

4）绘制 PWM 调光控制系统的程序流程图。

5）编制 PWM 调光控制系统程序（C 语言）。

6）利用 Proteus 软件进行系统仿真。

7）主电路与控制电路联合调试。

2. 实训工具

PWM 调光控制系统元器件清单见表 8-5。

表 8-5　PWM 调光控制系统元器件清单

元器件名称	数量	元器件名称	数量	元器件名称	数量
电阻 2.2kΩ	4 个	微动开关	3 个	发光二极管 白	16 个
电阻 10kΩ	1 个	电阻 1kΩ	4 个	可调电阻 5.1kΩ	2 个
光敏电阻	1 个	NPN 晶体管 9013	1 个	万用板 10cm×15cm	1 个
电源插口	1 个	单排针	16 针	接线端子 2P	1 个
自锁开关	1 个	杜邦线 母/母	16 线	电容 104	7 个
IC 座 8 孔	1 个	发光二极管 绿	3 个	电容 20pF	2 个
集成电路 ADC0832	1 个	发光二极管 红	9 个	电容 30pF	2 个
按键	4 个	液晶 LCD1602	1 个	集成电路 MAX232	1 片
集成电路 DS1302	1 片	晶振 12MHz	1 个	电解电容 10μF	2 个

3. 电路原理

PWM 调光是一种利用数字脉冲对 LED 驱动的调光技术。系统只需要提供宽、窄不同的数字脉冲，即可简单地实现改变输出电流，从而调节 LED 的亮度。PWM 调光的优点在于能够提供高质量的调光方案，以及使用简单、效率高。该系统主要包括单片机、光敏电阻、开关管、发光二极管、ADC0832、LCD 屏、按键等。

此设计可通过三个按键实现对灯光的控制，通过功能键可以进行自动模式与手动模式的切换；在手动模式下，加键和减键可以调节灯光亮与暗。在自动模式下，可以通过芯片 ADC0832 采集光敏电阻的电压值来自动调节灯的亮度，当环境光线越强时，灯越暗，当环境光线越弱时，灯越亮。此外，通过 RS232 与上位机相连，能够由上位机控制灯的亮与暗。同时可实现时钟功能，在设定的时间点亮或关断灯，并且还能记录每天的照明时长，并将数据定时传给上位机。PWM 调光控制系统硬件框图如图 8-16 所示。PWM 调光控制系统的电路原理图如图 8-17 所示。

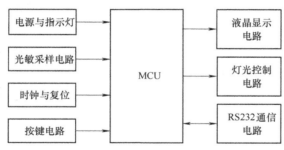

图 8-16　PWM 调光控制系统硬件框图

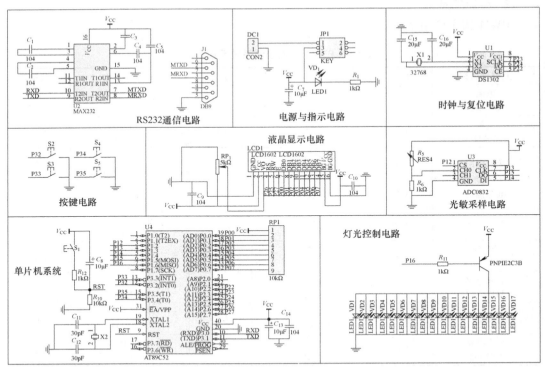

图 8-17　PWM 调光控制系统电路原理图

4. 项目内容

1）控制信号：由单片机系统的 I/O 口输出。

2）PWM 调光控制系统采用单片机+光敏电阻+AD0832+开关管+发光二极管+按键设计而成。

3）按键说明：开始键、减键（S_3）、加键（S_2）、模式键（S_1）、复位键。按模式键可以进行自动模式和手动模式切换。手动模式下，按加、减键可以手动调节调光灯的亮度；自动模式下，通过光敏电阻采集外界光线的强弱自动控制灯的亮度，光线越强调光灯越暗，光线越弱调光灯越亮。

4）负载类型：16 只发光二极管；开关管采用 NPN 晶体管 9013。

5）其他功能：具有电源指示灯、电源自锁开关、手动/自动模式显示功能。用两个绿色指示对应模式，并用一排 6~8 个红色指示灯指示亮度。

5. 程序设计与仿真

按下开始键，进行程序初始化，初始状态为手动模式（即 Mode 0）。当串口未接收到 0x01 时，系统不输出 PWM 信号，由串口接收数据、校准时钟并设置起始、关断时间。若时钟时间没有到达起始时间，则系统仍不输出 PWM 信号，若时钟时间已经到达起始时间，则开始检测按键状态。当串口已接收到 0x01 时，进行按键状态检测，此时可直接手动调节光亮等级。若按下一次加键（S2），光亮等级+1，并立即将光亮等级对应的 PWM 信号输出，直至光亮等级大于等于 8。若按下一次减键（S3），光亮等级-1，并立即将光亮等级对应的 PWM 信号输出，直至光亮等级小于等于 1。

若选择按下模式键（S1），系统将从手动模式转为自动模式（即 Mode 1）。此时采集芯片 ADC0832 不断采集光敏电阻两端的电压来间接测量电阻值，转换信号后送至单片机，并判断光亮等级，最后将光亮等级对应的 PWM 信号输出。第一次工作后，可通过 S1 键在 Mode 0 与 Mode 1 两种模式间自由切换，在手动模式，可通过 S2、S3 键手动调节光亮等级。PWM 调光控制系统程序流程图如图 8-18 所示。PWM 调光控制系统的 Proteus 仿真电路如图 8-19 所示。

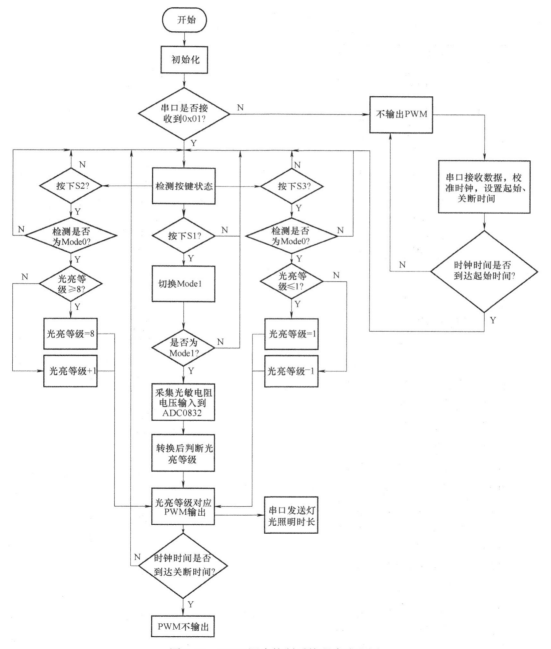

图 8-18 PWM 调光控制系统程序流程图

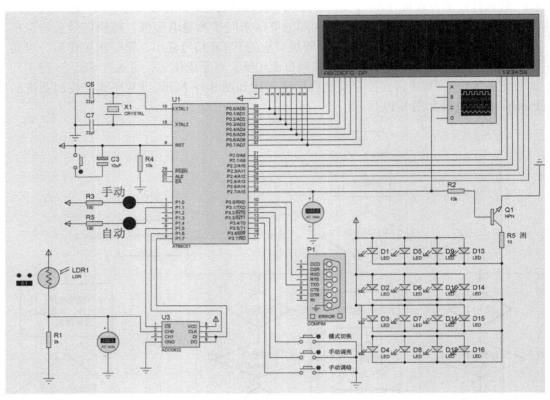

图 8-19　PWM 调光控制系统的 Proteus 仿真电路

6. 总结分析

1）根据仿真结果分析 PWM 技术在灯光控制电路中的工作情况。

2）验证实际输出波形，并与仿真结果对比，分析两者差异产生的原因。

3）讨论 PWM 信号频率对灯光频闪现象的影响，并提出改进方案。

8.4.4　风扇智能温度控制系统

1. 项目要求

1）绘制风扇智能温度控制系统的总体框图及硬件电路图，进行主要器件参数计算，分析智能温度控制系统的工作原理。

2）进行电动机驱动控制电路设计。

3）进行温度传感控制电路、显示电路设计。

4）绘制风扇智能温度控制程序流程图。

5）编制风扇智能温度控制系统程序。

6）利用 Proteus 软件进行系统仿真。

7）系统程序调试，实现风扇智能温度控制电路功能。

2. 实训工具

风扇智能温度控制系统元器件清单见表8-6。

表8-6　风扇智能温度控制系统元器件清单

元器件名称	数量	元器件名称	数量	元器件名称	数量
电阻 3.3kΩ	1个	单排针 8+8	16针	晶体管 8050	1个
电阻 10kΩ	2个	接线端子 KF301-2P	2个	电源插口	1个
电阻 1kΩ	2个	万用板 10cm×15cm	1个	自锁开关	1个
蜂鸣器	1个	风扇 7015	1个	排线	16线
温度传感器 DS18B20	1个	电解电容 100V/220μF	1	电动机驱动芯片 MX1508	1个
发光二极管 绿	1个	晶体管 8550	1个	液晶显示屏 LCD1602	1个

3. 电路原理

本项目设计了一款风扇智能温度控制系统。该系统采用单片机控制，使用温度传感器提高了系统控制精度，能够将温度实时显示在屏幕上。用户还可以根据实际情况进行设置，系统会根据外界温度的变化自动控制风扇，实现关机、弱风、中风、强风的自动切换。

整个风扇智能温度控制系统由硬件与软件两大部分组成。其中，硬件部分主要由单片机、温度传感器、按键控制电路、蜂鸣器报警电路、电动机驱动电路、电源供电电路等部分组成。其硬件框图如图8-20所示。系统所选用的控制核心为单片机AT89C52，采用DS18B20温度传感器作为温度采集模块，电动机驱动选用芯片MX1508，电动机为执行部件，通过Keil μVision5编程完成对温度的智能调控。同时也借助于LCD1602液晶显示屏与蜂鸣器，完成对温度的显示与高低温报警。系统的控制思路为：通过温度传感器DS18B20实时检测用户当前的环境温度，然后送给单片机AT89C52进行分析处理，通过PWM方法控制电动机的转速，从而实现对风扇转速的控制。用户可通过按键设定合适的温度上、下限值，当检测的温度介于上、下限值之间时，系统通过当前环境的温度，自动切换到中风、弱风等合适的挡位；如果检测温度高于上限值，蜂鸣器报警，电动机加速运转，处于强风状态。如果检测温度小于下限值，蜂鸣器报警，电动机关闭，开启低温警报，以此类推。这样就实现了风扇随温度的变化旋转，而且不需要人为操作的目的，真正地实现了风扇的智能化、自动化控制。此外也有手动控制模式，方便用户自行控制。风扇智能温度控制系统电路原理图如图8-21所示。

4. 项目内容

1）控制信号：由单片机系统的I/O口输出。

2）风扇智能温度控制系统采用单片机+DS18B20温度传感器+数码管显示+按键+风扇设计而成。

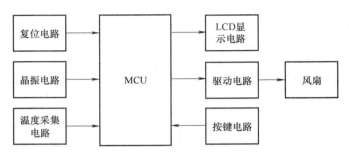

图 8-20　风扇智能温度控制系统硬件框图

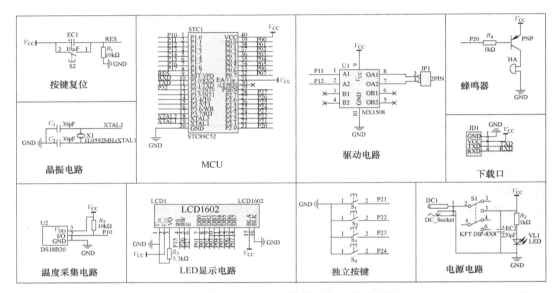

图 8-21　风扇智能温度控制系统电路原理图

3）按键说明：复位键、减键、加键和设置键。设置键可设置温度上、下限值，第一次按下设置键设置温度上限值，第二次按下设置键设置温度下限值，再按加、减键就可以修改上、下限温度值并具有掉电保存功能。

4）采用 PWM 调速原理实现风扇速度的控制，当温度低于温度下限值时，电动机停止转动；当温度介于上限值和下限值之间时，电动机转速较慢，温度决定转速；当温度大于上限值时，电动机全速转动。

5）温度测量结果通过数码管显示，温度精确到 1℃，测量范围为 0~99℃。

6）其他功能：具有电源指示灯、电源自锁开关、两位数码管显示等功能。

5. 程序设计与仿真

在软件设计层面，采用 Keil μVision5 进行编程实现。软件系统设计包括发送程序、接收程序与执行程序三部分。系统主程序的主要功能是完成风扇温度控制系统的初始化、温度设置、温度比较、进行复位等。结合风扇温度控制硬件系统部分的设计，根据用户对系统的功能需求设计的主程序流程图如图 8-22 所示。系统上电后进行一系列工作，完成给定的任务。显示子程序流程图如图 8-23 所示，按键子程序流程图如图 8-24 所示，温度处理子程序流程图如图 8-25 所示。

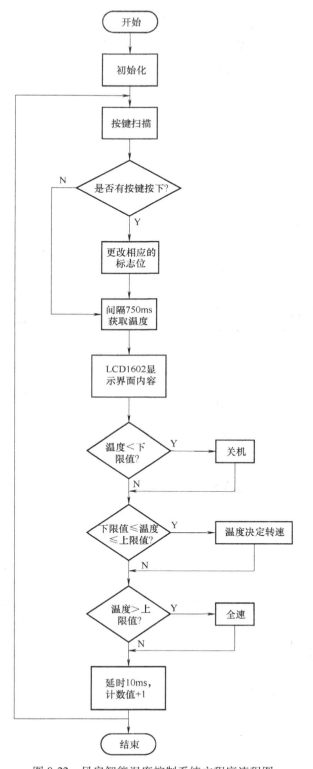

图 8-22　风扇智能温度控制系统主程序流程图

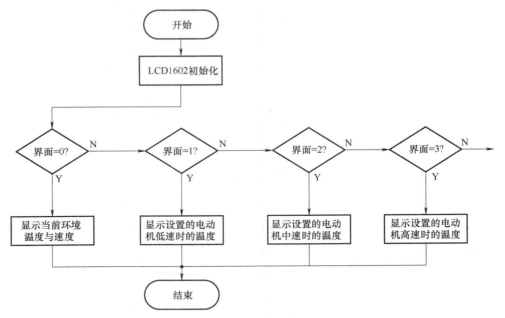

图 8-23　风扇智能温度控制系统显示子程序流程图

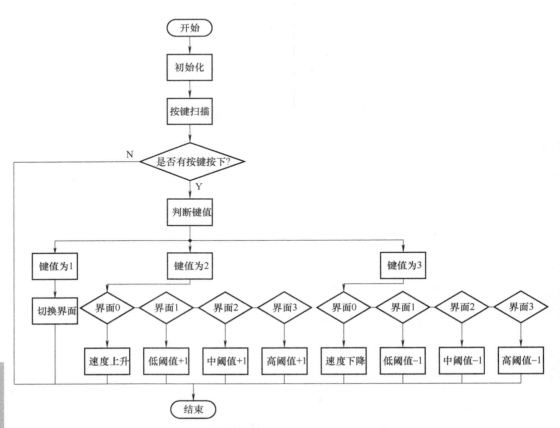

图 8-24　风扇智能温度控制系统按键子程序流程图

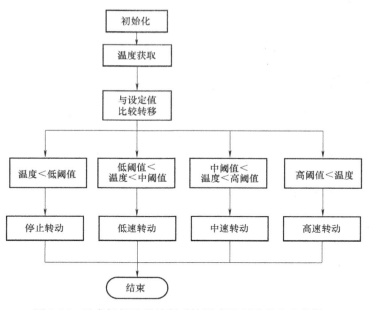

图 8-25　风扇智能温度控制系统温度处理子程序流程图

风扇智能温度控制系统的 Proteus 仿真电路如图 8-26 所示。

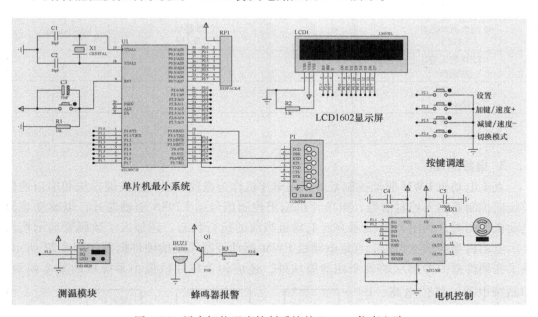

图 8-26　风扇智能温度控制系统的 Proteus 仿真电路

6. 总结分析

1）根据仿真结果分析 PWM 技术在智能温度控制系统中的工作情况。

2）验证不同设置温度时系统的工作情况。与仿真结果分析对照，分析两者差异产生的原因。

3）验证不同环境温度时系统的温度采集误差，分析两者差异产生的原因。

4）讨论温度传感器自身功耗对温度采集产生的影响，并提出改进方案。

8.4.5 直流电动机 PWM 驱动控制系统

1. 项目要求

1）给出直流电动机 PWM 控制电路的系统框架设计。

2）绘制硬件电路图（单片机 IO 口可按需自行选择），分析 PWM 调速原理。

3）简述 L298N 驱动模块的主要特点。

4）进行数码管接口电路设计（数码管引脚排序需以实际购买为准）。

5）绘制直流电动机 PWM 控制系统的程序流程图。

6）编制直流电动机 PWM 控制系统程序（C 语言）。

7）利用 MATLAB 或 Proteus 软件进行系统仿真。

8）系统软硬件调试，完成电路功能的演示。

2. 实训工具

直流电动机 PWM 驱动控制系统元器件清单见表 8-7。

表 8-7 直流电动机 PWM 驱动控制系统元器件清单

元器件名称	数 量	元器件名称	数 量
直流电动机 12V	1 台	单排针	25 针
电动机驱动芯片 L298N	1 片	杜邦线 母/母	25 根
LED 数码管 共阴极	1 个	电源插头	1 个
二极管 1N4007	4 个	瓷片电容 104	2 个
万用板 10cm×15cm	1 个		

3. 电路原理

直流电动机 PWM 驱动控制系统采用单片机作为微控制器，由按键模块和串口通信模块向控制器输入控制信号，由单片机输出控制信号给 L298N 驱动芯片，以驱动直流电动机。同时，利用 LED 显示直流电动机当前的运行状态，还加入了数码管显示模块显示电动机当前转速挡位。直流电动机 PWM 驱动控制系统的硬件框图如图 8-27 所示。除了在硬件框图中展示的各个功能模块外，还应包含单片机最小系统板的基本模块，即晶振电路、复位电路、ISP 下载接口、系统指示灯和电源接入排针等。由上述所有模块集合最终构成一个具有直流电动机 PWM 驱动控制功能的单片机系统。直流电动机 PWM 驱动控制系统电路原理图如图 8-28 所示。

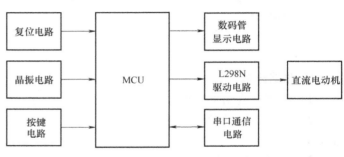

图 8-27 直流电动机 PWM 驱动控制系统硬件框图

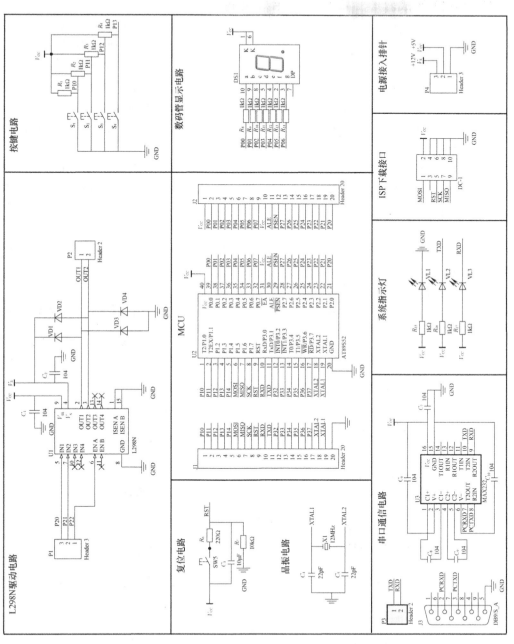

图 8-28 直流电动机 PWM 驱动控制系统电路原理图

4. 项目内容

1) 控制信号：由单片机系统的 I/O 口输出。

2) 直流电动机 PWM 驱动控制电路采用单片机+电动机驱动模块+数码管+按键设计+串口通信模块构成。

3) 按键说明：按键 1 可实现电动机的起动/停止；按键 2 可实现电动机正转与反转的切换；按键 3 可实现电动机加速；按键 4 可实现电动机减速。四组按键为单片机的 I/O 引脚外接按键，均不具备自锁功能；加、减键每按一次，电动机转速变化 5%。

4) 串口通信说明：串口通信与按键所实现的功能一致，可控制电动机的起动/停止、正转/反转、加速/减速，采用该功能可实现电动机的数字控制。

5) 数码管说明：实现对 PWM 脉宽调制占空比的实时显示。使用 1 位数码管，初始上电显示为 0，加/减键每按一次，占空比变化 5%，数码管可显示 0~9；PWM 占空比初始为 40%，总的变化范围为 40%~85%，即数码管显示 0 对应 40%占空比，数码管显示 9 对应 85%占空比；若当前数码管显示数值为 0/9，则此时按动减键/加键系统不受影响。串口通信也可实现上述功能。

6) 负载类型：12V 直流电动机。

7) 直流电动机驱动：通过单片机产生脉宽可调的脉冲信号，输入 L298N 驱动芯片来控制直流电动机工作。

5. 程序设计与仿真

直流电动机 PWM 驱动控制系统程序流程图如图 8-29 所示。直流电动机 PWM 驱动控制系统的 Proteus 仿真电路如图 8-30 所示。

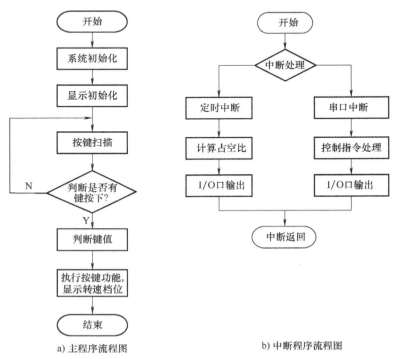

a) 主程序流程图　　　　b) 中断程序流程图

图 8-29　直流电动机 PWM 驱动控制系统程序流程图

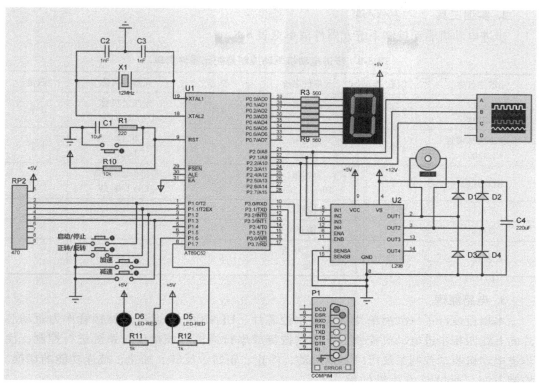

图 8-30　直流电动机 PWM 驱动控制系统的 Proteus 仿真电路

6. 总结分析

1）根据仿真结果分析 PWM 技术在直流电动机驱动控制系统中的工作情况。

2）验证不同控制电压占空比时系统的工作情况，并与仿真结果对照，分析两者差异产生的原因。

3）验证实际输出波形，并与仿真结果对比，分析两者差异产生的原因。

4）讨论门极信号频率对电动机运行稳定性的影响，并提出改进方案。

8.4.6　步进电动机驱动控制系统

1. 项目要求

1）绘制总体框图及硬件电路图，绘制步进电动机控制系统的主电路结构，进行主要器件参数计算，分析工作原理，绘制主要波形。

2）进行输入按键接口电路设计。

3）进行 LED 灯接口电路设计。

4）简述电动机驱动芯片的主要特点，完成电动机驱动电路设计。

5）绘制步进电动机控制系统程序流程图。

6）编制步进电动机控制系统程序（C 语言）。

7）利用 Proteus 软件进行系统仿真。

8）单片机程序调试，实现步进电动机控制电路功能。

2. 实训工具

步进电动机驱动控制系统元器件清单见表8-8。

表8-8 步进电动机驱动控制系统元器件清单

元器件名称	数量	元器件名称	数量	元器件名称	数量
电阻 2.2kΩ	9个	晶体管 9012	4个	发光二极管 红	4个
七通道达林顿管 ULN2003	1个	数码管 共阳	4个	IC座 16孔	1个
微动开关	5个	万用板 10cm×15cm	1个	步进电动机 5V 28BYJ-48-5V	1台
单排针	26针	电源插口	1个		
双排针	1对	自锁开关	1个		
排线	23线	发光二极管 绿	1个		

3. 电路原理

本项目设计了一款由单片机作为主控芯片、ULN2003七通道达林顿管作为驱动芯片的五线四相步进电动机控制器，通过按键或串行通信总线接口对系统进行控制，使步进电动机驱动控制系统可以实现起动、停止、正转、反转、加速、减速功能的切换。控制方面，通过对单片机的编程设计，利用ULN2003的输出能力，达到控制步进电动机的目的。并以LED灯和数码管作为系统的显示单元，显示步进电动机的运行信息。步进电动机驱动控制系统的硬件框图如图8-31所示。

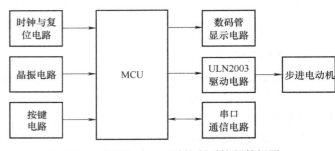

图8-31 步进电动机驱动控制系统硬件框图

系统采用STC89S52作为主控芯片，配合晶振电路、时钟与复位电路，利用串口通信模块MAX 232与RS232接口，使PC向单片机发送数据控制电动机起停、正反转及加减速；控制信号也可来源于电路板上的按键电路；由四个LED灯显示电动机转速的15种挡位；同时用四位数码管设计了电动机状态显示模块；电动机调速模块由ULN2003芯片驱动步进电动机，单片机产生脉冲控制信号。步进电动机驱动控制系统电路原理图如图8-32所示。

4. 项目内容

1）控制信号：由单片机系统的I/O口输出。

2）步进电动机驱动控制系统采用单片机+五线四相步进电动机+发光二极管+按键设计而成。

3）按键说明：开始/停止键、正转/反转键、速度加键、速度减键。第一次按开始键电动机开始转，第二次按开始键电动机停止工作。正转/反转键可以随时切换正转或者反转。四种速度由速度加、减键进行调节。用LED灯亮起的个数表示当前的四个速度等级。

240

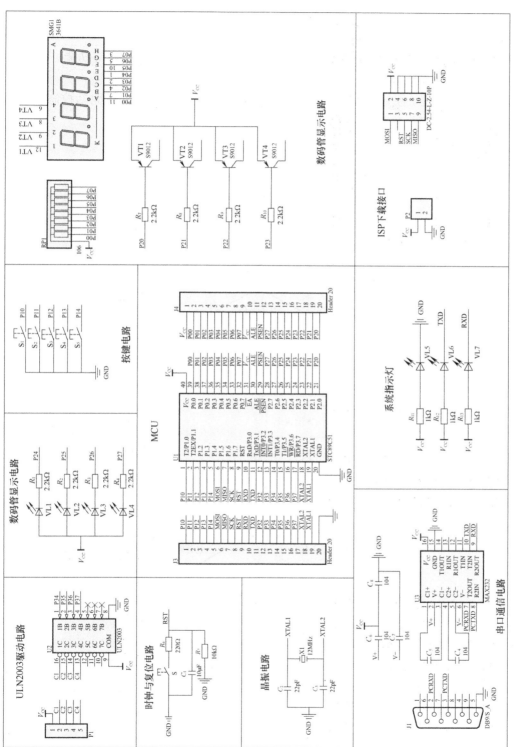

图8-32 步进电动机驱动控制系统电路原理图

241

4）负载类型：电动机采用 DC 5V 步进减速电动机（步进角度为 5.625°，减速比为 1/64）。

5）电动机驱动：采用功率集成芯片 ULN2003。

6）其他功能：具有电源指示灯、电源自锁开关、四位数码管显示等功能。

5. 程序设计与仿真

步进电动机驱动控制系统程序流程图如图 8-33 所示。步进电动机驱动控制系统的 Proteus 仿真电路如图 8-34 所示。

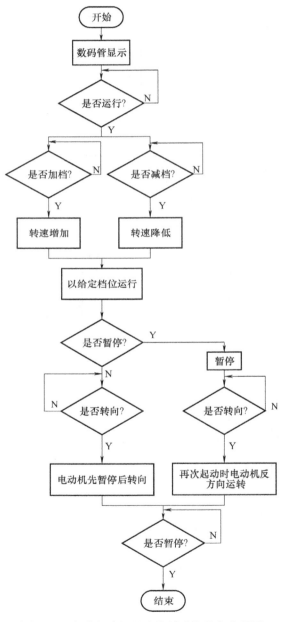

图 8-33　步进电动机驱动控制系统程序流程图

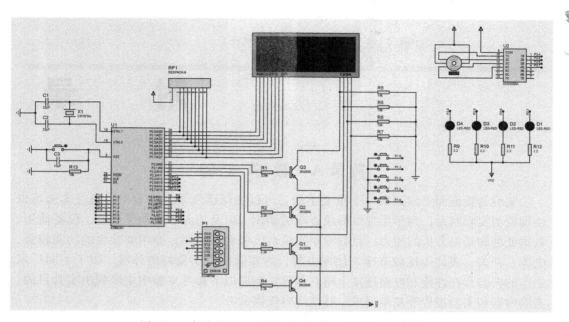

图 8-34 步进电动机驱动控制系统的 Proteus 仿真电路

6. 总结分析

1）根据仿真结果分析步进电动机驱动控制系统的工作情况。

2）验证实际电动机运行状态，并与仿真结果对比，分析两者差异产生的原因。

3）讨论驱动信号频率对电动机转速的影响，并提出提高电动机最高转速及提高电动机转速范围的几种方案。

本章小结

本章主要介绍了一种电力电子技术实训环节的实施方式。该实训方式综合了"电力电子技术"与"单片机原理及应用"两门课程的相关知识，在学习仿真工具MATLAB、Proteus 软件和硬件焊接技术的基础上实施，设计了降压直流斩波控制系统、升压直流斩波控制系统、PWM 调光控制系统、风扇智能温度控制系统、直流电动机PWM 驱动控制系统、步进电动机驱动控制系统等实训项目供学生选择，目的是使学生掌握各种仪器的使用方法，掌握正确操作规程，记录和处理实验数据，掌握撰写项目报告的方法，具备团队协作的能力和意识，最终具备解决电气工程领域复杂问题的能力。

附 录

附录 A 教学实验

实验是验证课堂知识的一个重要手段，可以加深课堂学习的效果。通过实验可以使理论与实际联系，为学生提供形象直观的知识，以及培养学生动手搭建、仪器使用、数据处理和结果分析的能力。目前专用实验台已经普遍使用，专用实验台的功能较强，电源、开关、表计等比较齐全，使用方便，为实验提供了良好的环境。由于不同厂家生产的实验台在性能和电路连接上略有差异，所以以下参考实验中主要列出实验目的、实验内容和实验报告等基本要求，其他内容仅供参考。

实验一 电力电子器件特性实验

一、实验目的

1）掌握各种电力电子器件的工作特性。
2）掌握各器件对触发的要求，以及对驱动与保护电路的要求。

二、实验内容

1）晶闸管（SCR）特性实验。
2）可关断晶闸管（GTO）特性实验。
3）功率场效应晶体管（MOSFET）特性实验。
4）大功率晶体管（GTR）特性实验。
5）绝缘双极性晶体管（IGBT）特性实验。

三、实验原理、方法和手段

实验前要先预习，一方面了解各种电力电子器件的工作特性，另一方面了解各器件对触发电压、驱动电路及保护电路的要求，并做好实验记录。

电力电子器件特性实验在电力电子综合实验台上进行，要求熟悉实验装置的电路结构和器件，检查各模块和快速熔断器是否良好。实验参考接线及电路原理图如图 A-1 所示。

电力电子器件特性实验的主电路电源由控制屏上的励磁电源提供，或由控制屏上三相电源中的两相经整流滤波后提供。接线时，应从直流电源的正极出发，经过限流电阻、器件及保护电路、直流电流表，再回到直流电源的负极，构成实验主电路。控制电路可由 DJK06 给定电路提供，或由 DJK12 功率器件驱动电路提供。

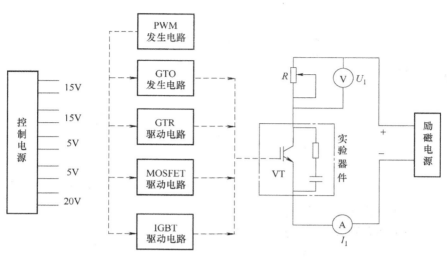

图 A-1　电力电子器件特性实验参考接线及电路原理图

四、实验条件

按实验电路要求接线，主电路直流电源由控制屏上的励磁电源输出，负载电阻 R 用 DJK06 上的灯泡或可变电阻，直流电压、电流表均在控制屏上。驱动与保护电路接线时，要注意控制电源及接地的正确连接。对于 GTR 器件，采用不大于 5V 的电源驱动。

电力电子器件特性实验所需挂件及附件见表 A-1。

表 A-1　电力电子器件特性实验所需挂件及附件

序号	型　号	备　注
1	DJK01 电源控制屏、电压表、电流表等	包含三相电源输出、励磁电源等模块
2	DJK06 给定、负载及吸收电路	包含二极管以及开关
3	DJK07 新器件特性实验	
4	DK04 可变电阻	串联形式：0.65A，2kΩ 并联形式：1.3A，500Ω
5	万用表	自备

五、实验步骤

1）接线完毕，将晶闸管（SCR）接入电路，在实验开始时，将给定电位器逆时针旋转到底，负载电阻 R 置于最大阻值的位置，励磁电压开关打到关的位置。按下启动按钮，打开 DJK06 的开关，然后打开励磁电源开关，缓慢调节给定电路的电压输出，同时观察电压表、电流表的读数，直到直流电压表指示接近零（表示晶闸管完全导通）。在这个过程中记录给定电压 U_g、回路电流 I_1 以及器件的管电压降 U_{VT}。

U_g					
I_1					
U_{VT}					

2）将晶闸管换成可关断晶闸管（GTO），重复上述步骤，记录数据。

U_g					
I_1					
U_{VT}					

3）将可关断晶闸管换成功率场效应晶体管（MOSFET），重复上述步骤，记录数据。

U_g					
I_1					
U_{VT}					

4）再换成大功率晶体管（GTR），重复上述步骤，记录数据。

U_g					
I_1					
U_{VT}					

5）再换成绝缘双极性晶体管（IGBT），重复上述步骤，记录数据。

U_g					
I_1					
U_{VT}					

六、思考题

1）说明各器件对触发脉冲要求的异同点。

2）说明器件 SCR 与 GTO、MOSFET、GTR、IGBT 等器件的区别（通过实验现象说明）。

七、实验报告

实验报告包括实验预习、实验记录和实验报告三部分。

实验报告内容应写明专业、班级、姓名、学号、同组者姓名、实验名称、目的、所用设备及电路、原理、步骤和内容，回答思考题，说明注意事项。根据所测实验数据、波形等完成以下要求：

1）估算实验电路参数并选择测试仪表。

2）绘制各器件的特性曲线。

3）分析各器件的特点及对触发信号的要求。

八、其他说明

1）连接驱动电路时必须注意各器件不同的接地方式。

2）不同的自关断器件需接不同的控制电压，接线时应注意正确选择。

3）实验开始前，必须先接通自关断器件的控制电源，然后再接通主电路电源；实验结束时，必须先切断主电路电源，然后再切断控制电源。

实验二　直流斩波器实验

一、实验目的

1）熟悉降压直流斩波电路和升压直流斩波电路的工作原理。

2）掌握斩波器主电路、触发（或驱动）电路的调试步骤和方法。

3）掌握降压直流斩波电路和升压直流斩波电路的工作状态及波形情况。

二、实验内容

1）熟悉实验电路，选择主电路的器件。

2）直流斩波器触发（或驱动）电路调试。

3）降压直流斩波电路实验。

4）升压直流斩波电路实验。

三、实验原理、方法和手段

直流斩波器实验在电力电子综合实验台上进行，要求熟悉实验装置的电路结构和器件，检查各模块和快速熔断器是否良好。实验室一般有晶闸管斩波器挂件和全控器件斩波器挂件，实验原理分为两部分。

1. 晶闸管斩波器实验

晶闸管斩波器实验参考接线及主电路原理图如图 A-2、图 A-3 所示。

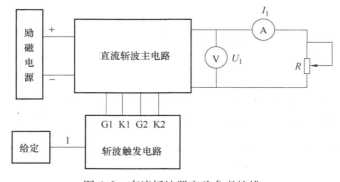

图 A-2　直流斩波器实验参考接线

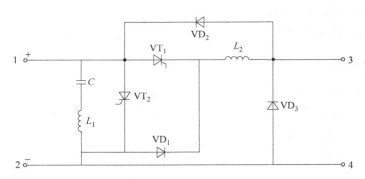

图 A-3　直流斩波器主电路原理图

实验采用脉宽调制，主电路中 VT_1 为主晶闸管，VT_2 为辅助晶闸管，C 和 L_1 构成振荡电路，它们与 VD_2、VD_1、L_2 组成 VT_1 的换流关断电路。当接通电源时，C 经 L_1、VD_2、L_2 及负载充电至 $+U_{d0}$，此时 VT_1、VT_2 均不导通，当主脉冲到来时，VT_1 导通，电源电压将通过该晶闸管加到负载上。当辅助脉冲到来时，VT_2 导通，C 通过 VT_2、L_1 放电，然后反向充电，其电容极性从 $+U_{d0}$ 变为 $-U_{d0}$，当充电电流下降到零时，VT_2 自行关断，此时 VT_1 继续导通。VT_2 关断后，电容 C 通过 VD_1 及 VT_1 反向放电，流过 VT_1 的电流开始减小，当流过 VT_1 的反向放电电流与负载电流相同时，VT_1 关断；此时，电容 C 继续通过 VD_1、L_2、VD_2 放电，然后经 L_1、VD_1、L_2 及负载充电至 $+U_{d0}$，电源停止输出电流，等待下一个周期的触发脉冲到来。VD_3 为续流二极管，为反电动势负载提供放电回路。

从上述直流斩波器工作过程可知，控制 VT_2 脉冲出现的时刻即可调节输出电压的脉宽，从而可达到调节输出直流电压的目的。VT_1、VT_2 的触发脉冲间隔由触发电路确定。

2. 全控器件斩波实验

全控器件斩波实验降压斩波和升压斩波主电路如图 A-4 所示。

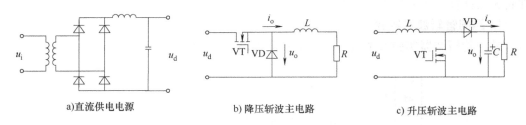

a)直流供电电源　　　　　　b)降压斩波主电路　　　　　　c)升压斩波主电路

图 A-4　降压斩波和升压斩波主电路

主电路全控器件采用 MOSFET，按上述电路图正确接线，改变 u_r 值，每改变一次 u_r，分别观测 PWM 信号的波形、电力 MOSFET 的栅源电压波形、输出电压、电流波形，记录 PWM 信号占空比、输入电压和输出电压的平均值。改变负载值，重复上述内容。

四、实验条件

按实验电路要求接线，主电路电源和主控器件由控制屏提供，负载电阻 R 用

DJK06 上的灯泡或可变电阻，直流电压、电流表均在控制屏上。实验所需挂件及附件见表 A-2。

表 A-2　直流斩波器实验所需挂件及附件

序号	型　　号	备　　注
1	DJK01 电源控制屏	包含三相电源输出、励磁电源等模块
2	DJK05 直流斩波电路	包含触发电路及主电路两部分
3	DJK06 给定及实验器件	包含给定以及开关等模块
4	D42 三相可变电阻	
5	双踪示波器	自备
6	万用表	自备

五、实验步骤

这里仅给出晶闸管斩波器实验步骤（全控器件斩波实验步骤按上述原理要求进行）。正确接线完毕后，按以下步骤操作：

（1）斩波器触发电路调试

调节 DJK05 面板上的电位器 RP_1、RP_2，RP_1 调节三角波的上、下电平位置，而 RP_2 调节三角波的频率。先调节 RP_2，将频率调节至 200～300Hz 之间，然后在保证三角波不失真的情况下，调节 RP_1 为三角波提供一个偏置电压（接近电源电压），使斩波主电路工作时有一定的起始直流电压，供给晶闸管一定的维持电流，保证系统能可靠工作，将 DJK06 上的给定接入，观察触发电路的第二点波形，增加给定，使占空比从0.3 调至 0.9。

（2）斩波器带电阻性负载

1）按图 A-4 实验电路接线，直流电源由 DJK01 电源控制屏上的励磁电源提供，接斩波器主电路（注意极性），斩波器主电路接电阻负载，将触发电路的输出 G1、K1、G2、K2 分别接至 VT_1、VT_2 的门极和阴极。

2）用示波器观察并记录触发电路 G1、K1、G2、K2 的输出波形，并记录输出电压 U_d 及晶闸管两端电压 U_{VT1} 的波形，注意观测各波形间的相对相位关系。

3）调节 DJK06 上的给定值，观察在不同 τ（即主脉冲和辅助脉冲的间隔时间）时 U_d 的波形，并记录相应的 U_d 和 τ，画出 $U_d = f(\tau/T)$ 的关系曲线，其中 τ/T 为占空比。

τ						
U_d						

（3）斩波器带阻感性负载

要完成该实验，需加一电感。关断主电源后，将负载改接成阻感性负载，重复上述电阻性负载时的实验步骤。

六、思考题

直流斩波器有哪几种调制方式？本实验中的斩波器为哪种调制方式？

七、实验报告

实验报告包括实验预习、实验记录和实验报告三部分。

实验报告内容应写明专业、班级、姓名、学号、同组者姓名、实验名称、目的、所用设备及电路、原理、步骤和内容，回答思考题，说明注意事项。根据所测实验数据、波形等完成以下要求：

1）分析实验电路产生 PWM 信号的原理。

2）分析主电路的斩波工作过程。

3）绘制降压斩波电路的实验曲线，与理论分析结果进行比较。

4）绘制升压斩波电路的实验曲线，与理论分析结果进行比较。

八、其他说明

1）触发电路调试完成后，才能接主电路实验。

2）将 DJK06 上的给定与 DJK05 的公共端相连，以使电路正常工作。

3）负载电流不要超过 0.5A。

4）实验室现有晶闸管斩波器挂件，暂时做晶闸管斩波器实验，以后做全控器件斩波实验。

实验三　SPWM 变频调速实验

一、实验目的

1）掌握 SPWM 的基本原理和实现方法。

2）熟悉与 SPWM 控制有关的信号波形。

3）掌握 SPWM 调速基本的原理和实现方法。

4）了解异步电动机变频调速运行的基本参数及 V/f 曲线。

二、实验内容

1）SPWM 变频调速实验

2）V/f 曲线测定。

三、实验原理、方法和手段

异步电动机转速的基本公式为

$$n = \frac{60f}{p}(1-s)$$

式中，n 为异步电动机转速；f 为电源频率；p 为电动机极对数；s 为电动机转差率。

当电动机转差率固定为最佳值时，改变 f 即可改变转速 n。为使电动机在不同转速下运行在额定磁通，改变频率的同时必须成比例地改变输出电压的基波幅值。这就是所谓的变压变频（VVVF）控制。工频 50Hz 的交流电源经整流后可以得到一个直流电压源。对直流电压进行 PWM 逆变控制，使变频器输出 PWM 波形中的基波为预先设定的 V/f 曲线所规定的电压/频率值。因此，PWM 控制方法是其中的关键技术。

目前常用的变频器调制方法之一为正弦波脉宽调制（SPWM）。SPWM 信号通过三角形载波信号和正弦信号相比较的方法产生，当改变正弦参考信号的幅值时，脉宽随之改变，从而改变主电路输出电压的大小。当改变正弦参考信号的频率时，输出电压的频率即随之改变。在变频器中，输出电压的调整和输出频率的改变同步协调完成。

SPWM 方法的特点是半个周期内脉冲中心线等距、脉冲等幅，调节脉冲的宽度，使各脉冲面积之和与正弦波下的面积成正比，因此，SPWM 波形接近正弦波。在实际应用中，三相逆变器是由一个三相正弦波发生器产生三相参考信号，与一个公用的三角载波信号相比较，从而产生三相调制波，如图 A-5 所示。

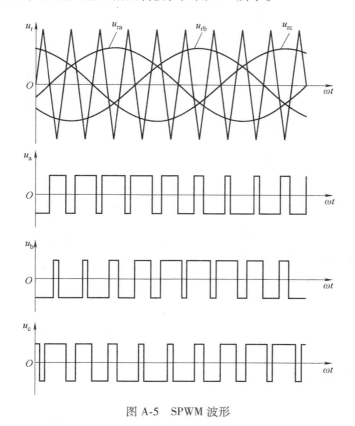

图 A-5　SPWM 波形

三相 SPWM 变频调速实验参考接线及电路原理图如图 A-6 所示。

四、实验条件

主电路电源由控制屏上的三相四线制交流电源输出，交直流电压、电流表均在控制屏上。实验所需挂件及附件见表 A-3。

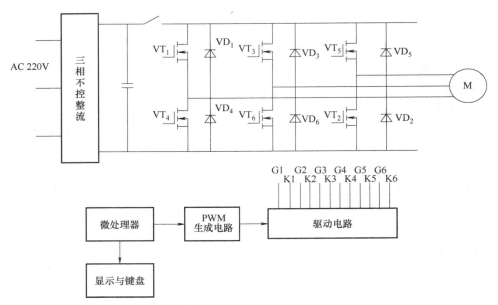

图 A-6 三相 SPWM 变频调速实验参考接线及电路原理图

表 A-3 SPWM 变频调速实验所需挂件及附件

序号	型　号	备　注
1	DJK01 电源控制屏	包含三相电源输出、励磁电源等模块
2	DJK13 三相异步电动机变频调速控制	
3	DJ24 三相笼型异步电动机	
4	双踪示波器	

五、实验步骤

接线完毕，按以下步骤操作：

1）接通挂件电源，闭合电动机开关，调制方式设定在 SPWM 方式下（将控制部分 S、V、P 的三个端子都悬空），然后打开电源开关。

2）点击增速键，将频率设定在 0.5Hz，在 SPWM 部分观测三相正弦信号（在测试点 2、3、4）、三角载波信号（在测试点 5）和三相 SPWM 信号（在测试点 6、7、8）；再点击转向按键，改变转动方向，观测上述各信号的相位关系变化。

3）逐步升高频率，直至 50Hz 处，重复以上步骤。

4）将频率设置为 0.5~60Hz 范围内改变，在测试点 2、3、4 观测正弦信号的频率和幅值的关系。

5）将 DJ24 电动机与 DJK13 逆变输出部分连接，电动机三角形联结，闭合电动机开关，调制方式设定在 SPWM 方式下（将 S、V、P 的三个端子都悬空）。打开挂件电源开关，点击增速、减速和转向键，观测挂件工作是否正常。如果工作正常，将运行频率减至零，闭合挂件电源开关。然后打开电动机开关，接通挂件电源，增加频率、降低频率以及改变转向，观测电动机的转速变化。

六、思考题

SPWM 的主要优点有哪些？

七、实验报告

实验报告主要包括实验预习、实验记录和实验报告三部分，基本要求为：

1）画出与 SPWM 有关的信号波形，说明 SPWM 的基本原理。

2）分析在 0.5~50Hz 范围内正弦信号的幅值与频率的关系。

3）分析在 50~60Hz 范围内正弦信号的幅值与频率的关系。

八、注意事项

1）在频率不等于零时，不允许打开电动机开关，以免发生危险。

2）切莫在电动机运行中堵转，否则会导致无法修复的后果！

实验四　晶闸管整流电路实验

一、实验目的

1）加深理解单相/三相桥式全控整流电路的工作原理。

2）明确晶闸管对触发电路的要求，了解 KC 系列集成触发器的调整方法。

3）观察电阻性负载和阻感性负载时的输出波形。

二、实验内容

1）单相/三相桥式全控整流电路电阻性负载试验。

2）单相/三相桥式全控整流电路阻感性负载试验。

3）了解晶闸管对触发电路的要求，当触发信号消失（人为模拟）时，观测主电路的各电压波形。

三、实验原理、方法和手段

晶闸管整流电路实验在电力电子综合实验台上进行，要求熟悉实验装置的电路结构和器件，检查各模块和快速熔断器是否良好。以三相桥式全控整流电路实验为例，其实验参考接线及原理图如图 A-7 所示。

三相电源由控制屏提供，主电路采用三相桥式全控整流电路，R 用 D42 三相可变电阻，将两个 900Ω 电阻接成并联形式；电感 L_d 在 DJK02 控制屏上，选择 700mH，直流电压、电流表也在 DJK02 上获得。触发电路为 DJK02-1 中的集成触发电路，由 KC04、KC41、KC42 等集成芯片组成，可输出经高频调制后的双窄脉冲链，集成触发电路原理图如图 A-8 所示。触发电路原理和三相桥式全控整流电路的工作原理可参见电力电子技术教材的有关内容。

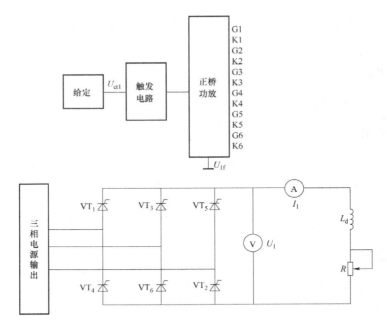

图 A-7　三相桥式全控整流电路实验参考接线及电路原理图

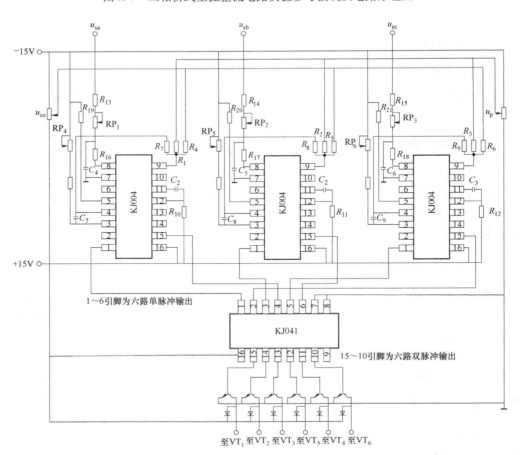

图 A-8　集成触发电路原理图

四、实验条件

按实验电路要求接线，主电路电源由控制屏上三相四线制交流电源提供，负载电阻 R 用可变电阻，交直流电压、电流表均在控制屏上。实验所需挂件及附件见表 A-4。

表 A-4　晶闸管整流电路实验所需挂件及附件

序号	型　　号	备　　注
1	DJK01 电源控制屏	包含三相电源输出、励磁电源等模块
2	DJK02 晶闸管主电路	
3	DJK02-1 三相晶闸管触发电路	包含触发电路、正桥功放和反桥功放等模块
4	DJK06 给定及实验器件	包含二极管以及开关等模块
5	DJK10 变压器实验	包含逆变变压器以及三相不控整流
6	D42 三相可变电阻	
7	双踪示波器	自备
8	万用表	自备

五、实验步骤

接线完毕，按以下步骤操作：

（1）DJK02 和 DJK02-1 上的触发电路调试

1）打开 DJK01 总电源开关，操作电源控制屏上的三相电网电压指示开关，观察输入的三相电网电压是否平衡。

2）将 DJK01 电源控制屏上的调速电源选择开关拨至直流调速侧。

3）用 10 芯的扁平电缆将 DJK02 的三相同步信号输出端和 DJK02-1 的三相同步信号输入端相连，打开 DJK02-1 电源开关，拨动触发脉冲指示钮子开关，使窄的发光管亮。

4）观察 A、B、C 三相的锯齿波，并调节 A、B、C 三相锯齿波斜率调节电位器（在各观测孔左侧），使三相锯齿波斜率尽可能一致。

5）将 DJK06 上的给定输出 U_g 直接与 DJK02-1 上的移相控制电压 U_{ct} 相连，将给定开关 S2 拨至接地位置（即 $U_{ct}=0$），调节 DJK02-1 上的偏移电压电位器，用双踪示波器观察 A 相同步电压信号和双脉冲观察孔 VT_1 的输出波形，使 $\alpha = 150°$。

6）适当增加给定 U_g 的正电压输出，观测 DJK02-1 上脉冲观察孔的波形，此时应观测到单窄脉冲和双窄脉冲。

7）将 DJK02-1 面板上的 U_{lf} 端接地，用 20 芯的扁平电缆将 DJK02-1 的正桥触发脉冲输出端和 DJK02 的正桥触发脉冲输入端相连，并将 DJK02 正桥触发脉冲的六个开关拨至通，观察正桥 $VT_1 \sim VT_6$ 晶闸管门极和阴极之间的触发脉冲是否正常。

（2）三相桥式全控整流电路

按电路原理图接线，将 DJK06 上的给定输出调到零（逆时针旋转到底），使电阻器置于最大阻值处，按下启动按钮，调节给定电位器，增加移相电压，使 α 角在 30° ～

150°范围内调节，同时，根据需要不断调整负载电阻 R，使得负载电流 I_d 保持在 0.6A 左右（注意 I_d 不得超过 0.65A）。用示波器观察并记录 $\alpha = 30°$、60°、90°时的整流电压 U_d 和晶闸管两端电压 U_{VT} 的波形，并记录相应的 U_d 计算值于表中。

α	30°	60°	90°
U_2			
U_d（记录值）			
U_d/U_2			
U_d（计算值）			

U_d 的计算公式为

$$U_d = 2.34 U_2 \cos\alpha \qquad (\alpha \text{ 为 } 0 \sim 60°)$$

$$U_d = 2.34 U_2 \left[1 + \cos\left(\alpha + \frac{\pi}{3}\right) \right] \qquad (\alpha \text{ 为 } 60° \sim 120°)$$

六、思考题

如何解决主电路和触发电路的同步问题？在本实验中，主电路三相电源的相序可任意设定吗？

七、实验报告

实验报告包括实验预习、实验记录和实验报告三部分。

实验报告内容应写明专业、班级、姓名、学号、同组者姓名、实验名称、目的、所用设备及线路、原理、步骤和内容，回答思考题，说明注意事项。根据所测实验数据、波形等完成以下要求。

1）估算实验电路参数并选择测试仪表。

2）分析触发器输出的双窄脉冲波形。

3）分别绘制电阻性负载、阻感性负载时的相关波形。

4）不同负载下，不同 α 与 φ 时电流连续与断续的情况分析。

5）讨论与分析实验结果，特别要注意对实验过程中出现的异常情况进行分析。

八、其他说明

1）为了防止过电流，启动时将负载电阻 R 调至最大阻值位置。

2）三相不控整流桥的输入端可加接三相自耦调压器，以降低逆变用直流电源的电压值。

3）有时会发现脉冲的相位只能移动120°左右就消失了，这是因为 A、C 两相的相位接反了，这对整流状态无影响，但在逆变时，由于调节范围只能到120°，会使得实验效果不明显，将四芯插头内的 A、C 相两相的导线对调，就能保证有足够的移相范围。

实验五　单相交流调压实验

一、实验目的

1）熟悉单相交流调压电路的工作原理。

2）分析在电阻性负载和阻感性负载时不同输出电压、电流的波形及相控特性。

3）了解 KC05 晶闸管集移相触发器的原理和应用，理解单相交流调压电路在电感性负载时对脉冲及移相范围的要求。

二、实验内容

1）熟悉实验电路，选择主电路的器件。

2）KC05 晶闸管集成移相触发电路的调试。

3）单相交流调压电路带电阻性负载。

4）单相交流调压电路带阻感性负载。

三、实验原理、方法和手段

单相交流调压实验在电力电子综合实验台上进行，要求熟悉实验装置的电路结构和器件，检查各模块和快速熔断器是否良好。实验参考接线及电路原理图如图 A-9 所示。

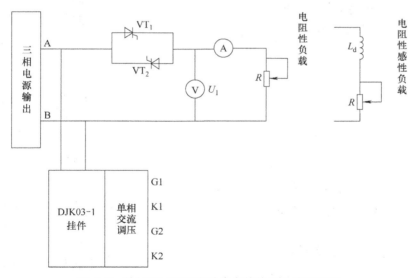

图 A-9　单相交流调压实验参考接线及电路原理图

主电路由两个反向并联的晶闸管组成，晶闸管利用 DJK02 上的反桥器件，负载电阻 R 用可变电阻，将两个 900Ω 电阻并联连接，交流电压、电流表在 DJK01 电源控制屏上，电抗器 L_d 在 DJK02 上，选择 700mH。触发器采用 KC05 晶闸管集成移相触发器。该触发器适用于双向晶闸管或两个反向并联晶闸管电路的交流相位控制，具有锯齿波线性好、移相范围宽、控制方式简单、易于集中控制、输出电流大等优点。

四、实验条件

按实验参考电路要求接线，主电路交流电源由电源控制屏提供，驱动与保护电路接线时，要注意控制电源与地的正确连接。实验所需挂件及附件见表 A-5。

表 A-5　单相交流调压实验所需挂件及附件

序号	型　号	备　注
1	DJK01 电源控制屏	包含三相电源输出和励磁电源等模块
2	DJK02 晶闸管主电路	包含晶闸管以及电感等模块
3	DJK03 晶闸管触发电路	包含单相调压触发电路等模块
4	D42 三相可变电阻	
5	双踪示波器	自备
6	万用表	自备

五、实验步骤

接线完毕，按下面步骤操作：

（1）KC05 集成晶闸管移相触发电路调试

将 DJK01 电源控制屏的电源选择开关拨到直流调速侧使输出线电压为 200V，用两根导线将 200V 交流电压接到 DJK03 的外接 220V 端，按下启动按钮，打开 DJK03 电源开关，用示波器观察 1~5 端及脉冲输出的波形。调节电位器 RP_1，观察锯齿波斜率是否变化；调节 RP_2，观察输出脉冲的移相范围如何变化、移相能否达到 170°。记录上述过程中观察到的各点电压波形。

（2）单相交流调压带电阻性负载

将 DJK02 面板上的两个晶闸管反向并联构成交流调压器，将触发器的输出脉冲端 G1、K1、G2 和 K2 分别接至主电路相应晶闸管的门极和阴极。接上电阻性负载，用示波器观察负载电压、晶闸管两端电压 U_{VT} 的波形。调节单相调压触发电路上的电位器 RP_2，观察在不同 α 角时各点波形的变化，并记录 $\alpha = 30°$、60°、90°、120°时的波形。

（3）单相交流调压接阻感性负载

1）在进行阻感性负载实验时，需要调节负载阻抗角的大小，因此首先应知道电抗器的内阻和电感。常采用直流伏安法测量内阻。电抗器的内阻为

$$R_L = U_L / I$$

电抗器的电感可采用交流伏安法测量。由于电流大时对电抗器的电感影响较大，采用自耦调压器调压，多测几次取其平均值，即可得到交流阻抗。即

$$Z_L = \frac{U_L}{I}$$

电抗器的电感为

$$L = \frac{\sqrt{Z_L^2 - R_L^2}}{2\pi f}$$

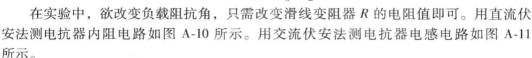

从而可求得负载阻抗角为

$$\varphi = \arctan \frac{\omega L}{R_\mathrm{d} + R_L}$$

在实验中，欲改变负载阻抗角，只需改变滑线变阻器 R 的电阻值即可。用直流伏安法测电抗器内阻电路如图 A-10 所示。用交流伏安法测电抗器电感电路如图 A-11 所示。

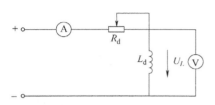
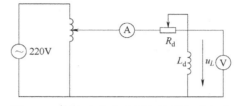

图 A-10　用直流伏安法测电抗器内阻电路　　　图 A-11　用交流伏安法测电抗器电感电路

2）切断电源，将 L 与 R 串联，改接为阻感性负载。按下启动按钮，用双踪示波器同时观察负载电压 U_1 和负载电流 I_1 的波形。调节 R 的数值，使阻抗角为一定值，观察在不同 α 角时波形的变化情况，记录 $\alpha > \varphi$、$\alpha = \varphi$、$\alpha < \varphi$ 三种情况下负载两端的电压 U_1 和流过负载的电流 I_1 的波形。

六、思考题

交流调压有哪些控制方式？有哪些应用场合？

七、实验报告

实验报告包括实验预习、实验记录和实验报告三部分。

实验报告内容应写明专业、班级、姓名、学号、同组者姓名、实验名称、目的、所用设备及线路、原理、步骤和内容，回答思考题，说明注意事项。根据所测实验数据、波形等完成以下要求：

1）估算实验电路负载参数（R、L 等）以及选择测量仪表规格和量程。

2）电阻性负载时，画出不同 α 下的负载电压和电流波形。

3）阻感性负载时，画出不同 α 和 φ 下的负载电压和电流波形。

4）讨论和分析实验结果，特别是对异常现象的分析。

八、其他说明

1）触发脉冲是从外部接入 DJK02 面板上晶闸管的门极和阴极，此时，应将所用晶闸管对应的正桥触发脉冲或反桥触发脉冲的开关拨至断的位置，并将 U_lf 及 U_lr 悬空，避免误触发。

2）可以用 DJK02-1 上的触发电路来触发晶闸管。

3）由于 G、K 输出端有电容影响，故观察触发脉冲电压波形时，需将输出端 G 和 K 分别接到晶闸管的门极和阴极（或者也可用约 100Ω 的电阻接到 G、K 两端来模拟晶闸管门极与阴极的阻值），否则，无法观察到正确的脉冲波形。

附录 B 术语索引

（续）

中　文	英　文	章　节
电气隔离	Electrical Isolation	2. 6. 1
电网换流	Line Commutation	4. 1. 3
电压源型逆变电路	Voltage Source Inverter，VSI	4. 1. 1
断态（阻断状态）	Off-State（Blocking State）	2. 1
二次击穿	Second Breakdown	2. 4. 2
反激变换器	Flyback Converter	3. 3
反激电路	Flyback Circuit	3. 5. 2
负载换流	Load Commutation	4. 1. 3
高压直流输电	High Voltage DC Transmission，HVDC	1. 4
功率集成电路	Power Integrated Circuit，PIC	2. 4. 5
功率模块	Power Module	2. 4. 5
功率因数	Power Factor，PF	5. 4
功率因数校正	Power Factor Correction，PFC	3. 6. 1
固态继电器	Solid State Relay，SSR	2. 3. 2
关断	Turn-off	1. 2
光控晶闸管	Light Triggered Thyristor，LTT	2. 3. 2
规则采样	Uniform Sampling	4. 3. 3
环流	Circulating Current	5. 3. 3
缓冲电路，吸收电路	Snubber	2. 6. 3
换流，换相	Commutation	3. 1. 2，4. 1
基波因数	Fundamental Component Factor，Distortion Factor	5. 4
集成门极换流晶闸管	Integrated Gate-Commutated Thyristor，IGCT	2. 4. 5
间接直流变换电路	Indirect DC-DC Coverter	3. 3
降压斩波电路	Buck Converter	3. 2. 1
交-交变频电路	AC-AC Frequency Converter	6. 3
交流电力电子开关	Electronic AC Switch	6. 2. 2
交流电力控制器	AC Controller	第6章前言
交流调功电路	AC Power Controller	6. 2. 1
交流调压电路	AC Voltage Controller	6. 1
金属氧化物半导体场效应晶体管	Metal-Oxide-Semiconductor FET，MOSFET	2. 4. 3
禁带、带隙	Band Gap，Energy Gap	2. 5
晶闸管	Thyristor（Silicon Controlled Rectifier，SCR）	2. 3
晶闸管控制电抗器	Thyristor Controlled Reactor，TCR	6. 3
晶闸管投切电容器	Thyristor Switched Capacitor，TSC	6. 4. 2
静电感应晶体管	Static Induction Transistor，SIT	2. 4. 5
静电感应晶闸管	Static Induction Thyristor，SITH	2. 4. 5

（续）

中　文	英　文	章　节
静止无功发生器	Static Var Generator，SVG	1.4
矩阵式变频电路，矩阵变换器	Matrix Converter	6.4
绝缘栅双极型晶体管	Insulated-Gate Bipolar Transistor，IGBT	2.4.4
开关电源	Switching Mode Power Supply	3.5.5
开关损耗	Switching Loss	7.1
开关噪声	Switching Noise	7.1
开通	Turn-on	1.2
可关断晶闸管	Gate Turn-Off Thyristor，GTO	2.4.1
快恢复二极管	Fast Recovery Diode，FRD	2.2
快速晶闸管	Fast Switching Thyristor，FST	2.3.2
零电流开关	Zero Current Switching，ZCS	7.1
零电流开关 PWM	Zero Current Switching PWM，ZCS PWM	7.3.2
零电流转换 PWM	Zero Current Transition PWM，ZCT PWM	7.3.3
零电压开关	Zero Voltage Switching，ZVS	7.1
零电压开关 PWM	Zero Voltage Switching PWM，ZVS PWM	7.3.2
零电压转换 PWM	Zero Voltage Transition PWM，ZVT PWM	7.3.3
漏感	Leakage Inductance	5.3.3
脉冲宽度调制	Pulse Width Modulation，PWM	4.3
逆变	Inversion	4.1
逆导晶闸管	Reverse Conducting Thyristor，RCT	2.3.2
漂移区	Drift Region	2.2
普通二极管	General Purpose Diode	2.2
器件换流	Device Commutation	4.1.3
强迫换流	Forced Commutation	4.1.3
驱动电路	Driving Circuit	5.6
全波整流电路	Full-Wave Rectifier	5.2.3
全桥电路	Full-Bridge Circuit	3.5.4
软开关	Soft Switching	7.1
三相半波可控整流电路	Three-Phase Half-Wave Controlled Rectifier	5.3
三相桥式可控整流电路	Three-Phase Full-Bridge Controlled Rectifier	5.3.2
升降压斩波电路	Buck-Boost Converter	3.2.3
升压斩波电路	Boost Converter	3.2.2
双端	Double End	3.5
双端变换器	Double-Ended Converter	3.3
双向晶闸管	Triode AC Switch，Bi-Directional Thyristor	2.3.2
通态（导通状态）	On-State（Conducting State）	2.1

（续）

中　文	英　文	章　节
同步调制	Synchronous Modulation	4.3.2
同步整流电路	Synchronous Rectifier	3.5
推挽电路	Push-Pull Circuit	3.5.5
位移因数	Displacement Factor	5.4
相控	Phase-Controlled	5.1
肖特基势垒二极管，肖特基二极管	Schottky Barrier Diode，SBD	2.2
谐波	Harmonics	3.4
谐振	Resonance	7.1
谐振直流环	Resonant DC Link	7.3.1
移相全桥电路	Phase Shifted Full-Bridge Converter	4.2.1
异步调制	Asynchronous Modulation	4.3.2
硬开关	Hard Switching	7.1
斩波电路	Chopper Circuit	3.1
整流	Rectification	1.1
整流电路	Rectifier	3.1
整流二极管	Rectifier Diode	1.3
正激变换器	Forward Converter	3.3
正激电路	Forward Circuit	3.5.1
正弦脉宽调制	Sinusoidal PWM，SPWM	4.3.1
直-交-直电路	DC-AC-DC Converter	3.5
直流斩波器	DC Chopper	第3章前言
直-直变换器	DC-DC Converter	3.1
智能功率集成电路	Smart Power IC，SPIC	2.4.5
智能功率模块	Intelligent Power Module，IPM	2.4.5
滞环控制	Hysteresis Control，Hysteretic Control	4.3.4
周波变流器，周波变换器	Cycloconverter	1.1，6.3
主电路	Main Power Circuit	1.2
自然采样法	Natural Sampling	4.3.3
变流器	Converter	1.1
整流器	Rectifier	1.1
逆变器	Inverter	1.1
斩波器	Chopper	1.1
闸流管	Thyratron	2.1

参 考 文 献

[1] 王兆安，刘进军. 电力电子技术 [M]. 5 版. 北京：机械工业出版社，2009.

[2] 王卓. 电力电子技术 [M]. 北京：高等教育出版社，2014.

[3] 洪乃刚. 电力电子技术基础 [M]. 2 版. 北京：清华大学出版社，2015.

[4] 冷增祥，徐以荣. 电力电子技术基础 [M]. 3 版. 南京：东南大学出版社，2012.

[5] 徐德鸿，陈治明，李永东，等. 现代电力电子学 [M]. 北京：机械工业出版社，2013.

[6] 陈坚，康勇，阮新波，等. 电力电子学：电力电子变换和控制技术 [M]. 3 版. 北京：高等教育出版社，2002.

[7] 阮新波，严仰光. 直流开关电源的软开关技术 [M]. 北京：科学出版社，2000.

[8] 王增福，李昶，魏永明，等. 电力电子软开关技术及实用电路 [M]. 北京：电子工业出版社，2009.

[9] 曹弋. MATLAB 在电类专业课程中的应用：教程及实训 [M]. 北京：机械工业出版社，2016.

[10] 洪乃刚，等. 电力电子和电力拖动控制系统的 MATLAB 仿真 [M]. 北京：机械工业出版社，2006.

[11] 戈宝军，等. 电气工程及其自动化专业导论 [M]. 北京：机械工业出版社，2020.

[12] 金宁志，李然，于乐，等. 单片机原理：C51 编程及 Proteus 仿真 [M]. 北京：机械工业出版社，2022.